LEÇONS

SUR LA

GÉOMÉTRIE DE POSITION

PAR LE Dᴿ TH. REYE

PROFESSEUR A L'UNIVERSITÉ DE STRASBOURG

TRADUITES DE L'ALLEMAND

PAR O. CHEMIN

INGÉNIEUR DES PONTS ET CHAUSSÉES
RÉPÉTITEUR A L'ÉCOLE DES PONTS ET CHAUSSÉES

DEUXIÈME PARTIE

PARIS

DUNOD, ÉDITEUR

LIBRAIRE DES CORPS DES PONTS ET CHAUSSÉES, DES MINES ET TÉLÉGRAPHES

QUAI DES AUGUSTINS, 49

1882

LEÇONS

SUR LA

GÉOMÉTRIE DE POSITION

5792. — PARIS, IMPRIMERIE A. LAHURE

9, rue de Fleurus, 9.

GÉOMÉTRIE DE POSITION

DEUXIÈME PARTIE.

PREMIÈRE LEÇON.

**Formes fondamentales collinéaires et réciproques
de seconde espèce.**

Les systèmes plans et les gerbes peuvent être rapportés les uns aux autres d'une manière analogue à celle que nous avons employée pour les formes fondamentales uniformes. En particulier, nous pouvons reproduire ici pour les formes fondamentales de seconde espèce nos considérations sur la perspectivité des formes fondamentales de première espèce. Ainsi nous appellerons perspectifs :

1° Un système plan et une gerbe, quand le système plan est une section de la gerbe et, réciproquement, quand la gerbe est une projection du système plan ;

2° Deux systèmes plans, quand ils sont les sections d'une seule et même gerbe ;

3° Deux gerbes, quand elles sont les projections d'un seul et même système plan.

L'image ou la projection qu'un paysage plan envoie à notre œil est, d'après cela, une gerbe perspective à ce paysage. Imaginons que nous coupions cette gerbe par un plan, nous obtenons une représentation perspective du paysage ou un deuxième système plan qui est perspectif à ce paysage. Enfin le paysage, considéré de deux points différents, donne deux projections différentes qui sont évidemment deux gerbes perspectives.

Lorsque, dans une série de formes fondamentales de seconde espèce, chaque forme est rapportée perspectivement à la suivante, la première sera rapportée à la dernière de la même manière que dans les formes fondamentales uniformes, puisqu'à chaque élément de l'une correspond un élément déterminé de l'autre ; mais, en général, ces formes ne sont plus perspectives. Étant données deux formes fondamentales de seconde espèce perspectives, par exemple deux systèmes plans, si l'on déplace l'une d'elles par rapport à l'autre, elles restent encore rapportées l'une à l'autre, mais elles perdent leur relation de perspectivité. Toutefois, elles continuent toujours à conserver entre elles une dépendance particulière que Möbius a nommée *collinéation*. Ainsi, dans deux systèmes plans ainsi rapportés l'un à l'autre, à toute forme linéaire correspond une forme linéaire, à tout faisceau de rayons un faisceau de rayons, à toute courbe avec ses tangentes une courbe avec ses tangentes, à tout n — angle un n — angle, etc.

Nous appellerons donc *collinéaires :*

1° Deux systèmes plans Σ et Σ_1, quand à tout point P de Σ correspond un point P_1 de Σ_1, et à toute droite g de Σ passant par P une droite g_1 de Σ_1 passant par P_1 ;

2° Un système plan Σ et une gerbe S_1, quand à tout point P de Σ correspond un rayon p_1 de S_1 et à toute droite g de Σ passant par P un plan γ de S_1 passant par p_1 ;

3° Deux gerbes S et S_1, quand à tout rayon p de S correspond un rayon p_1 de S_1 et à tout plan γ de S passant par p un plan γ_1 de S_1 passant par p_1 ;

Et quand, de plus, à toute série d'éléments se succédant d'une manière continue dans l'une des formes correspond une série d'éléments se succédant d'une manière continue dans l'autre.

Nous pouvons aussi, avec Von Staudt, donner de ces conditions une définition plus courte, applicable aussi aux systèmes de l'espace, en disant :

Deux formes fondamentales de seconde ou de troisième espèce, rapportées l'une à l'autre, sont dites collinéaires si deux éléments d'espèce différente P *et* g *de l'une,* P *étant situé sur* g, *correspondent respectivement à deux éléments, d'espèce différente* P_1 *et* g_1 *de l'autre,* P_1 *étant aussi situé sur* g_1.

Il résulte immédiatement de cette définition que :

Des formes fondamentales de seconde espèce, qui sont perspectives, sont collinéaires. Si deux formes fondamentales sont collinéaires à une troisième, elles sont aussi collinéaires l'une à l'autre.

Il est donc aussi démontré en même temps, que dans une suite de formes fondamentales de seconde espèce, dont chacune est perspective à la suivante, deux quelconques d'entre elles sont collinéaires, et en particulier la première et la dernière.

Le mot *collinéaire* a été employé pour la première fois par *Möbius*, dans son remarquable ouvrage « *Der barycentrische Calcul* », pour spécifier les systèmes plans qui sont rapportés entre eux de la manière qu'on vient d'indiquer ; cette expression signifie que non seulement tout point de l'un des systèmes correspond à un point de l'autre, mais aussi que toute droite de l'un correspond à une droite de l'autre. On sait en effet qu'on peut encore rapporter entre eux deux systèmes plans de telle manière, par exemple, qu'à un point de l'un corresponde bien un point de l'autre, tandis qu'une droite a pour correspondante une conique.

La loi de réciprocité ou de dualité déjà énoncée précédemment, mais qu'on n'a pas encore démontrée d'une manière générale, nous conduit aussi à un autre genre de relation simple entre des formes fondamentales d'espèce supérieure, à ce qu'on appelle la *relation de réciprocité*.

En effet, nous appellerons *réciproques* :

1° Deux systèmes plans Σ et Σ_1, quand à chaque point P de Σ correspond une droite p_1 de Σ_1 et à chaque droite g de Σ passant par P, un point de G_1 de Σ_1 situé sur p_1 ;

2° Un système plan Σ et une gerbe S_1, quand à chaque point P de Σ correspond un plan π_1 de S_1 et à toute droite g de Σ passant par P un rayon g_1 de S_1 situé dans π_1 ;

3° Deux gerbes S et S_1, quand à tout rayon g de S correspond un plan γ_1 de S_1 et à tout plan ε de S passant par g un rayon e_1 de S_1 situé dans γ_1 ;

Et quand, de plus, à toute série d'éléments se succédant d'une manière continue dans l'une des formes correspond une série d'éléments se succédant d'une manière continue dans l'autre.

Nous pouvons donner de cette condition de réciprocité une définition plus courte et applicable aussi aux systèmes de l'espace, en disant :

Deux formes fondamentales de seconde ou de troisième espèce, rapportées l'une à l'autre, sont dites réciproques, si à deux éléments d'espèce différente P et g de l'une P, étant situé sur g, correspondent *respectivement deux éléments d'espèce différente, p_1 et G_1 de l'autre, p_1 passant par G_1.*

Nous démontrerons qu'une relation de ce genre est possible, car son existence ne ressort pas bien clairement et du premier coup comme pour la collinéation ; il n'y a qu'un cas où nous l'ayons déjà établie : c'est celui où il s'agissait des courbes du second ordre ; nous avons fait voir en effet que, par rapport à une conique, à tout point P du plan correspond une droite, qui est sa polaire p_1, et qu'à toute droite du plan passant par P correspond un point situé sur p_1, qui est le pôle de cette droite.

La démonstration générale renferme celle de la loi de réciprocité ; en effet, puisque dans les systèmes réciproques de l'espace, par exemple, à tout point correspond un plan, toute propriété d'un système de points nous donne immédiatement la propriété correspondante du système de plans qui est réciproque à ce système de points.

L'étude des formes fondamentales réciproques présente du reste un intérêt et une importance tout particuliers, parce qu'elle comprend celle des formes fondamentales collinéaires, en tant que la situation particulière de ces dernières n'entre pas en jeu. Le théorème suivant fait ressortir cette liaison :

Lorsque deux formes fondamentales sont réciproques à une troisième, elles sont collinéaires ; et, réciproquement, étant données deux formes fondamentales collinéaires, si l'une d'elles est réciproque à une troisième, il en est aussi de même pour l'autre.

Supposons, par exemple, que deux systèmes plans Σ_1 et Σ_2 soient réciproques à un troisième Σ ; à chaque point P de ce dernier correspond dans chacun des premiers une droite p_1 et p_2 et à toute droite g de Σ, passant par P, correspond respectivement dans Σ_1 et Σ_2 un point G_1 et G_2, dont le premier G_1 est situé sur p_1 et le second G_2 sur p_2. Donc à toute droite p_1 de Σ_1 correspond une droite p_2 de Σ_2 et à tout point G_1 de Σ_1, situé sur p_1, correspond un point G_2 de Σ_2, situé sur p_2 ; c'est-à-dire que Σ_1 et Σ_2 sont collinéaires. On étendra d'une manière analogue la première et la seconde partie de ce théorème aux autres cas ; on peut toutefois les ramener immédiatement à celui qu'on vient de traiter, en remarquant qu'à toute gerbe on peut substituer l'une de ses sections planes.

Deux formes fondamentales collinéaires ou réciproques sont aussi appelées *projectives*, parce qu'à toute forme harmonique dans l'une correspond une forme harmonique dans l'autre. En effet, soient, par exemple, A, B, C, D quatre points harmoniques d'un système plan Σ, et a_1, b_1, c_1, d_1 les quatre rayons correspondants d'un système plan Σ_1 réciproque à Σ. Les rayons a_1, b_1, c_1, d_1 doivent tout d'abord passer par un même point U_1 (fig. 1), puisque A, B, C, D sont situés sur une même droite u. Tout quadrangle KLMN de Σ dans lequel un couple de côtés opposés se coupent en A et un autre couple en C, tandis que les deux côtés restants passent respectivement par B et D, a pour correspondant dans Σ_1 un quadrilatère $k_1 l_1 m_1 n_1$, dont deux sommets opposés sont situés sur a_1 et c_1 et dont les deux autres sont respectivement sur b_1 et d_1. En conséquence, a_1, b_1, c_1, d_1 sont réellement quatre rayons harmo-

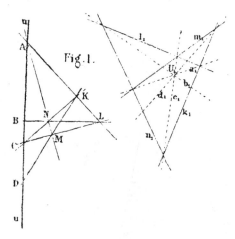

Fig. 1.

niques (I, page 45)[1]. Comme exercice, nous conseillons au lecteur de chercher la démonstration correspondante pour les systèmes collinéaires, bien qu'elle soit comprise dans celle que nous venons de donner.

On déduit de ce théorème que :

Deux formes fondamentales uniformes, qui se correspondent dans des formes fondamentales collinéaires ou réciproques, sont projectives.

En effet, les deux formes simples se trouvent rapportées l'une à l'autre de telle manière qu'à quatre éléments harmoniques de l'une correspondent toujours quatre éléments harmoniques de l'autre.

---

1. Les renvois à la première partie seront tout simplement indiqués par le chiffre I. Le chiffre II s'appliquera à ceux de la seconde.

Ce théorème nous donne un moyen facile de rapporter projectivement l'une à l'autre deux formes fondamentales de seconde espèce. Supposons, par exemple, qu'il s'agisse de rapporter réciproquement entre eux deux systèmes plans Σ et Σ_1; il faut qu'à tout point de Σ corresponde un rayon de Σ_1, à toute ponctuelle de Σ un faisceau projectif de rayons de Σ_1 et réciproquement. Pour cela, nous prenons dans Σ (fig. 2) deux ponctuelles u et v et nous leur faisons correspondre dans Σ_1 deux faisceaux quelconques de rayons u_1 et v_1, en rapportant projectivement u à U_1 et v à V_1 de telle sorte que le point P commun à u et v ait pour correspondant le rayon p_1 commun à U_1 et V_1. Tout rayon k de Σ, qui ne passe pas par P, coupe alors chacune des droites u et v suivant les points A et D. auxquels correspondent respectivement les rayons a_1 et d_1 dans

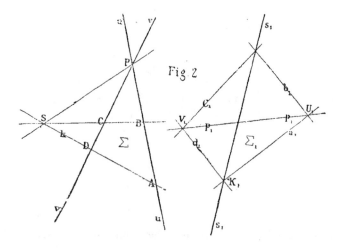

Fig. 2

les faisceaux U_1 et V_1 de Σ_1; et leur point d'intersection K_1 est le point qui correspond au rayon k. A tous les rayons passant par un point S correspondent tous les points d'une droite s_1; en effet, les ponctuelles u et v sont rapportées perspectivement l'une à l'autre par le faisceau de rayons S, de telle manière qu'elles ont le point P correspondant commun; donc les faisceaux de rayons U_1 et V_1 sont projectifs et ils ont le rayon p_1 correspondant commun. Ils sont donc aussi en perspective et engendrent une forme rectiligne s_1 qui correspond au faisceau S.

On voit ainsi que, par le moyen de la correspondance établie entre les formes u et U_1 et v et V_1, à tout rayon k de Σ correspond un point K_1 de Σ_1, à tout point S situé sur k un rayon s_1 passant par K_1 et que par conséquent Σ et Σ_1 sont bien effectivement rapportés réciproquement entre eux. Comme on peut toujours, d'après ce qui précède, construire la forme plane réciproque à une forme plane quelconque donnée, la loi de réciprocité se trouve démontrée à nouveau pour les systèmes plans ou, comme nous allons le voir, pour les formes fondamentales de seconde espèce.

Pour rapporter collinéairement l'un à l'autre deux systèmes plans Σ et Σ_1, nous n'aurons qu'à les rapporter réciproquement tous les deux à un troisième, de la manière que nous venons d'indiquer. De là découlent les méthodes directes qui suivent :

1° Nous prenons arbitrairement dans Σ et Σ_1 deux ponctuelles u, v et u_1, v_1 et nous rapportons projectivement u à u_1 et v à v_1 de manière que le point commun à u et v corresponde au point commun à u_1 et v_1.

2° Nous faisons correspondre deux faisceaux quelconques de rayons, U et V, de Σ à deux faisceaux arbitraires de rayons, U_1 et V_1, de Σ_1 et nous rapportons projectivement U à U_1 et V à V_1 de telle sorte que le rayon $\overline{UV}$ de Σ corresponde au rayon $\overline{U_1 V_1}$ de Σ_1.

On peut donner de ces méthodes une démonstration directe semblable à celle qu'on a indiquée pour les systèmes réciproques.

S'il s'agit de rapporter collinéairement ou réciproquement l'une à l'autre deux gerbes, ou une gerbe et un système plan, on peut facilement imaginer des méthodes semblables aux précédentes et démontrer leur exactitude. Cependant il est plus simple de ramener ces cas à ceux qu'on a déjà traités en remplaçant chaque gerbe par une de ses sections planes. C'est ainsi par exemple qu'on obtient ce théorème:

Pour rapporter réciproquement entre elles deux gerbes S et S_1, nous pourrons prendre à volonté dans l'une S deux faisceaux de rayons α et β et dans l'autre S_1 deux faisceaux de plans a_1 et b_1 et rapporter projectivement α à a_1 et β à b_1 de manière que le rayon $\overline{\alpha\beta}$ commun aux faisceaux de rayons ait pour correspondant le plan $\overline{a_1 b_1}$ commun aux deux faisceaux de plans. De cette manière, à chaque élément de la gerbe S correspond un élément déterminé de la gerbe S_1.

Cette méthode découle immédiatement de celle que nous avons donnée précédemment pour les systèmes plans.

Pour rapporter réciproquement l'un à l'autre les systèmes Σ et Σ_1 (fig. 2), nous avons pris d'une manière tout à fait quelconque les droites u et v dans Σ et les points correspondants U_1 et V_1 dans Σ_1. Nous

pouvions de plus rapporter projectivement u à U_1 et v à V_1 d'une façon
entièrement arbitraire ; il n'y avait qu'une seule condition à remplir,
c'était que le point d'intersection $u\,v$ ou P correspondît à la droite
$\overline{U_1\,V_1}$ ou p_1. Nous pouvons donc encore faire correspondre deux points
quelconques A et B de u à deux rayons quelconques a_1 et b_1 de U_1 et de
même prendre sur v deux points quelconques C et D et leur faire correspondre deux rayons quelconques c_1 et d_1 de V_1 ; et de cette manière,
à chaque élément de Σ correspondra un élément déterminé de Σ_1. Nous
pouvons évidemment considérer A B C D comme un quadrangle absolument quelconque du plan Σ, puisque nous pouvons y prendre à
volonté les deux droites u et v et choisir arbitrairement sur ces dernières
les points A, B et C, D. De même $a_1\,b_1\,c_1\,d_1$ peut être regardé comme
un quadrilatère pris arbitrairement dans Σ_1. D'où ce théorème :

Pour rapporter réciproquement l'un à l'autre deux systèmes plans
Σ *et* Σ_1, *on peut faire correspondre arbitrairement les sommets* A, B,
C, D *d'un quadrangle quelconque de* Σ *aux côtés* a_1, b_1, c_1, d_1 *d'un*
quadrilatère quelconque de Σ_1. *A chaque élément de* Σ *correspond*
alors un élément déterminé de Σ_1.

On peut de même rapporter deux systèmes plans collinéairement
l'un à l'autre, et d'une seule manière, de façon que deux quadrangles
ou deux quadrilatères de ces systèmes se correspondent entre eux d'une
manière déterminée. Ce théorème peut immédiatement s'étendre d'une
manière générale à des formes fondamentales quelconques de seconde
espèce, puisque tous les autres cas peuvent se ramener à ceux que
nous venons de traiter. Donc :

Deux formes fondamentales de seconde espèce peuvent toujours
être rapportées projectivement l'une à l'autre, arbitrairement et d'une
seule manière, de façon que quatre éléments quelconques de même
espèce A, B, C, D *appartenant à l'une d'elles et dont trois ne font*
jamais partie d'une seule et même forme fondamentale uniforme,
aient pour correspondants dans l'autre quatre éléments de même
espèce A_1, B_1, C_1, D_1 *soumis à la même condition.*

Deux éléments correspondants, tels que A et A_1, sont les lieux de
deux formes fondamentales uniformes et celles-ci peuvent et doivent
être rapportées projectivement l'une à l'autre de manière que les
éléments A B, A C et A D aient respectivement pour correspondants
les éléments $A_1\,B_1$, $A_1\,C_1$ et $A_1\,D_1$. On peut encore démontrer directement
de cette manière l'exactitude du théorème.

DEUXIÈME LEÇON.

Courbes qui se correspondent les unes aux autres dans les systèmes plans collinéaires et réciproques.

Les relations de collinéation et de réciprocité peuvent être employées très fructueusement pour transformer des formes données, par exemple des courbes et des surfaces, en d'autres formes. On arrive souvent par leur moyen à généraliser des théorèmes trouvés d'abord sur des formes particulières; c'est ainsi, par exemple, que beaucoup des propriétés du cercle s'étendent par projection aux coniques quelconques. Nous allons faire quelques remarques générales sur cette transformation de formes données en d'autres formes.

Soient Σ et Σ_1 deux systèmes collinéaires plans, P et P_1 deux points quelconques qui se correspondent dans ces systèmes. Si P parcourt dans Σ une courbe k, P_1 décrit en même temps dans Σ_1 une courbe k_1 collinéaire à k. Si une droite quelconque g coupe la courbe k en n points, k_1 doit aussi être rencontrée par la droite correspondante g_1 en n points, c'est-à-dire aux points qui correspondent aux points d'intersection de g et k. Si deux de ces points d'intersection de g et k coïncident, de manière que la droite g soit tangente à la courbe k, les deux points correspondants, où se coupent g_1 et k_1, coïncident aussi et g_1 est tangente à k_1; en même temps, les deux points de contact sur g et g_1 sont deux points correspondants des courbes. Les tangentes en deux points homologues des courbes k et k_1 sont donc deux rayons homologues des systèmes collinéaires Σ et Σ_1. A chaque tangente qu'on peut mener d'un point quelconque A à la courbe k correspond une tangente à k_1 passant par le point homologue A_1 de Σ_1; de sorte qu'on

peut mener autant de tangentes de A_1 à k_1 que de A à k. Si k passe
plusieurs fois par un même point de Σ, k_1 passe un nombre égal de fois
par le point correspondant de Σ_1 ; etc.

On distingue habituellement les courbes planes par leur *ordre* et
leur *classe*, qu'on définit ainsi :

Une courbe plane du n^e ordre a en général n points communs avec une droite quelconque de son plan et elle ne peut en avoir plus de n.	Par un point quelconque pris dans le plan d'une courbe de n^e classe, ou peut en général mener n tangentes à la courbe et on ne peut en mener plus de n.

Ceci posé, nous pouvons réunir les plus importants des théorèmes
qui précèdent, dans l'énoncé suivant:

Deux courbes k *et* k₁, *qui se correspondent dans deux systèmes collinéaires plans, sont de même ordre et de même classe. A tout point
multiple de* k *correspond un point multiple de même ordre sur* k₁;
de même, à toute tangente multiple de k *correspond une tangente multiple semblable de* k₁.

Si la courbe plane k est décrite par un point P et si en même temps
le faisceau formé par ses tangentes est décrit par la tangente p en ce
point, le point P se meut d'une manière continue sur la droite p, tandis
que p tourne d'une manière continue autour de P dans le plan de la
courbe ; la courbe k_1 collinéaire à k et son faisceau de tangentes seront
décrits de même par le point P_1 et la tangente p_1 qui correspondent
respectivement aux éléments P et p. Si, maintenant dans une position
déterminée w, le sens de la rotation de la tangente p autour de P vient
à changer, on dit que w est une *tangente stationnaire tangente
d'inflexion* et le point de contact de w a reçu le nom de *point
d'inflexion* de la courbe k. Si d'autre part le point R, dans une de
ses positions R, change le sens de son mouvement sur p, on dit que
R est un *point stationnaire* ou *un point de rebroussement* de la
courbe k. A toute tangente d'inflexion et à tout point de rebroussement de k correspondent respectivement une tangente d'inflexion et
un point de rebroussement de la courbe k_1 collinéaire à k.

Si k est une courbe du second ordre, k_1 est aussi une courbe du
second ordre; il est facile de démontrer que non seulement k_1 a en
général, comme k, deux points communs avec toute droite qui la

coupe, mais encore que ces courbes jouissent l'une par rapport à l'autre de la propriété d'être projectives. En effet, si k est engendrée par deux faisceaux projectifs de rayons A et B, k_1 sera engendrée de même par les deux faisceaux correspondants A_1 et B_1; et l'on a: $A_1 \overline{\wedge} B_1$, puisque $A \overline{\wedge} A_1$, $B \overline{\wedge} B_1$ et $A \overline{\wedge} B$, de sorte qu'on peut regarder k_1 comme la forme engendrée par deux faisceaux *projectifs* de rayons. On voit d'après cela que :

Deux courbes du second ordre, qui se correspondent dans des systèmes plans collinéaires, sont projectivement rapportées l'une à l'autre.

Ce théorème admet aussi une réciproque que voici :

Deux courbes projectives du second ordre peuvent toujours être considérées comme des courbes homologues de deux systèmes plans collinéaires.

Soient, en effet, A, B, C trois points de la première courbe k et A_1, B_1, C_1 les trois points qui leur correspondent respectivement sur la seconde courbe k_1; soit de plus D le pôle de $\overline{AB}$ par rapport à k et D_1 celui de $\overline{A_1B_1}$ par rapport à la courbe k_1. Si les courbes appartiennent à deux systèmes collinéaires plans qui se correspondent, les tangentes à k en A et B doivent correspondre aux tangentes à k_1 en A_1 et B_1, et par conséquent les points D et D_1 sont aussi deux points homologues des systèmes collinéaires. Or, on peut maintenant d'une manière effective rapporter collinéairement l'un à l'autre les systèmes plans dans lesquels se trouvent les courbes, de manière qu'aux quatre points A, B, C, D de l'un d'eux correspondent respectivement les quatre points A_1, B_1, C_1, D_1 de l'autre ; à la courbe k, qui passe par C et qui est tangente en A et B aux droites $\overline{DA}$ et $\overline{DB}$ correspond ainsi la courbe k_1 qui passe par C_1 et qui est tangente en A_1 et B_1 aux droites $\overline{D_1A_1}$ et $\overline{D_1B_1}$. La collinéation des deux systèmes plans se trouve de la sorte établie complètement et d'une seule manière par le moyen des deux courbes projectives ; et deux éléments qui sont conjugués ou rapportés l'un à l'autre par rapport à l'une des courbes ont pour correspondants deux éléments conjugués ou correspondants l'un à l'autre par rapport à l'autre courbe.

Quand deux systèmes plans Σ et Σ_1 sont rapportés collinéairement entre eux, la droite de l'infini dans l'un d'eux a généralement pour correspondante dans l'autre une droite propre qu'on appelle l'*axe opposé* de l'autre système. A deux droites parallèles de l'un des systèmes plans

correspondent toujours deux droites qui se coupent sur l'axe opposé de
l'autre système plan. Deux courbes collinéaires planes, bien qu'étant
du même ordre et de la même classe, peuvent donc différer essentiellement l'une de l'autre en ce qui regarde leurs points à l'infini ; en effet,
aux points à l'infini de l'une d'elles correspondent les points que l'autre
courbe a en commun avec l'axe opposé de son plan, et aux asymptotes
d'une courbe, c'est-à-dire aux tangentes à ses points à l'infini, correspondent en général des tangentes propres de l'autre courbe. Par exemple,
une ellipse de l'un des plans, coupée par l'axe opposé de ce plan ou
tangente à cet axe, aura pour courbe correspondante dans l'autre plan
une hyperbole ou une parabole.

Nous donnerons le nom d'*invariant* à toute propriété d'une seule
forme géométrique ou à toute relation de différentes formes entre elles
qui ne sera pas altérée par une transformation collinéaire. Par exemple,
l'ordre et la classe d'une courbe plane sont des invariants ; il en est de
même pour le nombre de leurs points doubles, de leurs points de rebroussement, de leurs tangentes doubles ou de leurs tangentes d'inflexion. Des points ou des rayons harmoniques ont entre eux une relation
d'invariance et la même chose a lieu pour les formes élémentaires projectives. Les relations d'une courbe du second ordre avec son centre et
ses foyers ne sont pas invariantes, tandis que celles qui se rapportent
aux points ou aux rayons conjugués par rapport à la courbe, ou à un
point et à sa polaire, le sont.

Le rapport enharmonique de quatre points d'une droite ou de quatre
rayons d'un faisceau du premier ordre est un invariant. Trois couples
d'éléments d'une forme élémentaire en involution constituent entre eux
une relation invariante ; la propriété caractéristique d'un hexagone de
Pascal est aussi un invariant. — Poncelet avait reconnu d'une façon
bien nette l'importance des propriétés d'invariance des formes géométriques et l'avait fait ressortir d'une manière rigoureuse ; il donne à ces
propriétés la qualification de projectives, parce qu'elles se transmettent
à toutes les formes collinéaires qu'on peut déduire d'une forme donnée
par des projections ou des sections.

Soient Σ et Σ_1 deux systèmes plans réciproques ; à tout point P de Σ
correspond un rayon p_1 de Σ_1. Si P parcourt dans Σ_1 une courbe
quelconque k, p_1 décrit en même temps dans Σ une suite continue
de rayons K_1 que nous appellerons un *faisceau de rayons*. Si P s'approche d'un point fixe Q de la courbe k, p_1 s'approche d'un rayon

fixe q_i du faisceau K_i, et au rayon $\overline{PQ}$ qui pivote autour de Q correspond le point $p_i q_i$ qui se déplace sur la droite q_i. Enfin, lorsque P s'approchant indéfiniment du point Q, la droite $\overline{PQ}$ (fig. 3) coïncide avec une droite fixe, la tangente q au point Q, le point $p_i q_i$ coïncide aussi finalement avec un point fixe, le point de contact Q_i du rayon q_i qui correspond ainsi à la tangente dont il vient d'être question. (Voir I. pages 80-81.) A tout point Q de la courbe k avec sa tangente q, correspond un rayon q_i du faisceau K_i, avec son point de contact Q_i, et à une suite de tangentes de k se succédant d'une manière continue correspondent les points de contact de K_i qui se suivent aussi d'une manière continue. En un mot : au faisceau K de tangentes, qui enveloppent la courbe k, correspond une courbe k_i qui est enveloppée par le faisceau K_i. Si k a n points communs avec une droite quelconque g de son

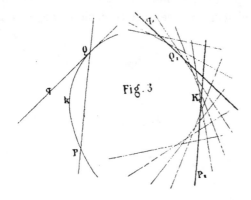

Fig. 3

plan, les n rayons correspondants du faisceau K_i, ou les n tangentes à la courbe K_i passent par le point de Σ qui correspond à la droite g. Le théorème suivant a donc lieu d'une manière générale :

Si deux courbes k *et* k$_i$ *se correspondent dans des systèmes réciproques, l'ordre de l'une est égal à la classe de l'autre. A tout point de l'une des courbes, avec sa tangente, correspond une tangente de l'autre courbe avec son point de contact ; à tout point multiple de l'une correspond une tangente multiple de l'autre et à tout point d'inflexion de l'une une tangente de rebroussement de l'autre.*

En particulier, si k est une courbe du second ordre, k_i est une courbe de seconde classe qui est enveloppée par un faisceau de rayons du second ordre. Ce faisceau sera engendré par deux ponctuelles projectives a_i et b_i si la courbe est-elle-même engendrée par deux faisceaux projectifs de rayons A et B ; en effet, puisque $a_1 \overline{\wedge}$ A et $b_1 \overline{\wedge}$ B, et que de plus A $\overline{\wedge}$ B, il s'ensuit aussi que $a_1 \overline{\wedge} b_1$. Nous avons vu antérieurement que toute courbe du second ordre est enveloppée par un faisceau de rayons du second ordre et que par conséquent elle est aussi de seconde classe ; pour les courbes d'ordre ou de classe plus élevée, une pareille coïncidence n'existe plus.

Des considérations toutes semblables peuvent s'appliquer aux surfaces coniques qui se correspondent dans des gerbes projectives. Tous les résultats qu'on obtient ainsi pour ces surfaces peuvent aussi se déduire de ceux qu'on vient d'établir, en projetant deux systèmes plans projectifs de deux centres quelconques suivant des gerbes. On voit d'après cela ce qu'il faut entendre par des surfaces coniques de n^e ordre ou de n^e classe. Si, par exemple, on rapporte réciproquement un système plan Σ à une gerbe S_1, à toute courbe de n^e ordre et de p^e classe dans Σ correspond dans S_1 une surface conique de n^e classe et de p^e ordre.

TROISIÈME LEÇON.

**Perpectivité des formes fondamentales collinéaires
de seconde espèce.**

Nous avons vu que, dans deux formes fondamentales collinéaires ou
réciproques, quatre éléments harmoniques de l'une ont toujours pour
correspondants quatre éléments harmoniques de l'autre et nous en
avons déjà tiré la conclusion que deux formes fondamentales uniformes
qui se correspondent dans chacune d'elles doivent être projectives. Si
donc deux formes fondamentales collinéaires ou réciproques Σ et Σ_1 sont
placées de telle manière que non seulement les lieux a et a_1 de deux
formes fondamentales uniformes correspondantes soient situés l'un sur
l'autre, mais encore que trois couples de points homologues de ces
dernières formes coïncident, deux éléments correspondants quelconques
de a et a_1 doivent coïncider (I, page 55) et Σ et Σ_1 ont tous les éléments
correspondants de a et a_1 qui leur sont communs.

On a donc en particulier ce théorème :

Si deux systèmes plans collinéaires, non situés dans le même
plan, ont trois points de leur droite
d'intersection correspondants communs, tout point de cette droite
est un point correspondant commun aux deux systèmes.

Si deux gerbes collinéaires, non
concentriques ont trois plans correspondants communs, elles ont
en commun tous les plans correspondants qui passent par leurs
centres.

On peut, en la modifiant légèrement, étendre aussi cette double proposition aux systèmes plans superposés et aux gerbes concentriques.

Lorsque deux systèmes collinéaires Σ et Σ_1 situés dans le même plan ont en commun tous les points correspondants de deux droites u et v ou tous les rayons correspondants de deux faisceaux S et T, chaque élément de Σ coïncide avec celui qui lui correspond dans Σ_1. En effet, dans le premier cas, une droite quelconque du plan se correspond à elle-même, puisqu'elle joint deux points qui se correspondent à eux-mêmes, un point de u et un point de v ; et tout point du plan se correspond à lui-même, puisqu'on peut le regarder comme le point d'intersection de deux droites qui se correspondent à elles-mêmes. De même, dans le second cas, tout point du plan se correspond à lui-même, parce qu'il est l'intersection de deux rayons de S et de T qui se correspondent à eux-mêmes et une droite quelconque peut être regardée comme la droite qui joint deux de ces points. Nous sommes ainsi conduits au théorème suivant :

Deux systèmes collinéaires situés dans le même plan ont tous leurs éléments correspondants communs (ou sont identiques), quand ils ont comme éléments correspondants communs les quatre sommets d'un quadrangle ou les quatre côtés d'un quadrilatère.

Deux gerbes collinéaires concentriques ont tous leurs éléments correspondants communs (ou sont identiques) quand elles ont pour éléments correspondants communs les arêtes d'un angle quadrarête ou les faces d'un angle tétraèdre.

Le théorème de droite se ramène immédiatement à celui de gauche en coupant les deux gerbes par un plan. Les systèmes collinéaires situés dans ce plan de section ont comme éléments communs les quatre sommets A, B, C, D d'un quadrangle ou d'un quadrilatère simple ; les rayons $\overline{AB}$, $\overline{AC}$, $\overline{AD}$ sont donc correspondants communs et par suite tout rayon du faisceau A jouit de cette propriété ; il en est de même des rayons $\overline{BA}$, $\overline{BC}$, $\overline{BD}$, et par suite de tout rayon du faisceau B ; ce qui démontre le théorème. Deux systèmes collinéaires quelconques, placés l'un sur l'autre, ont donc en général comme éléments correspondants communs au plus trois points et les droites qui les joignent.

Des théorèmes qu'on vient de démontrer on déduit les conséquences suivantes pour la perspectivité des systèmes et des gerbes collinéaires :

Si deux systèmes collinéaires Σ et Σ_1 sont situés dans des plans différents et si les rayons qui joignent les sommets d'un quadrangle de Σ aux points correspondants de Σ_1 passent par un même point S, les deux systèmes sont perspectifs et sont des sections de la gerbe S. En effet, les deux gerbes collinéaires, qui projettent les systèmes plans de S, sont identiques, puisqu'elles ont un angle quadrarète correspondant commun.

Si deux gerbes collinéaires S et S_1 ont des centres différents et si les quatre rayons, suivant lesquels les faces d'un angle tétraèdre de S sont respectivement coupées par les plans correspondants de S_1, sont situés dans un même plan Σ, les deux gerbes sont perspectives et sont des projections du système plan Σ. En effet, les deux systèmes collinéaires suivant lesquels les gerbes sont coupées par Σ sont identiques, puisqu'ils ont un quadrilatère correspondant commun.

On démontre facilement, d'une manière analogue, le théorème qui suit :

Un système plan Σ est perspectif à une gerbe S, qui lui est collinéaire, quand les sommets d'un quadrangle de Σ sont situés sur les rayons qui leur correspondent dans S.

On voit sans peine l'analogie qui existe entre ces théorèmes et ceux que nous avons établis pour les formes fondamentales projectives de première espèce, dans la cinquième leçon de la première partie. On peut faire la même remarque pour la double proposition suivante, dont nous ferons un fréquent usage dans la suite :

Si deux systèmes plans collinéaires ont comme éléments correspondants communs trois points, et par conséquent tous les points d'une ponctuelle u, les droites qui joignent deux à deux les points homologues de ces systèmes se coupent toutes en un seul et même point déterminé S.—En effet, deux

Si deux gerbes collinéaires ont comme éléments correspondants communs trois plans, et par conséquent tous les plans d'un faisceau u, les droites suivant lesquelles les plans correspondants se coupent deux à deux sont situées dans un seul et même plan déterminé Σ. — En effet, deux rayons quelconques droites l et l_1 qui se correspondent fig. 4) doivent avoir pour point correspondant commun un certain point A de u, puisque tout point de u se correspond à lui-même.

Toutes les droites $\overline{DD_1}$, $\overline{EE_1}$....qui joignent chacune un point (D, E....) de l au point correspondant (D$_1$, E$_1$...) de l_1 passent donc par un même point S, puisque les ponctuelles l et l_1 ont leur point d'intersection A comme point correspondant com-

l et l_1 qui se correspondent doivent se trouver dans un certain plan α de u, puisque tout plan de u se correspond à lui-même. — Tous les rayons $\overline{\delta\delta_1}$, $\overline{\varepsilon\varepsilon_1}$,.. suivant lesquels les plans (δ, ε,....) du faisceau l coupent les plans (δ_1, ε_1....) qui leur correspondent dans le faisceau l_1 sont donc situés dans un même plan Σ; car les faisceaux ont le plan α comme plan correspon-

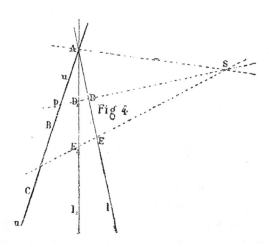

Fig 4

mun et par suite sont perspectives. Si les deux systèmes sont situés dans un même plan et si P est le point où un rayon $\overline{DD_1}$ passant par S coupe u, la droite $\overline{PD}$ correspond à $\overline{PD_1}$, c'est-à-dire à elle-même puisque P se correspond à lui-même. Tout rayon passant par S coïncide donc avec son correspondant; d'où il résulte que les points homologues sont situés deux à deux sur des rayons passant par S.

dant commun et par suite sont en position perspective. Si les gerbes ont le même centre et si π est le plan qui joint un rayon quelconque $\overline{\delta\delta_1}$ de Σ avec l'axe u, le rayon $\overline{\pi\delta}$ correspond au rayon $\overline{\pi\delta_1}$, et par suite se correspond à lui-même, puisque π se correspond à lui-même. Tout rayon situé dans Σ coïncide donc avec son correspondant; d'où il résulte que les plans homologues se coupent deux à deux

Si au contraire les deux systèmes se coupent suivant la droite u, il s'ensuit que les droites telles que $\overline{DD_1}$ $\overline{EE_1}$ qui joignent des points homologues, sont situées deux à deux dans un même plan et par conséquent se rencontrent. Mais comme toutes ces droites ne sont pas toutes situées dans un seul et même plan, il faut qu'elles passent par un seul et même point S ; les deux systèmes sont donc des sections de la gerbe S.

suivant des rayons situés dans Σ — Si au contraire les deux gerbes ont deux centres différents situés sur u, il s'ensuit que les droites d'intersection des plans homologues quelconques, telles que $\overline{\delta\delta_1}$ et $\overline{\varepsilon\varepsilon_1}$, sont deux à deux situées dans un même plan et par conséquent se coupent. Mais comme toutes ces droites ne passent pas toutes par un seul et même point, il faut qu'elles soient situées dans un seul et même plan Σ ; les gerbes sont donc les projections du système plan Σ.

Ces théorèmes remarquables peuvent aussi s'énoncer sous la forme suivante:

Deux systèmes collinéaires plans qui se coupent et qui ont trois points (de leur droite d'intersection) correspondants communs, sont perspectifs.

Deux gerbes collinéaires qui ne sont pas concentriques et qui ont trois plans correspondants communs sont perspectives.

Si deux systèmes collinéaires situés dans un même plan ont une ponctuelle correspondante commune (c'est-à-dire tous les points de cette ponctuelle correspondants communs), ils ont aussi un faisceau de rayons correspondant commun (c'est-à-dire tous les rayons de ce faisceau correspondants communs).

Si deux gerbes collinéaires et concentriques ont un faisceau de plans correspondant commun (c'est-à-dire tous les plans de ce faisceau correspondants communs), ils ont aussi un faisceau de rayons correspondant commun.

Réciproquement, on voit immédiatement que deux systèmes plans perspectifs ont tous les points de leur droite d'intersection comme éléments correspondants communs et que tout plan passant par les sommets de deux gerbes perspectives est un plan qui leur est correspondant commun. Les deux derniers théorèmes eux-mêmes admettent aussi une réciproque, ainsi qu'il suit :

Si deux systèmes collinéaires si- | Si deux gerbes concentriques
tués dans un même plan ont un | et collinéaires ont un faisceau de
faisceau de rayons correspondant | rayons correspondant commun,
commun, ils ont aussi une ponc- | ils ont aussi un faisceau de plans
tuelle correspondante commune. | correspondant commun.

En effet (théorème de gauche), si nous projetons les deux systèmes
d'un centre quelconque suivant deux gerbes concentriques, celles-ci
auront un faisceau de plans correspondant commun, et par conséquent
aussi (d'après le théorème de droite qui précède) un faisceau de rayons
correspondant commun, et la ponctuelle, dont il est question dans le
théorème, en est une section. On ramènera de même le théorème de
droite au théorème de gauche qui précède en coupant les gerbes concentriques par un plan donnant naissance à deux systèmes superposés.
On peut du reste démontrer cette double proposition directement et
d'une manière analogue à celle qu'on a suivie pour la précédente.

Deux systèmes collinéaires situés dans le même plan, qui ont une
ponctuelle u et un faisceau de rayons S correspondants communs seront
dits perspectifs, parce qu'ils jouissent de beaucoup de propriétés qui
du reste appartiennent aussi aux systèmes perspectifs. Le point S, par
lequel passent les droites qui joignent deux à deux les points correspondants, s'appelle le *centre de collinéation* et la droite u, sur laquelle se
coupent deux à deux les droites homologues, est dite l'*axe de collinéation*. Étant donnés deux systèmes plans perspectifs, imaginons que l'un
d'eux tourne autour de sa droite d'intersection avec l'autre système ;
les droites qui joignent les points homologues changeront de position,
mais elles ne cesseront pas de converger constamment vers un point
unique, qui sera lui-même en mouvement, puisque les deux systèmes
ont comme éléments correspondants communs tous les points de leur
droite d'intersection.

Quand les deux systèmes se superposent, cette situation doit être
considérée comme un cas particulier de la perspectivité générale. — On
dit aussi que deux gerbes concentriques et collinéaires sont perspectives, quand elles ont un faisceau de rayons et un faisceau de plans correspondants communs.

Pour rapporter perspectivement l'un à l'autre deux systèmes situés
dans un même plan, nous pouvons prendre arbitrairement l'axe u et
le centre S de collinéation (fig. 4) et faire correspondre l'un à l'autre

deux points quelconques D et D_1 situés sur un rayon passant par S. En effet, nous pouvons et nous devons rapporter les deux systèmes colli-néairement l'un à l'autre de telle manière que deux faisceaux de rayons D et D_1, perspectifs à la ponctuelle u, se correspondent et que le faisceau S se corresponde à lui-même ; la collinéation se trouve par là établie complètement et d'une seule manière (II, page 6). Mais comme deux rayons homologues l et l_1 de D et D_1 se coupent en chaque point A de u et que par A il passe aussi un rayon a du faisceau S qui se correspond à lui-même, il faut que A ou $l\, a$ se corresponde à lui-même, c'est-à-dire corresponde au point $l_1 a$; par conséquent, les deux systèmes ont tous les points de u qui leur sont correspondants communs, ainsi que cela était demandé.

Tout rayon passant par D coupe en un point de u le rayon passant par D_1 qui lui correspond ; il est donc facile de construire ce dernier. Et comme deux points homologues E et E_1 se trouvent à la fois sur des rayons homologues de D et D_1 et sur une droite passant par S, il est facile de trouver le point E_1 qui correspond à E. Le lecteur fera un exercice utile et instructif en construisant ainsi la courbe qui corres-pond à une courbe donnée, c'est-à-dire en déterminant un certain nombre de points de la seconde courbe qui correspondent à des points donnés de la première. Dans cette construction, il est intéressant de rechercher où se trouve l'axe opposé d'un des systèmes qui correspond à la droite de l'infini dans l'autre ; car c'est essentiellement d'après la position de cet axe qu'on reconnaît si la courbe a des branches infinies et quel en est le nombre. L'axe opposé doit être parallèle à l'axe de collinéation, parce que la droite qui lui correspond doit le rencontrer sur l'axe de collinéation et en un point situé à l'infini.

Si l'axe de collinéation passe à l'infini, les droites homologues de-viennent parallèles deux à deux et les systèmes sont dits *perspective-ment semblables*. La théorie de la similitude des figures planes nous est connue depuis longtemps grâce à la géométrie des anciens; elle n'est, comme on le voit, qu'un cas particulier de la collinéation.

Deux systèmes plans collinéaires Σ et Σ_1, dont les droites à l'infini ne se correspondent pas, peuvent être mis en perspective de deux manières différentes. On détermine d'abord les deux axes opposés. Les deux faisceaux de rayons parallèles de Σ et Σ_1 auxquels appartiennent les axes opposés se correspondent alors entre eux. Au contraire, deux autres pa-rallèles a et b de Σ ont pour correspondantes deux droites a_1 et b_1 de Σ_1

qui ne sont pas parallèles, puisqu'elles doivent se couper en un point propre de l'axe opposé de Σ_i. Il existe donc à une distance déterminée de cet axe opposé deux droites, et rien que deux, u_i et v_i qui lui sont parallèles et sur lesquelles a_i et b_i déterminent des segments de longueur égale à ceux que les parallèles a et b interceptent sur les droites correspondantes u et v. Les ponctuelles u_i et v_i de Σ_i sont les seules qui soient projectivement égales aux ponctuelles u et v qui leur correspondent. Si maintenant on amène les systèmes collinéaires dans une situation telle que les ponctuelles u et u_i (ou v et v_i) soient superposées et aient tous leurs points correspondants communs, les systèmes seront perspectifs. Ils resteront encore en perspective si on les fait ensuite tourner autour de leur droite correspondante commune jusqu'à ce que leurs plans coïncident et l'on obtient alors facilement deux faisceaux de rayons dans Σ qui sont projectifs et égaux aux faisceaux de rayons qui leur correspondent dans Σ_i (II, page 20).

Deux courbes planes collinéaires, dont les points à l'infini ne se correspondent pas, peuvent, d'après ce qui précède, être amenées dans une position telle qu'elles se présentent comme sections d'une même surface conique. L'intuition montre sans grande peine quelles sont les propriétés qui leur sont communes. — Deux courbes du second ordre, sur lesquelles on prend arbitrairement trois points A, B, C et A_i, B_i, C_i peuvent toujours être mises dans une position telle que par elles et par les trois droites $\overline{AA_i}$, $\overline{BB_i}$, $\overline{CC_i}$ on puisse faire passer une surface conique du second ordre (II, page 11).

QUATRIÈME LEÇON.

Collinéation et réciprocité des systèmes de l'espace.

Les développements que nous avons donnés jusqu'ici nous fournissent maintenant le moyen de rapporter collinéairement ou réciproquement l'un à l'autre deux systèmes de l'espace, c'est-à-dire deux portions de l'espace indéfini, ou même de rapporter l'espace indéfini à lui-même. La définition générale que nous avons donnée de la collinéation ou de la réciprocité nous conduit tout d'abord aux définitions suivantes pour les systèmes de l'espace :

Deux systèmes de l'espace Σ et Σ_1 sont rapportés collinéairement l'un à l'autre, lorsqu'à tout point P de Σ correspond un point P_1 de Σ_1 et qu'à toute droite ou tout plan de Σ passant par P correspond dans Σ_1 une droite ou un plan passant par P_1.

Deux systèmes de l'espace Σ et Σ_1 sont rapportés réciproquement l'un à l'autre, lorsqu'à tout point P de Σ correspond un plan π de Σ_1 et qu'à toute droite ou tout plan de Σ passant par P correspond dans Σ_1 un rayon ou un point situé sur π_1.

Ici encore on démontre sans peine le théorème général que nous avons déjà énoncé précédemment, à savoir que deux formes fondamentales, qui sont toutes les deux ou collinéaires ou réciproques à une troisième, doivent être collinéaires entre elles. Comme d'après cela la collinéation se déduit de la réciprocité, nous pourrons nous borner le plus souvent à l'étude de cette dernière.

Si dans deux systèmes réciproques de l'espace un point P et un plan π_1 se correspondent, et par suite aussi la gerbe P et le système plan π_1, ces deux dernières formes sont aussi réciproques; car à tout plan ε de P correspond un point E situé dans π_1 et à tout rayon passant par P et situé dans ε correspond un rayon situé dans π_1 et passant par E_1. A quatre éléments harmoniques quelconques de la gerbe P ou, en général, de l'un des systèmes de l'espace correspondent donc toujours quatre éléments harmoniques situés dans π_1 ou dans l'autre système. Par conséquent, à toute ponctuelle de l'un des systèmes doit correspondre un faisceau projectif de plans dans l'autre système et à tout faisceau de rayons dans l'un un faisceau projectif de rayons dans l'autre. Dans deux systèmes collinéaires de l'espace, à tout système plan correspond un système plan collinéaire, à toute ponctuelle une ponctuelle qui lui est projective, etc. D'après cela, on dira aussi que deux systèmes collinéaires ou réciproques de l'espace, sont projectifs; il en résulte que:

Si deux systèmes collinéaires ou réciproques de l'espace ont en commun trois éléments d'une forme fondamentale uniforme, ou quatre éléments de même espèce d'une forme fondamentale de seconde espèce, ils ont en commun chacun des éléments de la forme (II, page 15).

Dans le second cas, nous supposons toutefois que trois des quatre éléments considérés n'appartiennent pas à une seule et même forme fondamentale uniforme.

Nous rapporterons deux systèmes de l'espace Σ et Σ_1 réciproquement l'un à l'autre de la manière la plus simple et la plus intuitive, en procédant comme il suit. Nous prenons dans Σ deux gerbes A et B et nous rapportons respectivement chacune d'elles réciproquement à un système plan α_1 et β_1 situé dans Σ_1, de telle sorte que la droite d'intersection $\overline{\alpha_1\beta_1}$ corresponde à $\overline{AB}$ et que tout plan commun aux gerbes passant par $\overline{AB}$ ait pour correspondant un point commun aux systèmes plans situé sur $\overline{\alpha_1\beta_1}$. Alors, à tout point P de Σ correspond un plan π_1 dans Σ_1 et à tout rayon l passant par P un rayon l_1 situé dans π_1. En effet, aux rayons $\overline{AP}$ et $\overline{BP}$ qui sont dans un même plan avec $\overline{AB}$ correspondent dans α_1 et β_1 deux rayons qui ont avec $\overline{\alpha_1\beta_1}$ un seul et même point commun et qui par conséquent déterminent un plan π_1 correspondant au point P; et de même, le rayon l de Σ, qui est projeté de A et B par deux plans Al et $\overline{Bl}$ a pour correspondant un rayon l_1 qui est coupé par α_1 et β_1 en deux points $\alpha_1 l_1$ et $\beta_1 l_1$ qui correspondent aux plans. Enfin, si nous avons dans Σ un système plan quelconque ε, par le moyen duquel les gerbes A et B soient rapportées perspectivement l'une à l'autre, de telle manière qu'elles aient ainsi le faisceau de plans $\overline{AB}$ comme élément correspondant commun, les systèmes plans α_1 et β_1 sont par là même rapportés en même temps collinéairement l'un à l'autre (parce que $\alpha_1 \overline{\wedge} A \overline{\wedge} B \overline{\wedge} \beta_1$) de façon à avoir la ponctuelle $\overline{\alpha_1 \beta_1}$ correspondante commune. Par conséquent α_1 et β_1 sont perspectifs (II, page 19) et engendrent une gerbe E_1 qui correspond au système plan ε et qui lui est réciproque. Au plan ε de Σ, qui passe par une droite l ou un point P, correspond donc un point E_1, situé sur la droite correspondante l_1 ou dans le plan correspondant π_1. Au plan à l'infini dans l'un des systèmes correspond de cette manière un point de l'autre système et, en général, c'est un point propre. Donc :

Deux systèmes de l'espace Σ et Σ_1 peuvent toujours et d'une seule manière être rapportés réciproquement l'un à l'autre de telle façon qu'à deux gerbes A et B de Σ correspondent respectivement dans Σ_1 deux systèmes plans α_1 et β_1, qui leur soient réciproques. Il suffit d'établir la réciprocité entre A et α_1 et entre B et β_1 de telle manière qu'à tout plan commun aux gerbes A et B corresponde un point commun de α_1 et β_1.

Nous pouvons donc déduire de là que :

Pour rapporter réciproquement l'un à l'autre deux systèmes de l'espace Σ et Σ_1, on peut prendre arbitrairement dans le premier cinq points A, B, C, D, E dont quatre quelconques ne soient pas un même plan, et leur assigner comme correspondants dans le second cinq plans quelconques α_1, β_1, γ_1, δ_1, ε_1, dont quatre quelconques ne passent pas par un même point. Alors tout élément de Σ_1 sera rapporté à un élément de Σ.

En effet, nous devons et pouvons rapporter réciproquement la gerbe A au système plan d'une seule manière et de telle sorte qu'aux rayons $\overline{AB}$, $\overline{AC}$, $\overline{AD}$, $\overline{AE}$ correspondent respectivement les rayons $\overline{\alpha_1 \beta_1}$, $\overline{\alpha_1 \gamma_1}$, $\overline{\alpha_1 \delta_1}$, $\overline{\alpha_1 \varepsilon_1}$ (II, page 8) ; nous établirons de même entre la gerbe B et le système plan β_1 une relation réciproque, telle que les quatre couples de rayons $\overline{BA}$ et $\overline{\beta_1 \alpha_1}$, $\overline{BC}$ et $\overline{\beta_1 \gamma_1}$, $\overline{BD}$ et $\overline{\beta_1 \delta_1}$, $\overline{BE}$ et $\overline{\beta_1 \varepsilon_1}$ se composent de rayons homologues. Comme les trois plans $\overline{ABC}$, $\overline{ABD}$, $\overline{ABE}$, communs aux faisceaux A et B, ont respectivement pour correspondants les points $\alpha_1 \beta_1 \gamma_1$, $\alpha_1 \beta_1 \delta_1$, $\alpha_1 \beta_1 \varepsilon_1$ communs aux systèmes plans α_1 et β_1, à tout plan du faisceau $\overline{AB}$ correspond un seul point de la ponctuelle $\overline{\alpha_1 \beta_1}$. Le théorème se trouve ainsi ramené au précédent.

Il résulte de ce qui précède qu'on a de même la proposition suivante pour les systèmes collinéaires de l'espace :

Pour rapporter collinéairement l'un à l'autre deux systèmes de l'espace Σ et Σ₁, on peut prendre à volonté dans l'un cinq points, dont quatre quelconques ne soient pas situés dans un même plan, et leur assigner pour correspondants dans l'autre cinq points quelconques, assujettis à la même condition. De cette manière, chaque élément de Σ sera rapporté à un élément de Σ₁.

On peut démontrer directement ce théorème d'une manière analogue à celle qui a été employée pour les systèmes réciproques; ou plus simplement, on peut ramener ce cas aux précédents en remarquant que deux systèmes réciproques à un troisième doivent être collinéaires. En effet, nous pouvons rapporter réciproquement les deux systèmes donnés au troisième de telle façon, que cinq plans quelconques de ce dernier aient respectivement pour correspondants les cinq points donnés dans chacun des deux premiers. De cette manière, la collinéation sera établie entre ces deux systèmes. Au lieu de cinq points, on peut faire correspondre entre eux, deux à deux, cinq plans pris dans chaque système et dont quatre quelconques ne passent pas par un même point. Le théorème a encore lieu dans ce cas. On voit en même temps que :

Si deux systèmes collinéaires de l'espace ont comme éléments correspondants communs cinq points, dont quatre quelconques ne sont pas dans un même plan, ou cinq plans, dont quatre quelconques ne passent pas par un même point, ils ont tous leurs éléments correspondants communs et sont identiques.

Le résultat principal de toute notre étude est la démonstration, maintenant complète, de la loi de réciprocité. En effet, si deux espaces peuvent être rapportés réciproquement l'un à l'autre, on peut aussi, étant donnée une forme quelconque de l'espace, construire une forme qui lui soit réciproque et dont les propriétés se déduisent de la première. Aussi nous contenterons-nous à l'avenir, étant données deux propositions réciproques, de démontrer seulement l'une d'elles. Nous engageons le lecteur à chercher directement la démonstration de l'autre au lieu de la déduire de la loi de réciprocité.

Entre les formes de l'espace, par exemple entre les courbes ou les surfaces qui se correspondent dans des systèmes collinéaires ou réciproques, il existe des relations remarquables. Elles sont particulièrement intéressantes quand il s'agit de *courbes à double courbure* ou de *courbes gauches*, c'est-à-dire de courbes dont aucune portion finie n'est contenue dans un plan. Avant d'étudier ces relations, nous allons faire quelques remarques sur les courbes gauches.

Étant donnés deux points quelconques P et Q d'une courbe gauche, joignons-les par une droite $\overline{PQ}$; si l'un d'eux Q se meut sur la courbe, la corde $\overline{PQ}$ décrit une surface conique qui a son sommet en P et qui projette la courbe de ce point. Si Q s'approche de plus en plus de P, la droite $\overline{PQ}$ s'approche de plus en plus d'une droite fixe p, avec laquelle elle se confond finalement, quand Q coïncide avec P. La droite p est la *tangente* à la courbe au point P ; et l'on dit que tout plan qui passe par p est *tangent* à la courbe au point P. Un plan tangent, joignant la tangente p à un point variable R de la courbe, décrit un faisceau de plans p qui projette la courbe, quand R se déplace sur cette dernière ; ce plan tangent s'approche d'un plan fixe π, avec lequel il finit par coïncider, quand R s'approchant de plus en plus de P finit par coïncider avec ce point. Ce plan π s'appelle le *plan osculateur* ou le *plan de courbure* de la courbe en P ; il est tangent suivant la droite p à la surface conique par laquelle la courbe est projetée du point P, parce qu'il a en commun avec cette surface deux rayons qui se réunissent suivant p. On peut regarder une tangente quelconque comme la droite qui unit deux points qui se rapprochent indéfiniment l'un de l'autre, et un plan osculateur comme le plan qui passe par trois points qui se rapprochent indéfiniment les uns des autres. Réciproquement, la droite commune à deux plans osculateurs infiniment voisins de la courbe se confond avec une tangente à la courbe et le point d'intersection de trois plans osculateurs infiniment voisins est à la limite un point de la courbe. Toutes les tangentes d'une courbe gauche forment dans l'espace un faisceau de rayons qui *enveloppe* la courbe et tous les plans osculateurs un faisceau de plans qui *oscule* la courbe.

Si un point P décrit la courbe gauche, tandis que sa tangente p décrit le faisceau de rayons qui enveloppe et son plan osculateur π le faisceau de plans qui oscule cette courbe, P se meut d'une manière continue sur p, tandis que p pivote autour de P dans le plan π et que ce plan π lui-même tourne en même temps autour de p. Tout point de la courbe où le mouvement de P sur la tangente p change de sens est appelé *point stationnaire* ou *point de rebroussement*; de même les tangentes et les plans osculateurs où les rotations respectives de p et π

autour de P et p changent de sens, sont appelés *tangentes stationnaire:*
ou *plans osculateurs stationnaires.*

Soient maintenant deux courbes gauches k et k_1 qui se correspondent
dans des systèmes collinéaires. Toute droite qui joint deux points et
tout plan qui réunit trois points de k ont respectivement pour correspondants dans k_1 la droite qui joint les deux points et le plan qui réunit
les trois points homologues. A toute tangente et à tout plan osculateur
en un point de k correspondent donc respectivement la tangente et le
plan osculateur au point homologue de k_1. Si un point P décrit la courbe
k, tandis que sa tangente p décrit simultanément le faisceau de rayons
qui l'enveloppe et son plan osculateur π le faisceau de plans qui l'oscule,
le point correspondant P_1 décrit en même temps la courbe k_1, la tangente correspondante p_1 le faisceau de rayons qui enveloppe k_1 et le
plan osculateur correspondant π_1 le faisceau de plans qui oscule la
courbe k_1. A tout élément stationnaire de k correspond un élément
stationnaire de même espèce dans k_1. Si la courbe k est du n^e *ordre*, c'est-
à-dire si elle a en général et au plus n points communs avec un plan
quelconque, k_1 est aussi du n^e ordre ; car elle a les points correspondants communs avec le plan homologue. Si d'autre part, k est de la
m^e *classe*, c'est-à-dire si en général par un point quelconque il passe
au plus m plans osculateurs de la courbe k, k_1 est également de la m^e
classe. Aux points à l'infini de k correspondent en général des points
propres de k_1 ; car c'est seulement dans des cas particuliers que le plan
à l'infini de l'un des systèmes coïncide avec le plan à l'infini de l'autre
système.

Si la courbe k se meut d'une manière continue, suivant une loi quelconque, et décrit une surface Φ, k_1 décrit en même temps une surface
Φ_1 qui correspond à la précédente. Ces surfaces sont coupées par deux
plans correspondants suivant des courbes collinéaires ; et si Φ est du
n^e *ordre*, c'est-à-dire si en général elle a au plus n points communs
avec une droite quelconque, Φ_1 est aussi du même ordre, parce qu'elle
a les points correspondants qui lui sont communs avec la droite correspondante. A toute tangente de Φ correspond une tangente de Φ_1 et de
même les plans tangents de deux surfaces collinéaires se correspondent
entre eux. Si Φ est de la m^e classe, c'est-à-dire si on peut en général
lui mener au plus m plans tangents par une droite quelconque, l'autre
surface Φ_1 est également de la m^e classe. L'ordre et la classe des courbes ou des surfaces font donc partie de leurs propriétés d'invariance.

Si l'une des surfaces renferme des droites, l'autre en contient aussi et en nombre égal ; si l'une a des points doubles ou des courbes doubles par lesquelles elle passe plusieurs fois, il en est de même pour l'autre ; et ainsi de suite.

Les surfaces collinéaires peuvent néanmoins différer essentiellement en ce qui concerne leurs points à l'infini. Ainsi, l'une des surfaces peut être coupée suivant une courbe par le plan à l'infini, tandis que l'autre peut lui être seulement tangente en un point ou ne pas le rencontrer.

Si deux systèmes de l'espace sont rapportés réciproquement l'un à l'autre, à toute courbe gauche k de l'un correspond aussi une courbe gauche k_1 de l'autre, mais de la manière suivante : à tout point P de k correspondent un plan osculateur π_1 de k_1 ; à toute tangente de k qui joint deux points infiniment voisins et à tout plan osculateur qui unit trois points infiniment voisins correspondent respectivement dans k_1 une tangente à k_1, qui est l'intersection de deux plans osculateurs infiniment voisins et un point où se coupent trois plans osculateurs infiniment voisins de k_1. A tout plan qui contient n points ou n tangentes de l'une des courbes correspond un point par lequel passent n plans osculateurs ou n tangentes de l'autre courbe. L'ordre (ou la classe) de l'une d'elles est donc égal à la classe (ou à l'ordre) de l'autre. A tout point stationnaire de l'une correspond un plan osculateur stationnaire de l'autre. Tous les points d'une courbe plane et leurs tangentes ont pour correspondants tous les plans tangents d'une surface conique et les rayons qui la composent. — Aux points et aux tangentes d'une surface Φ correspondent les plans tangents et les tangentes d'une surface Φ_1 et aux plans tangents de Φ correspondent les points de Φ_1, etc.

Supposons qu'il s'agisse de rapporter projectivement l'un à l'autre deux systèmes de l'espace, de manière que deux systèmes réglés projectifs $a\,b\,c\,d\,\ldots$ et $a_1 b_1 c_1 d_1 \ldots$ se correspondent commme formes homologues ; on peut assigner trois directrices quelconques p, q, r de l'un des systèmes comme correspondantes à trois directrices quelconques p_1, q_1, r_1 de l'autre système et de plus on a le choix de spécifier si les systèmes de l'espace devront être collinéaires ou réciproques. En effet, rapportons projectivement les deux systèmes l'un à l'autre de telle sorte qu'aux cinq points $a\,p$, $a\,q$, $b\,p$, $b\,q$, $c\,r$ de l'un correspondent respectivement les cinq points (ou les cinq plans) $a_1 p_1$, $a_1 q_1$, $b_1 p_1$, $b_1 q_1$,

$c_1 r_1$ de l'autre; aux droites a, b, p, q du premier système correspondent ainsi les droites a_1, b_1, p_1, q_1 du second. De plus, la droite c, qui passe par le point cr et qui coupe les droites p et q a pour correspondante la droite c_1 qui passe par $c_1 r_1$ (ou qui est située dans le plan $c_1 r_1$) et qui coupe les droites p_1 et q_1, et de même la droite r_1 correspond à la droite r.

Enfin à tout rayon d du système réglé abc correspond un rayon d_1 du système réglé $a_1 b_1 c_1$, de sorte que les deux formes fondamentales uniformes, $p(abcd)$ et $p_1(a_1 b_1 c_1 d_1)$ sont projectives. Le théorème est donc démontré.

Dans les leçons suivantes nous étudierons les formes engendrées par les systèmes collinéaires et réciproques. Nous allons seulement nous occuper ici de la perspectivité des systèmes collinéaires de l'espace. Comme deux espaces collinéaires se traversent ou se pénètrent mutuellement, il peut arriver qu'un nombre fini ou infini d'éléments de l'un coïncident avec les éléments qui leur correspondent dans l'autre; les systèmes peuvent avoir comme éléments correspondants communs des éléments isolés et même des formes fondamentales de première ou de seconde espèce. Des considérations, analogues à celles que nous avons appliquées précédemment aux systèmes collinéaires situés dans un même plan, nous conduisent aux théorèmes suivants :

Si deux systèmes collinéaires de l'espace ont un système plan σ correspondant commun, ils ont aussi une gerbe correspondante S *commune; et réciproquement.*

En effet, deux systèmes plans α et α_1 qui se correspondent dans les espaces collinéaires sont aussi collinéaires (II, page 24); leurs plans se coupent suivant une droite de σ et ils ont comme éléments correspondants communs tous les points de cette ligne d'intersection, puisque chacun des points de cette droite coïncide avec son correspondant; ils sont donc perspectifs et sont des sections d'une même gerbe S. Mais comme tout élément de S, soit rayon, soit plan, unit un élément de σ qui se correspond à lui-même avec deux éléments de α et α_1 qui se correspondent entre eux, il doit se correspondre à lui-même; de sorte que deux points homologues des systèmes de l'espace doivent se trouver sur une droite passant par S, que deux droites homologues doivent être situées dans un plan passant par S et que ces dernières doivent en outre se couper en un même point de σ.

D'autre part, si les deux systèmes de l'espace ont une gerbe correspondante commune, deux gerbes homologues A et A_i quelconques sont perspectives. En effet, puisque le rayon $\overline{AA_i}$ passe par S, ces deux gerbes collinéaires ont comme élément correspondant commun non seulement ce rayon, mais un plan quelconque qui le contient; elles sont donc les projections d'un même système plan σ. Mais deux éléments homologues des gerbes A et A_i couperont un élément de S, qui se correspond à lui-même, suivant un élément de σ; par conséquent tous les éléments de σ coïncident avec leurs correspondants.

Deux systèmes collinéaires de l'espace, qui ont une gerbe S et un système plan σ correspondants communs sont dits *perspectifs*. Le point S par lequel passent les droites qui joignent deux points homologues quelconques et les plans qui contiennent deux droites homologues quelconques du système est appelé le *centre de collinéation* des systèmes de l'espace, et le plan σ sur lequel les rayons ou les plans homologues se coupent deux à deux a reçu le nom de *plan de collinéation*.

Pour rapporter perspectivement l'un à l'autre deux systèmes de l'espace, on peut prendre à volonté le plan σ et le centre S de collinéation et en outre faire correspondre l'un à l'autre deux points A et A_i, situés sur une droite passant par S, mais extérieurs à σ. Soient, en effet, B, C, D trois points de σ tels que les droites qui les joignent ne coupent pas la droite $\overline{SAA_i}$. Les deux systèmes de l'espace peuvent être rapportés collinéairement l'un à l'autre de telle sorte qu'aux points A, B, C, D, S de l'un correspondent respectivement les points A_i, B, C, D, S de l'autre. Les rayons $\overline{SAA_i}$, $\overline{SB}$, $\overline{SC}$, $\overline{SD}$, et par suite tous les éléments de la gerbe S, se correspondent à eux-mêmes; de même le plan $\overline{BCD}$ ou σ se correspond à lui-même, ainsi que tout autre élément, puisqu'en outre des points B, C, D, il y a encore sur $\overline{SAA_i}$ un point de σ qui se correspond à lui-même (II, page 16).

Il est très facile de construire dans les espaces perspectifs une forme qui corresponde à une forme donnée; on procède en suivant la marche que nous avons indiquée pour les systèmes perspectifs situés dans un même plan. Un cas particulier, qui peut se rencontrer ici, est celui où le plan de collinéation s'éloigne à l'infini, et où par conséquent deux droites ou deux plans correspondants deviennent parallèles.

Dans ce cas, les systèmes sont dits perspectivement *semblables*. La stéréotomie a déjà fait connaître au lecteur des systèmes de ce genre; ainsi, par exemple, une machine et l'un de ses modèles à une échelle

exacte peuvent être considérés comme des portions de systèmes semblables et on peut les mettre en perspective de telle sorte que les
droites qui joignent deux à deux les points homologues se coupent en
un point fixe, le centre de collinéation, et que deux rayons ou deux
plans homologues soient parallèles. En général deux espaces collinéaires
ne peuvent pas être amenés en position perspective.

CINQUIÈME LEÇON.

Surfaces du second ordre. — Génération et classification.

Les formes fondamentales uniformes nous ont conduits précédemment aux formes élémentaires du second ordre; les formes fondamentales projectives de seconde espèce nous conduisent de même aux surfaces et aux gerbes de plans du second ordre. Ainsi:

Une surface du second ordre est engendrée par deux gerbes réciproques non concentriques; tout rayon de l'une des gerbes coupe le plan, qui lui correspond dans l'autre gerbe, en un point de la surface.

Une gerbe de plans du second ordre est engendrée par deux systèmes plans réciproques, qui ne sont pas situés dans un même plan; tout rayon de l'un des systèmes est projeté du point qui lui correspond dans l'autre suivant un plan de la gerbe.

La surface du second ordre et la gerbe de plans du second ordre étant des formes réciproques, la loi de réciprocité permet de déduire immédiatement toutes les propriétés de l'une de ces deux formes des propriétés de l'autre; c'est pourquoi, nous pourrons nous borner à étudier les surfaces du second ordre. On verra plus tard que la gerbe de plans du second ordre se compose de tous les plans tangents à une surface du second ordre; de sorte qu'en faisant même abstraction de la loi de réciprocité, la théorie de la gerbe de plans se trouve comprise dans celle de la surface du second ordre.

Soient S et S_1 les centres des deux gerbes réciproques qui engendrent une surface du second ordre ; il est tout d'abord facile de voir que tout plan α mené par S coupe la surface suivant une courbe du second ordre. Cette courbe passe par le point S et par le point où le plan α est rencontré par le rayon a_1 qui lui correspond dans la gerbe S_1 ; dans certains cas particuliers, elle peut se décomposer en deux droites. En effet, au faisceau de rayons de S, qui est contenu dans le plan α, correspond dans S_1 un faisceau de plans qui lui est projectif et dont l'axe est la droite a_1. Ces faisceaux projectifs engendrent la courbe du second ordre qui est commune au plan α et à la surface F^2 et qui ne peut se décomposer en deux droites que si un rayon du faisceau α est situé dans le plan de a_1 qui lui correspond. La courbe du second ordre est aussi engendrée par deux faisceaux projectifs de rayons, dont l'un est le faisceau α de S dont il vient d'être question, et dont l'autre est la section du faisceau de plans a_1 par le plan α ; ces faisceaux ne sont perspectifs que dans des cas particuliers. On voit d'après cela que la courbe d'intersection de F^2 et de α passe par les points S et $a_1\alpha$.

De la même manière, la surface du second ordre sera coupée par tout plan mené par S_1 suivant une courbe du second ordre passant par ce même point S_1.

Il résulte de là que la surface F^2 ne peut pas avoir plus de deux points communs avec une droite quelconque g qui n'est pas située tout entière sur elle ; en effet, la courbe du second ordre, intersection de la surface avec le plan $\overline{S\,g}$ ne peut avoir au plus que deux points communs avec la droite g. La surface est donc bien du second ordre. Toute droite g, passant par S, a en général avec la surface un autre point commun différent de S, c'est celui où elle est coupée par le plan γ_1 qui lui correspond ; ce second point ne coïncidera avec S que si γ_1 passe par le rayon $\overline{SS_1}$ commun aux faisceaux. Nous dirons que tout rayon de S, qui n'a avec la surface du second ordre aucun point commun différent de S, est une *tangente* à la surface au point S. Comme toute tangente a pour élément correspondant un plan passant par $\overline{SS_1}$, toutes les tangentes à la surface qui passent par S sont situées dans le plan de la gerbe S qui correspond au rayon commun $\overline{SS_1}$; et ce plan est appelé le *plan tangent* de la surface F^2 au point S. Donc :

Au rayon $\overline{SS_1}$ commun aux deux gerbes correspond en S et S_1 un plan tangent à la surface du second ordre.

Peut-il encore exister de pareils plans tangents dans d'autres points de la surface? et la surface est-elle coupée suivant des courbes du second ordre par des plans sécants qui ne passent ni par S ni par S_1?

Ces questions s'imposent à nous tout d'abord et nous sommes évidemment tentés de répondre affirmativement à la seconde, si nous remarquons qu'aucune section plane de la surface ne peut être rencontrée par une droite en plus de deux points. Nous savons aussi déjà que par tout point P d'une surface du second ordre il doit passer au moins deux systèmes de coniques situées sur la surface; car tout plan des deux faisceaux dont les axes sont les droites qui joignent le point P aux centres S et S_1 des gerbes réciproques a une conique commune avec la surface du second ordre. Nous pourrons répondre affirmativement aux deux questions précédentes, et avec toute certitude, quand nous aurons démontré que:

Un point quelconque d'une surface donnée du second ordre peut être choisi pour centre de l'une des deux gerbes réciproques qui engendrent la surface.

Soient S et S_1 les centres des deux gerbes réciproques qui ont primitivement engendré la surface donnée du second ordre F^2 et soit S_2 un troisième point quelconque de F^2; il s'agit de rapporter réciproquement l'une à l'autre les gerbes S et S_2 de manière qu'elles engendrent aussi la surface. Si les gerbes S et S_2 sont rapportées réciproquement l'une à l'autre d'une manière entièrement arbitraire, elles engendreront une deuxième surface du second ordre F_1^2, passant par les points S et S_2. Nous allons établir la réciprocité entre S et S_2 de telle manière que F_1^2 ait en commun avec F^2 deux coniques passant par S, mais non par S_2, et nous prouverons ensuite que F^2 et F_1^2 coïncident en tous leurs points et conséquemment sont identiques.

Soient $\varkappa$ et λ les deux coniques d'intersection de la surface donnée du second ordre F^2 (fig. 5) par deux plans passant par le point S, mais ne contenant pas S_2. Soit T le point où la droite d'intersection de ces deux plans rencontre la surface pour la seconde fois et soit $\overline{ST}$ la corde commune aux deux coniques $\varkappa$ et λ, corde qui peut devenir une tangente, si T se rapproche indéfiniment de S.

Tout d'abord, pour que T soit situé sur la surface F_1^2 engendrée par les gerbes S et S_2, il faut qu'au rayon $\overline{ST}$ de S corresponde un plan $\overline{S_2KL}$ de S_2 passant par T. Soient K et L les points où ce plan coupe pour la seconde fois les coniques $\varkappa$ et λ; nous pouvons maintenant établir de la manière suivante la réciprocité demandée pour les gerbes S et S_2. Nous projetons la courbe $\varkappa$ du second ordre du point S suivant un faisceau de rayons S$\varkappa$ et de l'axe $\overline{S_2 K}$ suivant un faisceau de plans; ce dernier se trouve ainsi rapporté projectivement au faisceau de rayons. De même nous projetons la conique λ de S suivant un faisceau de rayons Sλ et de $\overline{S_2 L}$ suivant un faisceau de plans qui est alors projectif au faisceau de rayons. Or, comme le plan $\overline{S_2 KL}$ commun aux faisceaux de plans qui projette le point d'intersection T des deux coniques, correspond au rayon $\overline{ST}$ commun aux deux faisceaux de rayons, les deux gerbes S et S_2 sont d'après cela rapportées réciproquement l'une à l'autre (d'après la page 7). La surface F_1^2 qu'engendrent ces deux gerbes passe non seulement par S et S_2, mais aussi par la conique $\varkappa$, puisque celle-ci est engendrée par le faisceau de rayons S$\varkappa$ et le faisceau correspondant

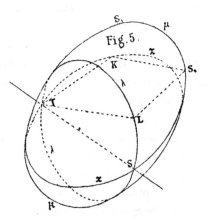

Fig. 5.

de plans $\overline{S_2\ K}$; de même la surface passe aussi par la conique λ — Accessoirement, cette construction nous donne la proposition suivante:

Par deux coniques données $\varkappa$ et λ, qui sont situées dans des plans différents, mais qui se coupent en deux points S et T, ou qui sont tangentes en un point S, et par un point S_2 extérieur à leurs plans, on peut faire passer une surface de second ordre.

On ne peut pas en faire passer plus d'une, car deux surfaces telles que F^2 et F_1^2 qui passent tous les deux par $\varkappa$, λ et S_2 sont identiques, comme on le verra dans ce qui suit. D'abord, tout plan mené par S_1 et S_2, qui contient deux points de chacune des courbes $\varkappa$ et λ, coupe la surface suivant deux coniques qui coïncident en tous leurs points, puisqu'en outre de S_2 elles ont en commun les quatre points de $\varkappa$ et λ dont il vient d'être question (I, page 78). Or il est toujours possible de mener de pareils plans, si l'on a d'avance convenablement choisi $\varkappa$ et λ sur la surface F^2. Soit maintenant μ une conique, passant par S_1 et S_2, qui appartient aux deux surfaces, mais qui peut ne pas passer par le point S ; soit de plus P un point quelconque de l'une des surfaces. Le plan $\overline{SPS_1}$ (de même que $\overline{SPS_2}$) coupe les deux surfaces suivant deux coniques qui, en outre de S et S_1 (ou S et S_2), ont encore trois autres points communs qui appartiennent aux coniques $\varkappa$, λ et μ. Ces deux coniques coïncidant, le point P de l'une des surfaces est situé sur l'autre ; c. q. f. d.

On voit aussi qu'il existe également en S_2 un plan tangent à la surface F_2 et que tout autre plan mené par S_2 a une conique commune avec F^2 ; suivant les circonstances, cette courbe peut dégénérer en deux droites. S_2 étant un point quelconque de la surface, nous avons de la sorte démontré la propriété fondamentale suivante des surfaces du second ordre :

Une surface de second ordre ne peut être coupée par un plan quelconque que suivant une conique, qui peut aussi se réduire à deux droites. La surface est touchée en chacun de ses points par un plan qui contient toutes les tangentes possibles de la surface en ce point.

Nous appellerons l'attention sur un point particulier. Pour démontrer qu'on peut faire passer une surface du second ordre par $\varkappa$, λ et S_2 nous avons rapporté réciproquement l'une à l'autre les gerbes S et S_2 et nous avons tout d'abord fait correspondre au rayon $\overline{ST}$ un plan arbitraire $\overline{S_2KL}$ passant par T. En changeant ce plan, nous pourrons rapporter d'une infinité de manières les gerbes S et S_2 réciproquement l'une à l'autre de manière qu'elles engendrent la surface dont il s'agit ; donc :

Deux gerbes, dont les centres sont situés sur une surface donnée du second ordre, peuvent d'une infinité de manières être rapportées réciproquement l'une à l'autre, de façon à engendrer la surface du second ordre.

La propriété fondamentale des surfaces du second ordre que nous avons démontrée plus haut va nous servir immédiatement pour faire une classification de ces surfaces. Nous distinguerons les surfaces réglées du second ordre, qui peuvent être décrites par une droite, et celles qui ne contiennent aucune droite. — Si une surface du second ordre contient une droite g, elle a encore une seconde droite l commune avec tout plan sécant mené par g ; car la conique suivant laquelle ce plan la coupe se décompose alors en deux droites. Quand le plan sécant tourne

autour de g, la seconde droite l parcourt la surface. Les surfaces du
second degré à génératrices rectilignes ne sont autres que les surfaces
réglées et les cônes du second ordre que nous connaissons déjà. En effet,
ou bien la droite mobile l se meut de telle façon que deux droites qui
figurent deux quelconques des positions qu'elle occupe ne se rencontrent pas, ou bien il y a deux positions l_1 et l_2 où elles se coupent.
Dans ce dernier cas, le point M d'intersection de l_1 et l_2 (fig. 6)
ne peut se trouver que sur la droite g, puisque les plans $\overline{gl_1}$ et
$\overline{gl_2}$ sont différents l'un de l'autre. Soient maintenant A et B deux points
quelconques de la surface qui ne soient sur aucune des droites g, l_1, l_2
et supposons la surface du second ordre coupée suivant les coniques
$\varkappa$ et λ par deux plans passant par A et B. Les deux surfaces coniques qui

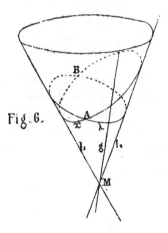

Fig. 6.

projettent $\varkappa$ et λ du point M sont alors identiques puisqu'elles ont en
commun les cinq rayons $\overline{MA}$, $\overline{MB}$, g, l_1, l_2; et chacun de leurs rayons
appartient à la surface du second ordre donnée, parce qu'il renferme
trois de ses points, à savoir M et un point de chacune des coniques
$\varkappa$ et λ. Dans ce cas, la surface est donc un cône du second ordre.

D'autre part, si aucunes des positions de la droite mobile l ne se rencontrent, nous prendrons trois quelconques d'entre elles, l_1, l_2, l_3. Une
quatrième droite qui rencontre l_1, l_2 et l_3 fait également partie de la
surface du second ordre puisqu'elle a trois points d'intersection communs avec elle, et l'on pourra aussi décrire la surface en faisant glisser
une droite mobile sur les trois droites l_1, l_2, l_3. Dans ce cas, la surface
du second ordre est donc une surface réglée, c'est-à-dire un hyperboloïde à une nappe ou un paraboloïde hyperbolique.

Les surfaces du second ordre sur lesquelles ne sont situées aucunes droites se divisent en *ellipsoïdes*, en *paraboloïdes elliptiques* et en *hyperboloïdes à deux nappes*. L'ellipsoïde n'a aucun point commun avec le plan à l'infini ; le paraboloïde elliptique lui est tangent et l'hyperboloïde à deux nappes le coupe suivant une courbe du second ordre. On obtient des cas particuliers de ces genres de surfaces en faisant tourner une conique autour d'un de ses axes ; l'ellipse, dans une rotation de ce genre, décrit un ellipsoïde de révolution, la parabole un paraboloïde de révolution et l'hyperbole un hyperboloïde de révolution à deux nappes, quand la rotation s'effectue autour de son axe principal. Si au contraire la rotation a lieu autour de son axe conjugué, on obtient un hyperboloïde de révolution à une nappe.

D'après sa définition, l'ellipsoïde a une ellipse commune avec un plan sécant quelconque. La section du paraboloïde elliptique par un plan ne sera une parabole que si ce plan contient la direction sur laquelle se trouve le point à l'infini du paraboloïde ; dans tout autre cas, c'est une ellipse. Nous avons vu de même (I, page 126) que la section du paraboloïde hyperbolique par un plan est une hyperbole qui peut aussi dégénérer en deux droites ; ce n'est exceptionnellement une parabole que si le plan sécant passe par le point de contact du paraboloïde et du plan à l'infini. Un plan sécant coupe l'hyperboloïde à une nappe et l'hyperboloïde à deux nappes suivant une ellipse, une parabole ou une hyperbole, selon que ce plan ne contient aucun point de la courbe située à l'infini sur l'hyperboloïde ou bien qu'il en renferme un ou deux ; dans le cas de l'hyperboloïde à une nappe, la section peut aussi se composer de deux droites.

Une surface du second ordre engendrée par deux gerbes réciproques quelconques S et S_1 est-elle réglée ou non ? On peut facilement le savoir à l'avance en se servant de cette propriété que tout plan tangent d'une surface réglée a avec elle une ou deux droites communes. Or, le rayon $\overline{SS_1}$ de la gerbe S a pour correspondant le plan tangent en S_1 et les différents plans du faisceau $\overline{SS_1}$ ont pour éléments correspondants les différentes tangentes à la surface en S_1. Si deux des rayons de ce faisceau de tangentes sont contenus dans les plans du faisceau $\overline{SS_1}$ qui leur correspondent, le plan tangent a ces deux rayons communs avec la surface du second ordre et cette dernière est une surface réglée. Si la coïncidence n'a lieu que pour un seul rayon, nous avons un cône ; enfin, si aucun des rayons du faisceau de tangentes n'est situé dans le plan qui lui

correspond, la surface du second ordre n'a pas de génératrices rectilignes. Dans le cas tout à fait particulier où trois plans, et par suite
tous les plans du faisceau $\overline{SS_1}$ passent par les rayons de S_1 qui leur
correspondent, la surface du second ordre se décompose en deux plans ;
et il en résulte que toute conique commune à la surface et à un plan
quelconque doit se décomposer en deux droites.

SIXIÈME LEÇON.

**Polarité des surfaces du second ordre. — Diamètres, centre
et axes principaux de ces surfaces.**

De même que les courbes du second ordre, les surfaces du second
ordre possèdent aussi certaines propriétés qu'on désigne généralement
sous le nom de *propriétés polaires* ou de *polarité*. On peut les établir
facilement au moyen des théorèmes de la cinquième leçon. Dans ce qui
suit, nous laisserons de côté les surfaces coniques du second ordre,
parce que leurs propriétés polaires ont été déjà démontrées en même
temps que celles des courbes du second ordre (I, page 106).

Soit A un point quelconque de l'espace, qui n'est pas situé sur
une surface donnée F^2 du second ordre. Nous menons par A des sécantes
quelconques à la surface et sur chacune d'elles nous déterminons le
point qui est harmoniquement séparé de A par les deux points où la
sécante rencontre la surface. Tous ces points conjugués harmoniques
doivent alors se trouver dans un même plan α. En effet, le lieu géométrique de ces conjugués harmoniques et un plan quelconque, qui passe
par A et qui coupe la surface F^2 suivant une courbe du second ordre,
ont une droite commune qui est la polaire du point A par rapport à
cette courbe du second ordre ; et comme toutes ces droites, qui se
coupent deux à deux, ne passent pas par un seul et même point, elles
sont toutes situées dans un seul et même plan α. Ce plan renferme
aussi les points de contact des tangentes que l'on peut mener de A à
l'une quelconque des courbes du second ordre dont il vient d'être
question ; il contient également les points d'intersection des tangentes

de ces courbes dont les points de contact sont situés sur une droite passant par A (Voir I, pages 96—97). Il en résulte que deux plans tangents quelconques à la surface, dont les points de contact sont situés sur une droite passant par A, se coupent sur le plan α; en effet, les tangentes contenues dans ces plans tangents se coupent deux à deux suivant des points de α.

Nous dirons que α est le *plan polaire* ou la *polaire* de A et que, réciproquement, A est le *pôle* du plan α. Le plan polaire d'un point quelconque se trouve donc déterminé par les propriétés suivantes des surfaces du second ordre qui peuvent servir chacune à le définir et à le construire.

Si par un point A, non situé sur une surface donnée du second ordre, on mène à cette surface des sécantes et des plans sécants et si l'on détermine:

1° *Les points de ces sécantes, harmoniquement séparés de* A *par la surface;*

2° *Les polaires de* A *par rapport aux coniques communes à la surface et aux plans sécants;*

3° *Les droites d'intersection des plans tangents à la surface en deux points situés sur une même sécante;*

4° *Les points de contact de toutes les tangentes et de tous les plans tangents à la surface, qui passent par* A;

Tous ces points et toutes ces droites sont situés dans un même plan α, *appelé le* plan polaire *de* A *et dont* A *est le* pôle.

Les tangentes qu'on peut mener à la surface donnée par l'un quelconque de ses points forment un faisceau de rayons du premier ordre. Si, au contraire, on considère un point quelconque A, non situé sur la surface et dont le plan polaire coupe cette surface, on voit que:

Les points de contact de toutes les tangentes et de tous les plans tangents qu'on peut mener à une surface du second ordre par un point donné quelconque A *sont situés sur une conique; par conséquent, les tangentes elles-mêmes sont situées sur une surface conique du second ordre, qui est enveloppée par les plans tangents.*

La conique dont il s'agit dans ce théorème est celle qui est commune à la surface du second ordre et au plan polaire de A. Il est clair que, réciproquement, tout droite qui unit un point P de cette conique avec A est tangente en P à la surface du second ordre; en effet, si elle coupait la surface en un autre point Q, le point harmoniquement séparé de A par P et Q serait extérieur au plan polaire de A, puisque P est situé dans ce plan. Tout plan qui projette une tangente de la conique du point A est donc un plan tangent de la surface. Comme une droite quelconque menée par A ne rencontre pas plus de deux tangentes de cette conique, nous avons ce théorème:

Par une droite, qui n'appartient pas tout entière à une surface du second ordre, on ne peut mener plus de deux plans tangents à la surface; cette surface est donc de seconde classe.

Étant donnée une surface quelconque du second ordre, à tout point qui n'est pas situé sur la surface correspond un plan polaire. Pour le cas limite que nous avons laissé de côté jusqu'ici, nous dirons qu'à tout point situé sur la surface correspond comme plan polaire son plan tangent et réciproquement que le pôle de tout plan tangent à la surface est son point de contact. Le théorème suivant établit clairement le mode de correspondance des points et des plans.

Étant donnés deux points A et B, si le premier est situé dans le plan polaire du second, le second est aussi dans le plan polaire du premier.

Étant donnés deux plans, si le premier passe par le pôle du second, le second passe aussi par le pôle du premier.

En effet, coupons la surface du second ordre par un plan contenant les points A et B et construisons la polaire de chaque point par rapport à la courbe de section. Par hypothèse, la polaire de B passe par le point A; par conséquent (I, page 99) la polaire de A passe par le point B. Or, la polaire de A par rapport à cette courbe de section est contenue dans le plan polaire de A par rapport à la surface du second ordre; donc B est situé dans ce plan polaire. Le théorème de droite n'est que la répétition de celui de gauche.

Si donc un point se meut dans un plan, son plan polaire pivote en même temps autour du pôle de ce plan; et si un plan pivote autour d'un point, son pôle se meut dans le plan polaire de ce point. Nous déduisons de là que:

Si un point se meut sur une droite et par conséquent dans deux plans en même temps, son plan polaire tourne autour d'une droite; en effet, il tourne autour des

Si un plan tourne autour d'une droite, et par conséquent autour de deux points de cette droite en même temps, son pôle se meut sur une droite; en effet, il se meut

pôles des deux plans et par con- | dans les plans polaires des deux
séquent autour de la droite qui | points et par conséquent sur l'inter-
réunit ces pôles. | section de ces plans.

Étant données deux droites, on dit que l'une d'elles est la *polaire* de
l'autre, quand les plans polaires de tous les points de l'une passent par
l'autre et quand, réciproquement, les pôles de tous les plans passant
par l'une sont situés sur l'autre. La surface du second ordre fait donc
correspondre à toute droite de l'espace une autre droite qui est sa
polaire. La double proposition qui précède peut aussi s'énoncer comme
il suit :

Si une droite passe par un point, | Si une droite est situé dans un
sa polaire est située dans le plan | plan, sa polaire passe par le pôle
polaire de ce point. | de ce plan.

D'après cela, pour construire la polaire g_1 d'une droite g, nous pouvons chercher les plans polaires de deux points de g et déterminer leur
droite d'intersection g_1, ou chercher les pôles de deux plans passant
par g et déterminer la droite g_1 qui les unit. Si la droite g est coupée
en deux points par la surface du second ordre, les deux plans
tangents à la surface aux deux points d'intersection passent par la
polaire g_1 de g. Si de g l'on peut mener deux plans tangents à la surface, g_1 contient les deux points de contact de ces plans. Si g est tangente à la surface, elle est coupée par sa polaire en son point de contact
et se trouve avec elle dans un plan tangent de la surface ; en effet, g
étant située dans le plan tangent, g_1 doit contenir le pôle de ce plan,
c'est-à-dire son point de contact, et comme g passe par ce point, g_1 doit
être située dans le plan polaire de ce point, c'est-à-dire dans le plan
tangent.

Dans tout autre cas, nous pourrons déterminer la polaire g_1 d'une
droite g ainsi qu'il suit. Nous couperons la surface du second ordre par
des plans contenant la droite g et nous chercherons le pôle de g par
rapport à chacune des courbes d'intersection ; tous ces pôles sont situés
sur la droite g_1. En effet, soit P l'un quelconque de ces pôles ; le plan
polaire de P passe par la droite g et par conséquent P doit être situé
sur g_1. Quelle construction réciproque peut-on déduire de celle qu'on
vient de donner ?

Pour construire le pôle d'un plan donné, nous cherchons les plans ou les droites polaires d'un nombre quelconque de points ou de droites situés par ce plan; tous ces plans ou droites polaires se coupent au point cherché. En particulier, les plans tangents en tous les points communs à la surface et au plan passent par le pôle cherché ; si par une droite quelconque du plan on peut mener deux plans tangents à la surface, le pôle est situé sur la droite qui unit les deux points de contact et il est harmoniquement séparé (II, page 42) du plan donné par les deux plans tangents.

La polarité des surfaces du second ordre nous conduit à un cas particulier de la réciprocité dans l'espace. En effet, puisque par le moyen d'une surface du second ordre à tout point P correspond un plan π comme plan polaire et à tout plan ou toute droite passant par P un point, qui est le pôle du plan, ou une droite, qui est la polaire de la droite, ce point ou cette droite étant contenus dans π, la définition générale de la réciprocité (donnée II, page 23) trouve immédiatement son application ici.

Deux formes de l'espace sont rapportées réciproquement l'une à l'autre, et par suite projectives, quand elles sont les polaires l'une de l'autre par rapport à une surface du second ordre.

Au moyen de ces remarques, on peut démontrer maintenant le théorème qui suit.

Toute surface du second ordre est enveloppée par une gerbe de plans du second ordre.

Imaginons la surface du second ordre engendrée par deux gerbes réciproques S et S_1, de telle sorte qu'en tout point P de la surface se coupent un rayon de S et le plan correspondant de S_1. Alors tous les plans tangents de la surface sont engendrés par deux systèmes plans réciproques σ et σ_1, le plan tangent en un point quelconque P joignant un rayon de σ au point correspondant de σ_1. Les deux systèmes plans sont les polaires par rapport à la surface du second ordre des gerbes S et S_1; la surface est respectivement tangente en S et S_1 aux plans σ et σ_1 et toute droite ou tout plan de S ou de S_1 a respectivement pour élément correspondant une droite ou un point de σ ou σ_1.

En vue de nos recherches ultérieures, nous introduirons encore les dénominations qui suivent :

Deux points, ou un point et un rayon sont dits *conjugués*, quand

Deux plans, ou un plan et une droite sont dits *conjugués*, quand chacun d'eux est situé sur le plan polaire ou la droite polaire de l'autre. | chacun d'eux passe par le pôle ou la polaire de l'autre.

Deux droites sont dites conjuguées, *quand chacune d'elles est dans un même plan avec la polaire de l'autre.*

D'après cela, un point est conjugué à tous les points et à tous les rayons qui sont situés dans son plan polaire ; un plan est conjugué à tous les rayons et à tous les plans qui passent par son pôle ; et enfin une droite g est conjuguée à tous les points situés sur sa polaire g_1, à tous les plans qui passent par g_1 et à toutes les droites qui sont coupées par g_1. Tout point, toute tangente et tout plan tangent de la surface est conjugué à lui-même.

Si deux points A et B sont conjugués par rapport à une surface du second ordre, ils sont aussi conjugués par rapport à toute courbe du second ordre suivant laquelle un plan quelconque du faisceau $\overline{AB}$ coupe la surface. | Si deux plans α et β sont conjugués par rapport à une surface du second ordre, ils sont aussi conjugués par rapport à tout cône du second ordre circonscrit à la surface et dont le sommet est situé sur la droite $\overline{\alpha\beta}$.

En effet, par hypothèse, le plan polaire du point A passe par B ; il renferme donc aussi (II, page 42) la polaire de A par rapport à la courbe d'intersection du second ordre, et par conséquent cette polaire doit contenir le point B, ainsi qu'on l'a énoncé. Cette double proposition admet une réciproque.

Soit donc g une droite qui n'est pas conjuguée à elle-même (c'est-à-dire qui n'est pas tangente à la surface du second ordre) et supposons qu'on fasse correspondre l'un à l'autre

les points de la ponctuelle g qui sont conjugués deux à deux, ces points sont accouplés involutivement (I, page 147). | les plans du faisceau g qui sont conjugués deux à deux, ces plans sont accouplés involutivement.

Si dans un faisceau de rayons, dont le centre et le plan ne sont pas conjugués à eux-mêmes, on fait correspondre entre eux les rayons conjugués deux à deux, ses rayons sont accouplés involutivement.

Ce dernier théorème peut se ramener aux précédents. En effet, nous pouvons dans le plan du faisceau faire correspondre à chaque rayon un point qui lui est conjugué; nous obtenons ainsi une ponctuelle dont les points sont accouplés involutivement et à laquelle le faisceau de rayons est perspectif.

Si un point ou un rayon décrit un système plan α, sa polaire décrit une gerbe A réciproque à α, dont le centre est le pôle du plan α. Toute section plane β de cette gerbe est également rapportée réciproquement à α et toute gerbe B perspective à α est réciproque à A. Donc :

Deux systèmes plans α et β, dont les lieux ne sont pas conjugués, seront rapportés réciproquement l'un à l'autre, si à tout point de l'un on assigne comme correspondant la droite de l'autre système qui lui est conjuguée.

Deux gerbes A et B, dont les sommets ne sont pas conjugués, seront rapportées réciproquement l'une à l'autre, si à tout rayon de l'une on assigne comme correspondant le plan de l'autre gerbe qui lui est conjugué.

Si un point décrit une forme rectiligne g, son plan polaire décrit un faisceau de plans g_1 projectif à g ; toute section de g_1 est donc projective à g et toute projection de g est projective à g_1. Entre autres propriétés, on déduit de là que :

Deux ponctuelles ou deux faisceaux du premier ordre, dont les lieux ne sont pas conjugués, seront rapportés projectivement entre eux, si l'on assigne comme correspondants l'un à l'autre les éléments de ces formes qui sont conjugués deux à deux.

APPENDICE.

DIAMÈTRES ET PLANS DIAMÉTRAUX — CENTRE, AXES PRINCIPAUX ET PLANS DE SYMÉTRIE DES SURFACES DU SECOND ORDRE.

Les points milieux de toutes les cordes qu'on peut mener dans une surface du second ordre parallèlement à une direction donnée quelconque sont situés dans un plan diamétral de la surface. Ce plan renferme aussi les points de contact de toutes les tangentes et plans tan-

gents, menés à la surface parallèlement à la direction donnée, et les centres de toutes les courbes du second ordre qui sont situées sur la surface et dont les plans contiennent cette direction.

Ce *plan diamétral* est le plan polaire du point à l'infini qui est situé sur la direction donnée.

Si l'on coupe une surface du second ordre par un faisceau de plans parallèles, les centres de toutes les courbes d'intersection sont situés sur une droite qu'on appelle un diamètre *de la surface. Les plans tangents aux points où la surface est coupée par le diamètre sont parallèles aux plans sécants.*

Ce *diamètre* est la polaire de la droite à l'infini qui est commune aux plans parallèles.

Tous les diamètres et tous les plans diamétraux d'une surface du second ordre passent par un même point.

C'est le pôle du plan à l'infini, parce que ce plan contient les polaires et les pôles de tous les diamètres et de tous les plans diamétraux.

Si la surface du second ordre est tangente au plan à l'infini, le point de contact est le pôle de ce plan; ce pôle est donc aussi à l'infini. C'est ce qui a lieu pour les deux paraboloïdes; donc:

Les diamètres et les plans diamétraux d'un paraboloïde elliptique ou hyperbolique passent par le point à l'infini où la surface est tangente au plan à l'infini. Les diamètres d'un paraboloïde sont donc parallèles.

Pour les autres surfaces du second ordre, le pôle du plan à l'infini est un point propre qu'on appelle le *centre* de la surface.

Le centre d'un ellipsoïde, d'un hyperboloïde à une nappe ou d'un hyperboloïde à deux nappes est aussi le centre de toutes les courbes du second ordre qui sont situées sur la surface et dont les plans passent par ce point. Toute corde de la surface qui passe par le centre est bissectée par ce point.

Eu effet, le centre est conjugué à tout point et à tout rayon à l'infini et il est séparé harmoniquement du point à l'infini sur chaque corde par les deux points où cette corde perce la surface (II, page 45).

Tous les plans tangents aux points à l'infini sur un hyperboloïde à une ou à deux nappes se coupent au centre de la surface (II, page 45) *et enveloppent un cône du second ordre, qu'on appelle le cône asymptotique de l'hyperboloïde. Le cône asymptotique est tangent à l'hyperboloïde le long de sa courbe à l'infini. Un plan sécant quelconque a en*

commun avec l'hyperboloïde une ellipse, une parabole ou une hyper-
bole, selon que ce plan ou un plan parallèle coupe le cône asympto-
tique suivant une ellipse, une parabole ou une hyperbole.

Un diamètre quelconque d'un ellipsoïde ou d'un hyperboloïde a pour
conjugués un plan diamétral, et l'un quelconque des diamètres situés
dans ce plan diamétral. Le plan conjugué divise en deux parties égales
toutes les cordes de la surface qui sont parallèles au diamètre ; et réciproquement, le diamètre passe par les centres de toutes les coniques de
la surface dont les plans sont parallèles au plan diamétral qui lui est
conjugué. Si le plan qui unit deux diamètres conjugués coupe la surface
du second ordre, ces diamètres sont aussi des diamètres conjugués dans
la section qu'il détermine dans la surface, parce que toutes les cordes
de cette courbe qui sont parallèles à l'un des diamètres sont bissectés
par l'autre.

Un diamètre qui est perpendiculaire au plan qui lui est conjugué
s'appelle un *axe principal* ou un *axe* de la surface du second ordre.

Un paraboloïde n'a qu'un seul axe a.

Les centres des coniques de la surface, dont les plans sont normaux
à la direction du diamètre, sont situés sur cet axe. Les plans diamétraux
qu'on peut mener par l'axe a sont conjugués deux à deux ; par conséquent, le faisceau de plans a est en involution (II, page 46). Coupons-le par
un plan perpendiculaire à a, qui nous donne un faisceau de rayons en
involution ; il en résulte que suivant que ce faisceau sera rectangulaire
ou non, les plans conjugués α et α_1 du faisceau a seront perpendiculaires
deux à deux, ou qu'il y en aura au moins un couple satisfaisant à cette
condition (I, page 181). Or, comme le plan α est conjugué et normal à
tous les plans qui sont perpendiculaires à l'axe principal a, il est aussi
normal à la direction sur laquelle est situé son pôle à l'infini ; il divise
donc en deux parties égales toutes les cordes du paraboloïde qui lui
sont normales et l'on peut d'après cela lui donner le nom de *plan de*
symétrie de la surface. Il en est de même pour le plan α_1.

Le paraboloïde a donc au moins deux plans de symétrie qui se
coupent normalement suivant son axe.

Si tout plan mené par l'axe a est un plan de symétrie, toute courbe
d'intersection du paraboloïde par un plan perpendiculaire à a possède
un faisceau rectangulaire de diamètres, comme on l'a remarqué précédemment ; cette courbe est donc un cercle (I, page 111). Dans ce cas,
le paraboloïde est un paraboloïde de révolution.

En général, les diamètres d'un ellipsoïde ou d'un hyperboloïde ne sont pas perpendiculaires aux plans diamétraux qui leur sont conjugués. Car lorsque ceci a lieu d'une manière générale, lorsque par conséquent tout diamètre est un axe principal de la surface, celle-ci est une sphère. En effet, dans ce cas, tout faisceau de diamètres est rectangulaire et conséquemment la courbe suivant laquelle son plan coupe la surface est un cercle; et par suite aussi, tous les points de cette surface sont à égale distance de son centre. — Dans un ellipsoïde ou un hyperboloïde, il n'y a en général qu'un seul diamètre d_1 conjugué à un diamètre d qui lui soit perpendiculaire; ce diamètre d_1 se trouve à la fois dans le plan diamétral δ conjugué à d et dans le plan diamétral δ_1 perpendiculaire à d.

Si le diamètre d décrit autour du centre de la surface un faisceau de rayons γ, le plan diamétral δ qui lui est conjugué décrit un faisceau de plans projectifs au faisceau de rayons γ (II, page 45) et dont l'axe g est conjugué au plan γ. En même temps, le plan diamétral δ_1 normal à d décrit un second faisceau de plans dont l'axe g_1 est normal à γ; et ce faisceau de plans g_1 est aussi projectif au faisceau de rayons γ, puisque deux rayons de ce dernier comprennent entre eux le même angle que les plans du premier faisceau qui leur sont perpendiculaires. Les faisceaux de plans g et g_1 sont donc projectifs entre eux et engendrent en général un cône du second ordre.

Si un diamètre d, *qui pivote autour du centre d'un ellipsoïde ou d'un hyperboloïde, décrit un faisceau de rayons* γ, *le diamètre* d$_1$ *qui lui est conjugué et normal décrit en même temps un cône du second ordre, qui a pour sommet le centre de la surface.*

Il n'y a d'exception à ce théorème que si le faisceau de rayons γ contient un axe principal de la surface, parce que les faisceaux de plans g et g_1 ont alors comme élément correspondant commun le plan diamétral conjugué à l'axe principal et par conséquent sont perspectifs.

A l'aide de ce théorème, nous pouvons démontrer que tout ellipsoïde et tout hyperboloïde a des axes principaux (cette proposition se trouve déjà établie pour le cas d'exception que nous venons de mentionner). Supposons qu'on construise les cônes du second ordre Γ et E qui correspondent à deux faisceaux de diamètres γ et ε; et admettons que l'on ait choisi ε de telle manière que E réunisse l'un à l'autre deux diamètres menés l'un à l'intérieur et l'autre à l'extérieur de Γ; ceci peut se faire facilement. Les cônes concentriques Γ et E doivent alors se couper; ils

auront donc au moins deux rayons et au plus quatre rayons communs.
L'un de ces rayons communs est conjugué et normal au rayon commun
aux faisceaux de diamètres γ et ε ; tout autre d'entre eux a a un diamètre
conjugué aussi bien dans γ que ε et il est normal à ces diamètres. Par
conséquent a est aussi normal au plan dans lequel ces rayons conjugués
sont situés ; c'est donc un axe principal de la surface considérée (ellipsoïde ou hyperboloïde). Le plan diamétral conjugué à l'axe a est un plan
de symétrie de la surface, puisqu'il bissecte toutes les cordes qui lui
sont perpendiculaires.

Le faisceau involutif de diamètres, situé dans le plan de symétrie,
est rectangulaire ou renferme deux diamètres conjugués b et c qui sont
perpendiculaires l'un à l'autre. Dans le premier cas, comme pour le
paraboloïde, on voit que la surface du second ordre est de révolution et
que chacun de ces diamètres est un de ses axes principaux ; dans le
second cas, la surface n'a que trois axes principaux a, b, c qui sont perpendiculaires entre eux et conjugués deux à deux.

Dans les recherches qui précèdent et qui ont trait aux axes principaux d'un ellipsoïde ou d'un hyperboloïde, nous avons pris pour point
de départ cette proposition que tout diamètre a un plan diamétral conjugué et qu'à tout faisceau de diamètres correspond un faisceau projectif
de plans diamétraux conjugués. De même, dans les cônes propres du
second ordre, à tout rayon passant par le sommet correspond un plan
diamétral et à tout faisceau de rayons un faisceau projectif de plans
diamétraux conjugués. Nos considérations sont donc encore applicables
aux cônes du second ordre et nous pouvons énoncer le théorème ainsi
qu'il suit :

Tout ellipsoïde, tout hyperboloïde et tout cône propre du second
a trois axes principaux perpendiculaires entre eux ; les trois plans
qui les joignent deux à deux sont des plans de symétrie de la surface.
C'est seulement quand la surface est de révolution qu'elle a plus de trois
axes principaux ; elle en a alors une infinité.

SEPTIÈME LEÇON.

Affinité, similitude et congruence des systèmes plans et des courbes du second ordre.

Deux systèmes collinéaires plans Σ et Σ_i sont dits *alliés*, ou en *affinité*, quand leurs droites à l'infini se correspondent. A tout point à l'infini dans l'un des systèmes correspond un point à l'infini dans l'autre, à tout parallélogramme correspond un parallélogramme, à toute ponctuelle une ponctuelle projective semblable (I, page 92). Une gerbe de rayons parallèles est coupée par deux plans quelconques suivant des systèmes alliés.

Pour rapporter l'un à l'autre deux systèmes plans de manière qu'ils soient en affinité, nous pouvons prendre à volonté dans chacun d'eux un triangle propre et faire correspondre arbitrairement les uns aux autres les sommets de ces triangles. Ces triangles forment avec les droites à l'infini des deux systèmes deux quadrilatères complets rapportés l'un à l'autre ; par leur moyen, le point ou le rayon de l'un des systèmes qui correspond à un point ou à un rayon de l'autre système se trouve déterminé d'une seule manière.

Nous savons que dans les ponctuelles projectives semblables les segments homologues sont deux à deux dans un rapport constant et que par suite les ponctuelles sont divisées en parties proportionnelles par leurs points homologues.

Dans deux systèmes alliés Σ et Σ_i soient donnés deux couples de droites homologues x, y et x_i, y_i (fig. 7) qui se coupent respectivement aux points M et M_i ; supposons de plus qu'on connaisse les rapports

$\dfrac{D\,C}{D_1 C_1}$ et $\dfrac{H\,E}{H_1 E_1}$ des segments homologues ; on peut alors construire le point

K_1 de Σ_1 homologue à un point quelconque K de Σ en procédant comme

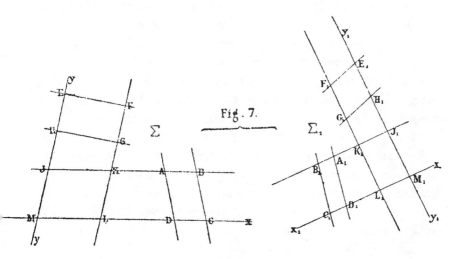

Fig. 7.

il suit. Nous menons par K une parallèle à x; qui coupe y en J, et une parallèle à y, qui coupe x en L. Puis nous déterminons le point J_1 de y_1 qui correspond à J, de manière qu'il vérifie la proportion suivante

$$\frac{M\,J}{M_1 J_1} = \frac{H\,E}{H_1 E_1}.$$

De même nous déterminons le point L_1 de x_1 qui correspond à L, de manière que

$$\frac{M\,L}{M_1 L_1} = \frac{D\,C}{D_1 C_1}.$$

Enfin nous menons par J_1 une parallèle à x_1 et par L_1 une parallèle à y_1; ces deux droites se coupent en un point K_1 qui correspond à K.

Nous pouvons énoncer comme il suit cette règle de construction qu'Euler avait déjà donnée en se servant des termes de la géométrie analytique :

Pour construire la forme alliée à une forme plane donnée, nous rap-
portons cette dernière à deux axes fixes de coordonnées. Ensuite nous
augmentons ou nous diminuons les ordonnées de tous les points dans
un rapport constant quelconque et nous en faisons autant pour les

abscisses en prenant arbitrairement le rapport analogue. Enfin, au moyen de ces nouvelles coordonnées, nous construisons tous les points de la forme alliée cherchée par rapport à deux axes fixes de coordonnées choisis à volonté.

Si nous donnons le nom de *Figure* à une portion du système plan limitée dans tous les sens, nous pouvons énoncer pour les systèmes plans en affinité un théorème analogue à celui qui a été rappelé plus haut pour les ponctuelles projectives semblables; le voici :

Dans les systèmes plans en affinité les figures qui se correspondent deux à deux sont dans un rapport constant; ou deux figures quelconques de l'un des systèmes sont entre elles dans le même rapport que les figures correspondantes de l'autre système.

Nous allons démontrer d'abord ce théorème pour les parallélogrammes et les triangles. Soient donc (fig. 7) ABCD et EFGH deux parallélogrammes quelconques de l'un des systèmes Σ et $A_1B_1C_1D_1$ et $E_1F_1G_1H_1$ les parallélogrammes qui leur correspondent respectivement dans le second système Σ_1. Les droites $\overline{AB}$ et $\overline{CD}$ sont respectivement coupées par $\overline{EH}$ en J et M et par $\overline{FG}$ en K et L; de sorte que JKLM est un nouveau parallélogramme de Σ auquel correspond un parallélogramme analogue $J_1K_1L_1M_1$ dans Σ_1. Les parallélogrammes ABCD et JKLM sont entre eux comme leurs bases DC et ML, puisque leurs hauteurs sont égales et l'on a de même

$$\frac{A_1B_1C_1D_1}{J_1K_1L_1M_1} = \frac{D_1C_1}{M_1L_1}.$$

Mais comme les formes rectilignes MLDC et $M_1L_1D_1C_1$ sont projectives semblables, on doit aussi avoir la proportion

$$\frac{DC}{ML} = \frac{D_1C_1}{M_1L_1},$$

et nous en déduisons la proportion suivante :

$$\frac{ABCD}{JKLM} = \frac{A_1B_1C_1D_1}{J_1K_1L_1M_1}.$$

Comme on a de même :

$$\frac{JKLM}{EFGH} = \frac{KL}{FG} = \frac{K_1L_1}{F_1G_1} = \frac{J_1K_1L_1M_1}{E_1F_1G_1H_1},$$

il en résulte la proportion

$$\frac{JKLM}{EFGH} = \frac{J_1K_1L_1M_1}{E_1F_1G_1H_1}.$$

En joignant cette dernière relation à celle qu'on vient d'écrire, on trouve enfin la relation cherchée :

$$\frac{ABCD}{EFGH} = \frac{A_1B_1C_1D_1}{E_1F_1G_1H_1}.$$

Remplaçons chaque parallélogramme par sa moitié, c'est-à-dire par l'un des deux triangles en lesquels une diagonale le décompose, nous avons la proportion

$$\frac{ABC}{EFG} = \frac{A_1B_1C_1}{E_1F_1G_1}.$$

Comme les parallélogrammes ABCD et EFGH ont été pris d'une manière tout à fait arbitraire dans Σ, nous pouvons aussi regarder les triangles ABC et EFG comme absolument quelconques. Nous avons démontré de la sorte que deux triangles quelconques d'un système sont entre eux dans le même rapport que les triangles qui leur correspondent dans l'autre système.

Notre théorème s'applique aussi pour des figures quelconques limitées par des lignes droites, parce que l'on peut les décomposer en triangles par le moyen de leurs diagonales ; il doit donc aussi subsister pour les figures à contour curviligne, puisqu'il est vrai pour les polygones qu'on peut inscrire ou circonscrire à ces figures et dont l'aire se rapproche indéfiniment de celle que renferme le contour curviligne.

L'*égalité* est un cas particulier de l'affinité. Ce cas se produit dans les systèmes alliés, quand deux figures homologues quelconque ont même aire. L'idée d'égalité est prise ici dans un sens plus restreint que dans la planimétrie dans le sens d'équivalence ; en effet, par exemple, deux quadrangles KLMN et $K_1L_1M_1N_1$ qui ont même surface ne sont des figures homologues dans deux systèmes en affinité que si les triangles KLM, KLN, KMN et LMN contenus dans le quadrangle KLMN ont respectivement même surface que les triangles $K_1L_1M_1$, $K_1L_1N_1$, $K_1M_1N_1$ et $L_1M_1N_1$. Il s'agit donc ici de l'égalité qui s'étend aux plus petites parties qui se correspondent dans les figures.

Deux courbes, qui se correspondent dans des systèmes alliés, ont le
même nombre de points à l'infini et d'asymptotes, puisque tout point à
l'infini a pour correspondant un point à l'infini, et toute tangente d'une
courbe une tangente de l'autre courbe. Une ellipse ne peut donc uniquement avoir pour figures alliées que des ellipses, une parabole des paraboles, et une hyperbole des hyperboles. Réciproquement, il est facile
de démontrer que deux courbes du second ordre, et de même espèce,
peuvent toujours, et d'une infinité de manières, être rapportées l'une
à l'autre par affinité. Ces relations nous conduiront à un grand nombre
de propriétés intéressantes :

*Pour allier deux paraboles l'une à l'autre, nous pouvons prendre
à volonté deux points A et B sur l'une et leur assigner pour correspondants deux points quelconques* A$_1$ *et* B$_1$ *sur l'autre. De cette ma-*

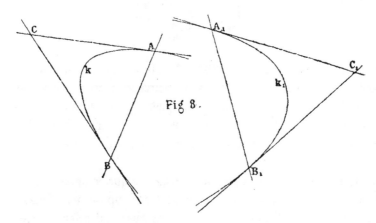

Fig 8.

*nière, à tout point de l'une des paraboles ou de son plan correspond
un point de l'autre parabole ou de son plan.*

Soient (fig. 8) $\overline{CA}$ et $\overline{CB}$ les tangentes à la première parabole k aux
points A et B et soient de même $\overline{C_1A_1}$ et $\overline{C_1B_1}$ celles de la seconde parabole k_1 en A$_1$ et B$_1$. Nous devons et pouvons alors allier l'un à l'autre les
systèmes plans auxquels appartiennent k et k_1 de telle sorte qu'aux
sommets du triangle ABC correspondent respectivement les sommets
du triangle A$_1$B$_1$C$_1$. La parabole k qui est tangente en A et B aux droites
$\overline{CA}$ et $\overline{CB}$ et qui a pour tangente la droite à l'infini dans son plan a pour
correspondante une courbe du second ordre qui, de même que k_1, est
tangente aux droites $\overline{A_1C_1}$ et $\overline{C_1B_1}$ en A$_1$ et B$_1$ et qui a pour tangente la
droite à l'infini ; cette courbe se confond donc avec k_1 (I, page 78).

Le segment de la parabole k limité par la corde AB est avec le triangle ABC dans le même rapport que le segment de k_1, limité par A_1B_1 avec le triangle $A_1B_1C_1$. Or, comme les points A et B de k ont été pris d'une manière entièrement arbitraire et peuvent par conséquent être remplacés par deux autres points quelconques de la courbe, il en résulte qu'un segment quelconque de parabole est dans un rapport constant avec le triangle formé par la corde de ce segment et les deux tangentes aux extrémités de cette corde.

Soit maintenant G (fig. 9) le point milieu de AB de sorte que la droite CG soit bissectée par la parabole en D (I, page 114); soit de plus EF la tangente en D, qui est parallèle à AB et qui rencontre respective-

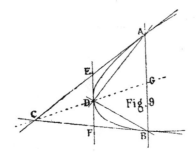

ment en E et F les tangentes AC et BC. Représentons par (AB), (DB) et (AD) les segments de parabole limités respectivement par les cordes AB, DB et AD; nous avons

$$\frac{(AB)}{ABC} = \frac{(DB)}{DBF} = \frac{(AD)}{ADE} = m,$$

m désignant une quantité constante. D'autre part, la figure nous donne :

$$(AB) = ABD + (DB) + (AD).$$

Dans cette dernière équation remplaçons (AB), (DB) et (AD) par leurs valeurs déduites de la relation précédente, il vient :

$$m\,(ABC - DBF - ADE) = ABD.$$

Mais comme CD = DG, CF = FB et CE = EA, on a :

$$ABD = \frac{1}{2}\,ABC, \text{ et } DBF + ADE = FCE = \frac{1}{4}\,ABC.$$

L'équation qui donne m devient alors

$$m\,(\mathrm{ABC} - \tfrac{1}{4}\,\mathrm{ABC}) = \tfrac{1}{2}\,\mathrm{ABC} \quad \text{ou } m = \tfrac{2}{3}.$$

Donc aussi $\quad(\mathrm{AB}) = \tfrac{2}{3}\,\mathrm{ABC}\,;\quad$ et nous avons ce théorème :

L'aire d'un segment de parabole est égale aux deux tiers de l'aire du triangle formé par la corde du segment et les tangentes à la courbe aux deux extrémités de cette corde.

L'équation $\quad(\mathrm{AB}) = \tfrac{4}{3}\,\mathrm{ABD}\quad$ peut s'exprimer d'une manière analogue en langage ordinaire.

Soit (fig. 10) KLM un triangle inscrit dans une parabole et $\mathrm{K_1, L_1, M_1}$

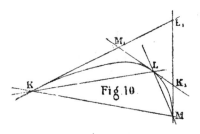

Fig. 10

les pôles respectifs des côtés $\overline{\mathrm{LM}}$, $\overline{\mathrm{MK}}$ et $\overline{\mathrm{KL}}$ de ce triangle. MK étant le plus grand côté du triangle considéré, on a :

$$\mathrm{KLM} = (\mathrm{MK}) - (\mathrm{KL}) - (\mathrm{LM}),$$

ou bien :

$$\mathrm{KLM} = \tfrac{2}{3}\,(\mathrm{KL_1M} - \mathrm{KM_1L} - \mathrm{LK_1M}) = \tfrac{2}{3}\,(\mathrm{M_1L_1K_1} + \mathrm{KLM}),$$

par conséquent :

$$\mathrm{KLM} = 2\,\mathrm{M_1L_1K_1}\,;$$

c'est-à-dire : *L'aire d'un triangle inscrit dans une parabole est double de celle du triangle circonscrit dont les côtés sont tangents à la parabole aux sommets du triangle inscrit.*

Deux paraboles peuvent aussi être considérées comme des courbes égales ; car nous pouvons les allier l'une à l'autre d'une infinité de manières, de telle sorte que deux segments homologues, tels que (AB) et $(\mathrm{A_1B_1})$, (fig. 8), aient même surface.

Dans deux ellipses ou deux hyperboles alliées, les diamètres se correspondent entre eux, et de plus tout couple de diamètres conjugués de l'une des courbes a pour correspondant un couple de diamètres conjugués dans l'autre. Cette propriété résulte de ce que tout système de cordes parallèles d'une courbe a pour correspondant un système de cordes parallèles de l'autre courbe et, à cause de la proportionnalité des segments homologues, le milieu d'une corde correspond nécessairement au milieu de la corde homologue. En outre, dans les hyperboles alliées, les asymptotes se correspondent entre elles.

Pour allier deux hyperboles l'une à l'autre, nous pouvons faire correspondre chaque asymptote de l'une à une asymptote de l'autre et assigner un point ou une tangente de l'une comme élément correspondant à un point ou à une tangente de l'autre hyperbole.

En effet, les hyperboles peuvent être rapportées projectivement l'une à l'autre (I, page 131) de telle sorte qu'aux deux points à l'infini et à un troisième point quelconque de l'une correspondent respectivement les deux points à l'infini et un troisième point quelconque de l'autre. Les deux systèmes plans, dans lesquels les hyperboles sont situées, sont ainsi rapportés collinéairement l'un à l'autre (II, page 11), et ils sont en affinité, parce que les droites qui joignent les points à l'infini sur les hyperboles, c'est-à-dire les droites à l'infini des systèmes, se correspondent entre elles.

Pour allier entre elles deux ellipses k *et* k_1, *nous pouvons assigner comme correspondants les uns aux autres les points* A, B *et* A$_1$, B$_1$, *qui limitent deux demi-diamètres conjugués.*

Soient ABCD et A$_1$B$_1$C$_1$D$_1$ (fig. 11) les deux parallélogrammes respectivement inscrits aux ellipses k et k_1 et qui ont pour diagonales les deux couples de diamètres conjugués $\overline{AC}$, $\overline{BD}$ et $\overline{A_1C_1}$, $\overline{B_1D_1}$; soient de plus M et M$_1$ les centres respectifs de k et de k_1. Nous pouvons maintenant allier les systèmes plans auxquels appartiennent k et k_1 de telle sorte qu'aux points A,B,C de l'un correspondent respectivement les points A$_1$,B$_1$,C$_1$ de l'autre. Au point milieu M de AC correspond nécessairement le point milieu M$_1$ de A$_1$C$_1$ et l'ellipse k, qui est tangente en A et C à deux parallèles au diamètre $\overline{MB}$ et qui passe par B, a pour correspondante l'ellipse k_1, c'est-à-dire la courbe du second ordre qui est tangente en A$_1$ et B$_1$ à deux parallèles à la droite $\overline{M_1B_1}$ et qui passe par B$_1$.

Au lieu des diamètres conjugués $\overline{MA}$ et $\overline{MB}$ de l'ellipse k on peut prendre deux autres diamètres conjugués quelconques de cette courbe ;

les deux ellipses k et k_1 peuvent donc être alliées l'une à l'autre d'une infinité de manières. Pour chaque position de $\overline{MA}$ et $\overline{MB}$, le parallélogramme ABCD doit être dans le même rapport avec la surface de l'ellipse k que le parallélogramme $A_1B_1C_1D_1$, qui est resté invariable, avec la surface de l'ellipse k_1. Donc :

Tous les parallélogrammes, inscrits dans une ellipse et dont les diagonales sont deux diamètres conjugués, ont même surface.

Le parallélogramme circonscrit (fig. 11) dont les côtés sont tangents à l'ellipse aux points A,B,C,D a une surface double de ABCD ; donc :

Tous les parallélogrammes, circonscrits à une ellipse et dont les

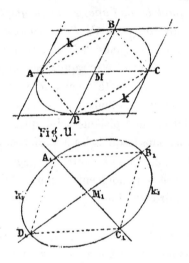

Fig. 11.

côtés sont parallèles à deux diamètres conjugués, ont même surface.

Soient $2a$ et $2b$ les longueurs des deux axes d'une ellipse ; $4ab$ est l'aire d'un de ces parallélogrammes circonscrits, car $4ab$ est l'aire du rectangle formé par les tangentes aux sommets de l'ellipse.

Supposons l'ellipse alliée à un cercle de rayon r. Le rapport de la surface J de l'ellipse à $4ab$ est égal au rapport de la surface πr^2 du cercle à la surface $4r^2$ du carré circonscrit au cercle (II, page 54). Donc :

$$\frac{J}{4ab} = \frac{r^2\pi}{4r^2}, \text{ ou bien } J = \pi ab.$$

La surface de l'ellipse est égale au produit de ses deux demi-axes par le nombre π.

Le cercle étant divisé en quatre parties égales par deux diamètres conjugués, il en est de même de l'ellipse.

Deux systèmes plans collinéaires Σ et Σ_1 sont dits *semblables,* quand les angles homologues qu'ils contiennent sont égaux deux à deux. Comme deux parallèles dans Σ_1 correspondent toujours à deux parallèles dans Σ et comme tout point à l'infini de Σ a aussi pour correspondant un doint à l'infini de Σ_1, les systèmes semblables sont aussi en affinité. Les côtés de triangles homologues de Σ et Σ_1 sont proportionnels, puisque les triangles ont leurs angles égaux, et par conséquent, d'une manière générale, le rapport des segments homologues dans les deux systèmes est constant. Deux systèmes semblables sont perspectifs quand deux droites quelconques de l'un d'eux, qui se coupent obliquement, sont parallèles aux droites qui leur correspondent dans l'autre système ; en effet, les droites homologues sont alors deux à deux parallèles entre elles et les systèmes plans ont pour élément correspondant commun leur ponctuelle à l'infini (voir II, pages 19 et 20). Deux systèmes semblables perspectifs sont dits *semblables et semblablement placés;* ils sont des sections parallèles d'une même gerbe, ou bien sont situés l'un sur l'autre et ont de plus un faisceau de rayons correspondant commun. Dans les deux cas, le point par lequel passent toutes les droites qui joignent les points homologues des systèmes est appelé leur *centre de simili-tude*.

Si deux courbes semblables du second ordre sont amenées en position perspective de manière que deux cordes ou deux tangentes qui se coupent dans l'une d'elles soient parallèles aux cordes ou aux tangentes homologues dans l'autre, toute corde ou toute tangente de l'une des courbes est parallèle à la corde ou à la tangente homologue de l'autre courbe. Les courbes sont situées dans un plan, en sorte que les droites qui joignent leurs points homologues se coupent en un seul et même point,·ou bien ce sont des sections parallèles d'un même cône. Deux paraboles peuvent toujours être regardées comme deux courbes sem-blables du second ordre ; si l'on place leurs plans et leurs axes de ma-nière qu'ils soient parallèles, les tangentes homologues de ces courbes sont aussi parallèles deux à deux. Deux ellipses ou deux hyperboles ne peuvent être considérées comme des courbes semblables que si on peut les placer dans un même plan de telle sorte que non seulement leurs axes principaux, mais encore deux couples quelconques de diamètres conjugués se superposent ; en effet, deux diamètres conjugués quelcon-

ques de l'une des courbes doivent se couper sous le même angle que les
diamètres conjugués qui leur correspondent dans l'autre courbe. Dans
cette situation des deux courbes, leur centre est en même temps un
centre de similitude. Des sections parallèles d'une surface du second
ordre sont, comme on le voit aisément, des courbes semblables ; il n'y
a d'exception que quand ce sont des hyperboles situées dans les angles
différents que forment les asymptotes.

L'affinité est un cas particulier de la collinéation et la similitude un
cas particulier de l'affinité ; la *congruence* est de même un cas particulier de la similitude. On dit que deux systèmes plans semblables sont
congruents quand leurs segments homologues sont égaux. C'est ainsi
que la collinéation nous conduit à ces relations géométriques des figures,
qui ont fait l'objet principal de la planimétrie des anciens.

HUITIEME LEÇON.

Affinité, similitude, congruence et symétrie des systèmes de l'espace et des surfaces du second ordre.

Nous dirons que deux systèmes de l'espace Σ et Σ_1 sont *alliés*, ou *en affinité*, quand leurs plans à l'infini se correspondent l'un à l'autre. Comme, d'après cela, toute droite à l'infini dans Σ a pour correspondante une droite à l'infini dans Σ_1, deux systèmes plans homologues dans Σ et Σ_1 sont aussi en affinité; et de même, deux ponctuelles homologues de Σ et Σ_1 sont projectives semblables. A tout parallélogramme de Σ doit correspondre un parallélogramme de Σ_1 et à tout parallélipipède un parallélipipède.

Pour allier l'un à l'autre deux systèmes de l'espace, nous n'avons qu'à choisir à volonté un tétraèdre propre dans chacun d'eux et à faire correspondre arbitrairement les sommets de ces tétraèdres.

En effet, comme les quatre faces de l'un des tétraèdres correspondent ainsi aux faces de l'autre et qu'en outre les plans à l'infini de chaque système se correspondent entre eux, un élément quelconque de l'un des systèmes détermine sans ambiguïté celui qui lui correspond dans l'autre (II, page 26). La construction des figures alliées dans l'espace peut s'opérer, à l'aide de coordonnées parallèles, d'une manière entièrement analogue à celle qu'on a indiquée précédemment pour le plan (II, pages 53-54). Nous laissons au lecteur le soin de trouver la démonstration facile de cette proposition.

Si nous donnons le nom de *corps* ou *solide* à une portion d'un système de l'espace, qui est limitée dans tous les sens, nous pouvons énoncer la proposition que voici :

Dans les systèmes alliés de l'espace, deux corps ou solides correspondants quelconques sont entre eux dans un rapport constant; ou deux corps ou solides quelconques de l'un des systèmes sont entre eux dans le même rapport que les solides qui lui correspondent dans l'autre système.

Nous allons d'abord démontrer ce théorème pour les parallélipipèdes et les tétraèdres, en supposant connus quelques théorèmes de stéréotomie. Soient P et Q deux parallélipipèdes quelconques de l'un Σ des systèmes et soient P_1 et Q_1 ceux qui leur correspondent dans Σ_1. Nous construisons dans Σ un troisième parallélipipède R compris entre deux des faces parallèles opposées de P et deux des faces parallèles opposées de Q, et nous déterminons le parallélipipède correspondant R_1 dans Σ_1. P et R étant compris entre des plans parallèles ont même hauteur et sont entre eux comme leurs bases; il en est de même de P_1 et R_1. Mais les bases de P et R sont entre elles dans le même rapport que celles de P_1 et R_1, parce que les systèmes plans qui contiennent ces bases sont en affinité. Donc

$$\frac{P}{R} = \frac{P_1}{R_1}.$$

Les mêmes raisonnements s'appliquent à R, Q et R_1, Q_1 et l'on a :

$$\frac{R}{Q} = \frac{R_1}{Q_1}.$$

Ces deux proportions nous donnent alors :

$$\frac{P}{Q} = \frac{P_1}{Q_1}.$$

et par suite le théorème est démontré pour les parallélipipèdes.

Par tout sommet A d'un parallélipipède (fig. 12) passent trois arêtes qui joignent trois autres sommets B, C et D avec A. Le plan diagonal $\overline{BCD}$ sépare du parallélipipède un tétraèdre ABCD qui a même hauteur que ce parallélipipède, dont la base est la moitié de celle de ce solide et dont le volume est le sixième de celui du parallélipipède. Dans chacun

les solides P et Q détachons un tétraèdre de ce genre; nous pourrons
es regarder comme deux tétraèdres entièrement arbitraires du sys-
ème Σ, puisque P et Q ont été pris d'une manière tout à fait quelconque. Les tétraèdres correspondants dans Σ_1 sont des parties analogues de P_1 et Q_1 et comme

$$\frac{P}{6} : \frac{Q}{6} = \frac{P_1}{6} : \frac{Q_1}{6},$$

nous avons démontré de la sorte que deux tétraèdres quelconques du
système Σ sont entre eux dans le même rapport que les deux tétraèdres correspondants de Σ_1.

Le théorème s'étend aux corps limités d'une manière quelconque
par des plans, parce qu'on peut toujours les décomposer en tétraèdres.

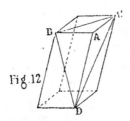

Fig. 12

Il a également lieu pour les corps à surface courbe, parce qu'il est vrai
pour tous les polyèdres qu'on peut inscrire ou circonscrire à ces corps
et dont le volume peut s'approcher d'aussi près qu'on le veut du volume
des corps considérés.

Si le rapport de deux corps homologues est égal à l'unité, on dit que
les systèmes alliés de l'espace sont *égaux*. Les systèmes plans qui se
correspondent dans des systèmes égaux de l'espace ne sont pas égaux
en général, mais seulement alliés.

Deux surfaces alliées n'ont aucun point commun avec le plan à l'infini, ou lui sont tangentes chacune en un point ou sont coupées par
lui suivant une ligne située à l'infini; car à tout point à l'infini de
l'une des surfaces doit correspondre un point à l'infini sur l'autre.
D'après cela, comme une surface réglée ne peut être collinéaire qu'à
une surface réglée (II, page 29), on voit que deux surfaces du second
ordre de même espèce peuvent être alliées l'une à l'autre; par exemple,
deux ellipsoïdes, deux hyperboloïdes à une nappe, deux paraboloïdes
elliptiques, deux cônes propres, etc. Comme tout système de cordes

parallèles dans l'une des surfaces a pour correspondant un système de cordes parallèles dans l'autre et que tout point milieu d'une corde correspond au point milieu de la corde homologue, il en résulte que :

Dans deux surfaces alliées du second ordre, un plan diamétral correspond à un plan diamétral et deux diamètres conjugués à deux diamètres conjugués.

Supposons qu'on veuille allier deux paraboloïdes elliptiques ou hyperboliques Π et Π_1 ; nous prendrons sur chacun d'eux une courbe du second ordre qui ne contienne pas le point de contact à l'infini du paraboloïde et qui par conséquent ne soit pas une parabole, et nous allierons ces deux courbes l'une à l'autre ; de cette manière, tout point de Π sera rapporté à un point de Π_1. En effet, soient A,B,C trois points de l'une des courbes k, et D le pôle de leur plan par rapport à la surface Π sur laquelle est située k ; soient de plus A_1, B_1, C_1 les points correspondants de l'autre courbe k_1 et D_1 le pôle de leur plan par rapport à Π_1, nous pouvons et devons allier l'un à l'autre les deux systèmes de l'espace dans lesquels sont compris les paraboloïdes de manière que les sommets du tétraèdre ABCD correspondent respectivement aux sommets du tétraèdre $A_1 B_1 C_1 D_1$. Comme les deux systèmes plans ABC et $A_1 B_1 C_1$ sont en affinité, la courbe k correspond à la courbe k_1 de la manière qu'on a supposée et les cônes circonscrits aux surfaces Π et Π_1 qui projettent k et k_1 respectivement de D et D_1 se correspondent l'un à l'autre. Les deux diamètres d et d_1 des surfaces Π et Π_2 qui joignent respectivement les points D et D_1 aux centres de k et k_1 se correspondent entre 'eux. Enfin toute parabole située sur Π, qui coupe k en deux points K et L et dont le plan passe par d, a pour correspondante dans le second système une parabole qui est coupée par k_1 aux deux points homologues K_1 et L_1 et dont le plan passe par d_1 ; cette seconde parabole est située sur la surface Π_1 parce qu'elle a en commun avec une section de cette surface sa tangente à l'infini, les deux points K_1 et L_1 et enfin les tangentes $\overline{D_1 K_1}$ et $\overline{D_1 L_1}$. Or, comme un point quelconque de Π est situé sur une quelconque de ces courbes, il a pour correspondant un point de Π_1 ; c'est-à-dire que les surfaces Π et Π_1 se correspondent entre elles.

Supposons que Π (et par suite aussi Π_1) soit un paraboloïde elliptique, le plan de l'ellipse k en détachera un certain segment ; ce solide est au cône, qui a pour base k et pour sommet D, dans le même rapport que le solide correspondant de Π_1 est au cône correspondant D_1. Or, comme nous avons choisi l'ellipse k arbitrairement sur la surface II, nous en concluons ce théorème :

Tout segment d'un paraboloïde est dans un rapport constant avec le cône qui a même base que ce segment et dont le sommet est le pôle de cette base.

On voit aisément par le calcul, dans le cas d'un paraboloïde de révolution, que ce rapport est égal à $\frac{3}{4}$.

Pour allier deux ellipsoïdes, nous n'avons qu'à allier entre elles deux courbes k et k_1 du second ordre suivant lesquelles ils sont coupés chacun par un plan diamétral et à faire correspondre l'un à l'autre deux points D et D_1 des surfaces dont les plans tangents sont respectivement parallèles aux plans diamétraux de section.

En effet, les deux systèmes de l'espace, dont font partie les ellipsoïdes, peuvent être alliés l'un à l'autre de telle sorte que les ellipses k et k_1 se correspondent de la manière qu'on vient d'indiquer et que D et D_1 se correspondent aussi entre eux. Les centres M et M_1 des ellipses, qui sont aussi les centres des ellipsoïdes, sont également des points correspondants. Toute ellipse de l'un des ellipsoïdes qui a deux points communs K et L avec k et dont le plan renferme le diamètre $\overline{MD}$ a pour correspondante dans le second système de l'espace une ellipse qui a en commun avec k_1 les points homologues K_1 et L_1 et dont le plan passe par $\overline{M_1D_1}$. Cette seconde ellipse est située sur le second ellipsoïde, parce qu'elle a en commun avec l'une de ses sections les points D_1, K_1, L_1 et les deux tangentes en K_1 et L_1 qui sont parallèles à $\overline{M_1D_1}$.

Nous pouvons allier les ellipses k et k_1 en rapportant les unes aux autres les extrémités de deux couples de diamètres conjugués. Les demi-diamètres MD et M_1D_1 sont conjugués aux plans de k et k_1 par rapport à chacun des ellipsoïdes. Donc :

Pour allier entre eux deux ellipsoïdes, nous n'avons qu'à faire correspondre les unes aux autres les extrémités de deux ternes de demi-diamètres conjugués.

On déduit facilement de là ce théorème :

Tous les parallélipipèdes dont les faces sont tangentes à un ellipsoïde aux extrémités de trois diamètres conjugués quelconques ont le même volume.

Ils sont avec le volume de l'ellipsoïde dans le même rapport que le volume d'un cube avec la sphère qui lui est inscrite, c'est-à-dire comme $8 : \frac{4\pi}{3}$. Pour le démontrer, allions l'ellipsoïde à la sphère. Soit J le volume de l'ellipsoïde et $2a$, $2b$, $2c$ les segments interceptés par la surface sur ses trois axes; le volume du parallélipipède circonscrit, dont les faces sont parallèles aux trois plans de symétrie de l'ellipsoïde est $8abc$; on a par conséquent :

$$J = \frac{4}{3}\, abc\pi.$$

La sphère étant partagée en huit parties équivalentes par trois plans diamétraux conjugués, il en est de même de l'ellipsoïde (II, page 63).

Pour allier l'un à l'autre deux hyperboloïdes à une ou deux nappes, nous n'avons qu'à allier les courbes k et k_i du second ordre suivant lesquelles leurs cônes asymptotiques sont coupés par deux plans tangents quelconques et de plus à faire correspondre l'un à l'autre les centres des deux surfaces. Nous ne donnons pas la démonstration de cette proposition qui est entièrement analogue à la précédente; nous ferons seulement remarquer que les points de contact des deux plans avec les hyperboloïdes respectifs sont en même temps les centres des courbes k et k_i (I, page 114) et conséquemment doivent se correspondre. Deux plans tangents d'un hyperboloïde à deux nappes déterminent dans le cône asymptotique deux solides de même volume.

Deux systèmes collinéaires de l'espace Σ et Σ_i sont dits *semblables* quand leurs angles homologues sont égaux deux à deux. Par conséquent (II, page 61) deux systèmes plans correspondants de Σ et Σ_i sont aussi semblables et comme, d'après cela, toute droite à l'infini dans Σ a pour correspondante une droite à l'infini dans Σ_i, les systèmes sont en affinité. Les segments homologues de systèmes semblables sont deux à deux dans un rapport constant l'un avec l'autre; ceci résulte du reste du théorème déjà démontré pour les systèmes plans semblables. Si deux systèmes semblables de l'espace sont placés de telle manière que trois droites quelconques de l'un, qui ne sont ni parallèles à un même plan, ni perpendiculaires entre elles, soient parallèles aux trois droites homologues de l'autre système, les deux systèmes ont leur système plan à l'infini commun et sont perspectifs (II, page 31). Les points homologues sont par conséquent deux à deux sur une même droite avec un centre fixe de collinéation, qui est le *centre de similitude*.

Si deux systèmes de l'espace semblables ont leurs segments homologues égaux, nous dirons qu'ils sont *congruents* ou *symétriques*. En effet, si nous amenons les deux systèmes dans une position telle qu'ils aient une gerbe correspondante commune, deux points homologues coïncident, ou bien le segment qu'ils limitent est bissecté par le centre de la gerbe. Dans le premier cas les systèmes sont congruents, dans le second ils sont symétriques. Par exemple, la courbe d'intersection de deux surfaces du second ordre concentriques est symétrique par rapport au centre des surfaces et peut se composer de deux lignes symétriques qui ne se réunissent pas.

NEUVIÈME LEÇON.

Systèmes réciproques situés l'un dans l'autre. — Systèmes polaires dans le plan et dans l'espace.

Lorsque deux systèmes plans réciproques Σ et Σ_1 sont placés l'un sur l'autre, un point quelconque de leur plan peut être considéré comme appartenant aussi bien à Σ qu'à Σ_1. De même, à toute droite du plan correspondent deux points, puisque nous pouvons attribuer la droite à chacun des deux systèmes réciproques. Il sera convenable, pour cette raison, de désigner chacun des éléments du plan par deux lettres, par exemple, un seul et même point quelconque par AB_1. Au point A de Σ correspond un rayon a_1 dans le système Σ_1; et si nous regardons le même point comme faisant partie de Σ_1 et si nous le désignons par B_1, il aura pour correspondant dans Σ un rayon b. Étant données deux ponctuelles projectives situées l'une sur l'autre, nous avons cherché précédemment s'il existe des points de l'une qui coïncident avec leurs correspondants dans l'autre, quel en est le nombre et dans quelles circonstances les ponctuelles sont en involution. Nous allons résoudre ici les questions analogues. Combien y a-t-il de points situés sur les droites qui leur correspondent? Quand les deux droites qui correspondent à chaque point du plan coïncident-elles?

Lorsqu'un point AB_1 est situé sur l'un des deux rayons a_1 qui lui correspondent, il se trouve aussi sur l'autre b. En effet, au point B_1 de la ponctuelle a_1 correspond dans Σ un rayon du faisceau A, d'après la définition de la réciprocité. De même, *une droite* pq_1 *ne passe par aucun des points* P_1 *et Q qui lui correspondent, ou bien elle passe par ces deux points.*

Projetons les systèmes réciproques Σ et Σ_1 par des gerbes issues de deux points quelconques S et S_1, ces gerbes sont aussi réciproques et engendrent une surface du second ordre. Tout point du plan qui est situé sur la droite qui lui correspond appartient à cette surface du second ordre, parce qu'il est le point de rencontre d'un rayon de la gerbe S avec le plan correspondant de la gerbe S_1. Réciproquement, tout point commun à la surface du second ordre et au plan est situé sur les deux droites qui lui correspondent dans les systèmes réciproques Σ_1 et Σ. Suivant que la surface du second ordre aura en commun avec le plan une courbe du second ordre, ou deux droites, ou une seule droite, ou un seul point, ou enfin qu'elle n'aura aucun point réel commun avec lui, on se trouvera en présence de l'un des cas suivants :

Quand deux systèmes réciproques sont situés dans le même plan, tous les points (réels) du plan situés sur les droites qui leur correspondent forment une courbe du second ordre, ou un système de deux droites, ou une seule droite, ou un seul point, ou bien enfin il n'y a pas de point satisfaisant à cette condition. En même temps, les rayons (réels) du plan, qui passent par les points qui leur correspondent, forment un faisceau de rayons du second ordre, ou un système de deux faisceaux de rayons du premier ordre, ou un seul faisceau de rayons du premier ordre, ou bien il n'existe qu'un seul rayon qui satisfasse à cette condition, ou enfin il n'y en a aucun.

Les formes de rayons, dont il est question dans la seconde partie du théorème, correspondent aux formes de points de la première partie et leur sont doublement perspectives.

En général, la surface du second ordre n'a pas de point commun avec le plan, ou elle le coupe suivant une courbe du second ordre; en effet, quand le plan contient deux droites, une droite ou un point de la surface, il lui est tangent et se trouve par suite dans une situation tout à fait particulière par rapport à elle. De tous les cas énoncés dans le théorème, il ne se produit en général que le premier ou le dernier et l'on ne rencontre qu'exceptionnellement l'un des autres. Par exemple, nous verrons que pour les systèmes réciproques en involution, ces cas particuliers ne peuvent jamais se présenter.

Les systèmes plans réciproques sont en situation involutive, quand à tout point du plan correspondent deux droites qui coïncident, quand par suite à tout point correspond doublement une droite. Le théorème suivant montre que cette situation involutive est possible.

Deux systèmes plans réciproques Σ *et* ₁ *sont en involution, quand
les sommets* A,B,C *d'un triangle de* Σ *ont pour correspondants les
côtés opposés* a₁,b₁,c₁ *de ce même triangle dans* Σ₁ (fig. 13).

Il est d'abord facile de voir que les sommets du triangle correspondent doublement aux côtés qui leur sont opposés. Par exemple, désignons par A₁ le point de Σ₁ qui est l'intersection de b_1 et c_1 et qui
coïncide avec le point A ; il a pour correspondant dans Σ le côté a_1 qui
joint les sommets B et C et qui coïncide avec la droite a_1 de Σ

Au faisceau AA₁ correspond donc aussi doublement la ponctuelle
aa₁ ; et comme le point BB₁ correspond doublement au rayon bb_1 de ce
faisceau de même que le point CC₁ au rayon cc_1, le faisceau AA₁ est en
involution avec la ponctuelle aa₁ (I, page 152). A tout rayon du faisceau AA₁ doit donc correspondre doublement un point de la ponctuelle aa₁ et l'on voit de même qu'à tout rayon des faisceaux BB₁

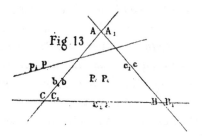

Fig. 13

et CC₁ correspond doublement un point de bb₁ et cc₁. Soit donné
maintenant un rayon quelconque p_1 ou p du plan ; il coupe les côtés
du triangle en trois points auxquels correspondent doublement trois
rayons des faisceaux AA₁ BB₁ et CC₁. Au rayon pp_1 doit donc correspondre doublement le point PP₁ suivant lequel ces trois rayons
se coupent ; autrement dit, les systèmes réciproques sont en involution.

Nous pouvons aussi regarder les deux systèmes en involution
comme un système unique dans lequel tout point a pour élément
conjugué une droite et toute ponctuelle un faisceau de rayons en
involution avec elle ; nous donnerons à ce système le nom de *système
polaire plan.* Tout point situé sur la droite qui lui est conjuguée sera
appelé *un point double* du système et la droite reçoit le nom de
rayon double. On peut alors démontrer que :

*Un système polaire plan n'a aucun point double ou rayon double,
ou bien il en a une infinité. Dans ce dernier cas, les points doubles*

*constituent une courbe du second ordre qui est tangente aux rayon
doubles et qu'on appelle la courbe double ou la directrice du système
polaire.*

Soit A (fig. 14) un point du système polaire, qui est situé sur la
droite *a* qui lui est conjuguée; tout point B de la droite *a* différent
de A doit être situé en dehors de sa droite conjuguée *b*, parce que *b*
passe par A et ne peut pas coïncider avec *a*. De plus, comme la ponctuelle *b* est en involution avec le faisceau de rayons B et par suite avec
une section de ce faisceau, elle contient, en outre de A, un second point
double C (I, page 149). Le système polaire renferme donc une infinité

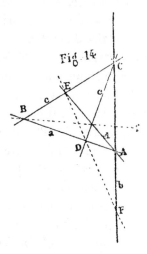

de points doubles du moment qu'il en existe un. Si tous ces points
doubles étaient situés sur une droite, un rayon quelconque passant
par A ne pourrait plus contenir de second élément double, et si ils
étaient placés sur deux droites, un point quelconque A de l'une des
droites aurait pour conjugué un rayon *a* qui couperait encore la
seconde droite en un point double, ce qui est impossible puisque tout
rayon double *a* ne doit contenir qu'un seul point double A.

Les points doubles du système constituent donc (II, page 71) une
courbe du second ordre et cette dernière sera tangente aux rayons doubles, parce que chacun d'eux n'a qu'un seul point double commun avec
la courbe.

Nous retrouvons ainsi à nouveau toutes les propriétés de la polarité
dans les courbes du second ordre; en même temps, nous voyons qu'il

peut exister des systèmes polaires qui n'aient pas de courbe double réelle. Nous appliquerons encore à ces systèmes polaires les dénominations que nous avons introduites précédemment dans nos recherches relatives à la polarité des courbes du second ordre.

Nous dirons ainsi que, dans le système polaire, tout point est le pôle de la droite qui lui est conjuguée et réciproquement que toute droite est la polaire du point qui lui est conjugué. Nous dirons de plus que deux points sont conjugués, quand chacun d'eux est situé sur la polaire de l'autre et que deux rayons sont conjugués quand chacun d'eux passe par le pôle de l'autre. Enfin tout triangle du système polaire dont les sommets sont les pôles des côtés opposés et dans lequel par conséquent les sommets et les côtés sont conjugués deux à deux sera appelé un *triangle polaire* du système.

Un système polaire plan renferme une infinité de triangles polaires.

On construit un triangle polaire en prenant sur une droite *a* (fig. 13), qui ne passe pas par son pôle A, un point B qui ne soit pas situé sur sa polaire *b*, et en déterminant le point C où se coupent les droites *a* et *b*. C étant le pôle de AB, le triangle ABC est un triangle polaire.

Deux triangles polaires quelconques ABC et DEF d'un même système polaire plan sont inscrits à une même courbe du second ordre et circonscrits à une autre courbe du même ordre.

La démonstration donnée antérieurement (I, page 151) s'applique également au cas où le système polaire n'a pas de courbe double.

Si, dans un plan, on prend un triangle quelconque ABC comme triangle polaire, et si de plus on assigne une droite quelconque p qui ne passe par aucun des sommets du triangle (fig. 13) comme correspondante à un point arbitraire P qui n'est situé sur aucun des côtés de ce même triangle, ces éléments déterminent un système polaire plan.

En effet, nous pouvons et devons rapporter réciproquement l'un à l'autre les deux systèmes qui composeront le système polaire, de telle sorte qu'aux quatre points A,B,C,P de l'un correspondent respectivement les droites $\overline{BC}, \overline{CA}, \overline{AB}$, *p* de l'autre. Ces deux systèmes sont alors en position involutive (II, page 72) comme on le demandait.

Quand le système polaire a une courbe double, tout triangle polaire ABC a l'un de ses sommets à l'intérieur et les deux autres à l'extérieur de cette courbe.

En effet, si le sommet A est intérieur à la courbe double, tous les points de sa polaire BC sont extérieurs à cette courbe; si A est extérieur, sa polaire $\overline{BC}$ coupera la courbe et les points de cette polaire qui sont conjugués deux à deux, comme B et C par exemple, seront harmoniquement séparés par la courbe, en sorte que l'un est intérieur et l'autre extérieur à la courbe.

Pour décider si un système polaire donné a ou n'a pas de courbe double, il nous suffit de rechercher si deux des côtés d'un triangle polaire quelconque contiennent ou ne contiennent pas de points doubles, ou, ce qui revient au même, si les ponctuelles situées sur ces côtés sont involutives opposées ou concordantes avec les faisceaux de rayons qui leur sont conjugués (I, pages 148-149). Le problème est donc du second degré et se résout aisément au moyen de la construction qui nous a permis de trouver les points doubles d'une ponctuelle involutive.

Un pentagone plan simple ABCDE détermine un système polaire dans lequel chaque côté du pentagone est la polaire du sommet qui lui est opposé.

En effet, soit F le point d'intersection de $\overline{AB}$ et $\overline{CD}$; nous pouvons regarder ADF comme un triangle polaire d'un système polaire dans lequel E est le pôle de $\overline{BC}$; dans ce système polaire qui est complètement déterminé, A,B,C et D sont les pôles des côtés $\overline{CD},\overline{DE},\overline{EA}$ et $\overline{AB}$ du pentagone qui leur sont opposés.

Si nous projetons un système polaire plan Σ d'un point quelconque S non situé sur Σ, nous obtenons *une gerbe polaire*. Tout rayon de la gerbe S a pour conjugué un plan de la gerbe et réciproquement. Si le système polaire plan a une courbe double, elle sera projetée suivant une surface conique du second ordre qu'on appellera la *surface double* ou la *directrice* de la gerbe polaire. Deux rayons ou deux plans de la gerbe sont conjugués, quand ils sont conjugués par rapport à la surface double et réciproquement.

Parmi les gerbes polaires, nous signalerons la gerbe *rectangulaire*; dans cette espèce de gerbe, tout rayon est normal à son plan conjugué et les rayons et plans conjugués sont perpendiculaires entre eux. Comme deux triarètes polaires d'une gerbe polaire sont inscrits à un cône du second ordre et circonscrits à un autre cône du même ordre, on a le théorème suivant pour les gerbes rectangulaires :

Deux trièdres trirectangles concentriques sont inscrits à une sur-

*face conique du second ordre et circonscrits à une surface de même
espèce.*

On peut déduire de là ce théorème qu'étant donnée une surface
conique, on peut lui inscrire et lui circonscrire une infinité de trièdres
trirectangles, ou bien l'on ne peut lui en inscrire ou circonscrire aucun.

Nous allons maintenant procéder pour les systèmes réciproques de
l'espace à des recherches analogues à celles auxquelles nous venons de
nous livrer pour les systèmes réciproques plans. Les résultats acquis
jusqu'ici vont nous être de la plus grande utilité. Nous exclurons,
quant à présent, de notre étude le cas particulier où chaque plan de
l'un des systèmes passe par le point qui lui correspond dans l'autre; ce
cas intéressant fera l'objet de la prochaine leçon.

Soit α un plan quelconque de l'un des systèmes de l'espace Σ qui
ne passe pas par le point correspondant A_1 de l'autre système Σ_1. Au
système plan α de Σ correspond une gerbe réciproque A_1 dans Σ_1.
Nous pouvons couper cette gerbe par le plan α suivant un second système α_1 qui est réciproque au premier système contenu dans α. Tout
point de α, qui est situé sur la droite de α_1 qui lui correspond, est
aussi contenu dans le plan correspondant de la gerbe A_1, et de plus
nous savons déjà que tous ces points, quand il en existe dans α, forment une courbe du second ordre, qui peut aussi se décomposer en
deux droites, se réduire à une seule droite ou bien à un seul point.

Soit, de plus, β un plan de Σ passant par le point B_1 qui lui correspond dans Σ_1; considérons-le comme appartenant à Σ_1 et désignons-le
en conséquent par γ_1, il aura pour correspondant dans Σ un point C
qui doit se trouver sur β, puisque γ_1 passe par B_1. Au faisceau C de Σ
qui est situé dans le plan β correspond dans Σ_1 un faisceau de rayons
qui lui est projectif, qui se trouve dans le plan γ_1 identique avec β et
dont le centre est B_1. Ces faisceaux engendrent une courbe du second
ordre qui peut se décomposer en deux droites et dont chacun des
points est situé sur le plan qui lui correspond dans le système réciproque de l'espace. En effet, soit P le point où un rayon quelconque p
du faisceau C est coupé par le rayon correspondant p_1 du plan γ_1; à
ce point P du rayon p correspond dans le système Σ_1 un plan π_1 qui
passe par le rayon p_1 et par suite aussi par le point P lui-même. De
là résulte que :

*Le lieu de tous les points de l'espace, qui sont situés dans les plans
correspondants du système réciproque, est une surface du second*

ordre ; et tous les plans, qui passent par les points qui leur corres-
pondent, forment une gerbe de plans du second ordre.

En effet, nous avons démontré que le lieu de ces points a en commun
avec un plan quelconque α ou β (supposé contenir de ces points) une
courbe du second ordre, deux droites, une droite ou bien enfin un seul
point ; or, cette propriété ne convient qu'à la surface du second ordre.
C'est à cette surface que correspond, dans chacun des systèmes réciproques, la gerbe de plans du second ordre dont il a été question dans
la deuxième partie du théorème. Notre théorème n'exclut pas la possi-
bilité du cas où aucun point réel de l'espace ne serait situé sur le plan
qui lui correspond. Pour une position particulière des systèmes réciproques, la surface du second ordre peut aussi se décomposer en deux
plans.

Deux systèmes réciproques de l'espace Σ et Σ_i sont en involution,
quand les sommets A,B,C,D d'un tétraèdre de Σ ont pour correspon-
dants dans Σ_i les faces opposées $\alpha_i,\beta_i,\gamma_i,\delta_i$ de ce même tétraèdre.

Au point d'intersection des plans $\beta_i,\gamma_i,\delta_i$, c'est-à-dire au point A
de Σ_i correspond aussi dans Σ le plan $\overline{BCD}$ ou α_i et de même à chaque
autre sommet du tétraèdre correspond doublement la face opposée. Il
en résulte que le système plan α_i est en situation involutive par rapport
à la gerbe A qui lui est réciproque, car il est en involution (II, page 72)
avec une section de cette gerbe. A tout point ou tout rayon de α_i
(comme de β_i,γ_i ou δ_i) correspond ainsi doublement un plan ou un
rayon de A (ou de B,C ou D). Par conséquent, tout plan qui coupera
$\alpha_i,\beta_i,\gamma_i,\delta_i$ suivant quatre droites quelconques aura pour élément lui
correspondant doublement le point qui sera projeté de A,B,C,D suivant
les quatre rayons correspondants.

Nous pouvons regarder deux systèmes involutifs de l'espace Σ et Σ_i
comme un seul système dans lequel à tout point correspond un plan et
à toute droite une droite. Ce système a reçu le nom de *système polaire*
de l'espace; tout point est dit le pôle du plan qui lui est conjugué,
toute droite ou tout plan est dit la polaire du rayon ou du point qui lui
est conjugué. Si le système polaire contient des points situés dans leurs
plans polaires, ils se trouvent sur une surface du second ordre appelée
la *surface double* ou la *directrice* du système (II, page 76). Réciproquement, les développements donnés dans la sixième leçon montrent
qu'une surface du second ordre, qui n'est pas un cône, détermine un
système polaire de l'espace dont cette surface est la directrice. Les

définitions données à cet endroit (II, pages 45-46) pour les points, les rayons et les plans conjugués sont applicables à tout système polaire, même quand ce système n'a pas de surface double.

On dira de plus que tout tétraèdre d'un système polaire de l'espace dont les sommets sont les pôles des faces opposées est un *tétraèdre polaire*.

Dans un pareil tétraèdre, les sommets, les faces et les arêtes sont conjugués deux à deux. *Le système polaire de l'espace renferme un nombre infini de systèmes polaires plans, de gerbes polaires et de tétraèdres polaires.* En effet, comme toute gerbe A, dont le centre est extérieur au système plan α qui lui correspond, est réciproque à ce dernier et en involution avec lui, on voit que le plan α est le lieu d'un système polaire dans lequel tout point a pour élément correspondant la droite qui lui est conjuguée; le point A se présente aussi à nous comme le centre d'une gerbe polaire. Tout triangle polaire du système polaire plan est projeté du point A suivant un trièdre polaire de la gerbe polaire et il forme avec ce point un tétraèdre polaire du système polaire de l'espace. Tout système polaire plan α, appartenant au système polaire de l'espace, a aussi un *centre* et des *diamètres*, même quand il n'a pas de courbe double. Le centre est le point conjugué à la droite de l'infini du système polaire α et tout diamètre est conjugué à un point à l'infini de α. Les diamètres sont conjugués entre eux deux à deux; deux d'entre eux sont perpendiculaires l'un sur l'autre et s'appellent les *axes* du système polaire α. De même, les trois rayons conjugués de la gerbe polaire A, qui sont deux à deux perpendiculaires entre eux, sont appelés les *axes principaux* de cette gerbe, même quand elle n'a pas de cône double.

Si l'on prend pour tétraèdre polaire un tétraèdre ABCD et si à un point quelconque E, qui n'est situé sur aucune des faces du tétraèdre, l'on assigne pour correspondant un plan ε, qui ne passe par aucun des sommets de ce tétraèdre, ces éléments déterminent un système polaire de l'espace.

En effet, nous pouvons rapporter réciproquement l'un à l'autre deux systèmes de l'espace de manière qu'aux cinq points A, B, C, D, E correspondent respectivement les plans $\overline{BCD}$, $\overline{CDA}$, $\overline{DAB}$, $\overline{ABC}$ et ε (II, page 25). Ces deux systèmes sont alors en involution (II, page 77) et, pris ensemble, ils constituent le système polaire.

Le système polaire, situé dans le plan ε qui appartient à ce système polaire de l'espace, est complètement déterminé par l'intersection du plan avec le pentagone complet ABCDE de l'espace. En effet, chacun des dix côtés $\overline{AB}$, $\overline{AC}$,..... $\overline{DE}$ de ce pentagone est conjugué dans le système polaire de l'espace à la face $\overline{CDE}$, $\overline{BDE}$,..... $\overline{ABC}$, et deux éléments opposés quelconques du pentagone passent d'après cela par deux éléments conjugués l'un à l'autre dans le système polaire plan. Donc :

Les dix couples d'éléments opposés (arêtes et faces) d'un pentagone de l'espace sont coupés par un plan quelconque, ne passant par aucun de ses sommets, suivant dix couples d'éléments conjugués (pôles et polaires) du système polaire plan.

La figure résultant de l'intersection se compose de dix points et dix droites ; sur chacune de ces dernières sont situés trois des dix points et par chaque point passent trois des dix droites. Si de deux des sommets du pentagone on projette les trois autres sommets sur le plan de section, on obtient deux triangles en perspective, et l'on reconnaît facilement que la figure formée par les dix points et les dix droites est identique avec une autre figure dont il a été question antérieurement (I, page 5). Le tétraèdre formé par quatre des cinq sommets est coupé par le plan suivant un quadrilatère polaire du système polaire plan (I, page 227). Sa projection sur le plan, faite du cinquième sommet, est un quadrangle polaire du système polaire plan et les six côtés de ce quadrangle polaire passent par les six sommets du quadrilatère polaire.

Deux faisceaux de plans, dont les axes ne sont pas conjugués, sont projectifs, quand à chaque plan de l'un correspond le plan qui lui est conjugué dans l'autre (II, page 47). Soient ABCD et EFGH deux tétraèdres polaires quelconques d'un système polaire de l'espace ; on a en conséquence $\overline{AB}$ (CDGH) $\overline{\wedge}$ $\overline{EF}$ (DCHG) ; en effet, les plans ABC et ABH, par exemple, ont respectivement pour conjugués les plans EFD et EFG, parce que D et H sont les pôles de ABC et EFG. Or comme $\overline{EF}$ (DCHG) $\overline{\wedge}$ $\overline{EF}$ (CDGH), (voir I, page 151), il s'ensuit que $\overline{AB}$ (CDGH) $\overline{\wedge}$ $\overline{EF}$ (CDGH) ; ou bien :

Les sommets de deux tétraèdres polaires d'un système polaire de l'espace peuvent être réunis avec deux arêtes non conjuguées des tétraèdres par le moyen d'une surface réglée du second ordre.

DIXIEME LEÇON.

Le système focal et le complexe linéaire de rayons.

Lorsque deux systèmes réciproques de l'espace sont placés de telle sorte que tout plan de l'un passe par le point qui lui correspond dans l'autre, ils sont en involution et leur ensemble constitue ce qu'on appelle un *système focal*. Tout d'abord, il est clair qu'aucune droite g de l'un des systèmes n'est coupée par la droite correspondante g_1 de l'autre système; car s'il en était autrement, tous les points de la ponctuelle g ne seraient pas situés sur les plans correspondants du faisceau g_1; il n'y en aurait que deux satisfaisant à cette condition : le point gg_1 et celui qui correspond au plan $\overline{gg_1}$. D'après cela, deux rayons homologues g, g_1 des deux espaces réciproques ne se rencontrent pas, ou coïncident.

Mais tous les rayons passant par un point P ont pour correspondants les rayons d'un plan π_1 passant par P; les rayons passant par P et contenus dans ce plan coïncident donc avec leurs correspondants, puisqu'ils sont situés avec eux dans le plan π_1. Au point P d'intersection de ces droites qui se correspondent à elles-mêmes doit donc correspondre doublement le plan π_1 qui les joint, c'est-à-dire que ce plan correspond à P dans les deux espaces réciproques.

Puisque, d'après cela, les systèmes réciproques de l'espace sont en involution, on peut les regarder comme un système unique dont les éléments sont deux à deux conjugués entre eux. A l'exemple de Möbius et Von Staudt, nous donnerons à ce système le nom de *système focal* (Nullsysteme); à chacun de ses points correspond un plan comme polaire ou *plan focal*, à chaque plan un pôle ou *foyer* et à chaque droite une droite. D'après cela, le système focal a entre autres propriétés les suivantes :

Dans le système focal, chaque plan passe par son pôle et chaque point est situé dans son plan polaire; toute droite, qui est dans un même plan avec sa polaire, coïncide avec elle; toute ponctuelle est perspective au faisceau de plans qui lui est conjugué; tout système plan a un faisceau de rayons correspondant commun avec la gerbe qui lui est conjuguée et il est réciproque à cette gerbe.

Toute droite qui se correspond à elle-même s'appellera une *directrice* ou un *rayon directeur* du système focal. Ces directrices donnent lieu à ce théorème :

Toutes les directrices du système focal, qui passent par un point P ou sont situées dans un plan ε, forment un faisceau de rayons du premier ordre.

En effet, elles sont situées dans le plan focal de P ou passent par le foyer de ε. L'ensemble des directrices d'un système focal a reçu le nom de *complexe linéaire de rayons* en raison de cette propriété. Deux rayons de ce complexe, qui se rencontrent, appartiennent toujours à un faisceau du premier ordre dont tous les rayons font partie du complexe.

Soient a et a_1 deux droites conjuguées qui ne se rencontrent pas, chaque point de l'une est situé dans le plan conjugué qui passe par l'autre; il en résulte que :

Tout rayon qui coupe deux droites conjuguées a,a_1 ne se rencontrant pas est une directrice du système focal; et toute directrice, qui coupe une droite a, doit être dans un même plan avec la polaire a_1 de cette droite. Deux couples de droites conjuguées du système focal, qui ne se coupent pas mutuellement, sont donc situées sur un système réglé, dont le système directeur se compose de directrices du système focal et appartient au complexe linéaire de rayons. Trois rayons du complexe linéaire, qui ne se rencontrent pas, déterminent un système réglé qui fait partie du complexe.

Car les droites qui les rencontrent sont conjuguées deux à deux dans le système focal.

Deux couples de droites conjuguées a,a_1 et b,b_1 du système focal coupent un plan quelconque en deux couples de points situés sur deux directrices qui passent par le foyer du plan; a,a_1 et b,b_1 déterminent

donc le foyer d'un plan quelconque et le plan focal d'un point quelconque.

Un pentagone gauche simple ABCDE *détermine un système focal
dans lequel chacun des cinq côtés du pentagone est conjugué à lui-
même et dans lequel par conséquent chaque sommet est conjugué au
plan qui passe par les deux côtés adjacents.*

En effet, rapportons réciproquement l'un à l'autre deux systèmes de
l'espace de manière qu'aux points A,B,C,D,E de l'un correspondent
respectivement les plans EAB, ABC, BCD, CDE, DEA de l'autre; le côté
$\overline{AB}$ se correspond à lui-même et il en est de même de tout autre côté.
Car ce côté $\overline{AB}$ est d'une part la droite qui joint les points A et B et
d'autre part la droite d'intersection des plans EAB et ABC qui correspondent à ces points. Si les deux systèmes considérés ensemble ne consti-
tuaient pas un système focal, le lieu de tous les points situés sur les plans
qui leur correspondent serait une surface du second ordre passant par
les cinq côtés du pentagone (II, page 76); cette surface aurait en commun
avec un plan quelconque du pentagone, par exemple avec ABC, deux
droites $\overline{AB}$ et $\overline{BC}$ et en outre elle aurait encore un point autre commun
situé sur $\overline{DE}$, ce qui est impossible. Les systèmes réciproques constituent donc réellement un système focal.

Trois droites g,g₁,l *qui ne se rencontrent pas déterminent un système
focal dans lequel* g *et* g₁ *sont conjuguées l'une à l'autre et dont* l *est
une directrice.*

Menons par g_1 deux plans quelconques g_1 AE et g_1 CD qui coupent g
aux points A et C, l aux points E et D et désignons par B un point
quelconque de g_1; les côtés du pentagone gauche simple ABCDE sont
alors cinq directrices du système focal. Dans ce système, le côté $\overline{DE}$
ou l est une directrice et la droite $\overline{AC}$ ou g est conjuguée à la droite
d'intersection g_1 des plans EAB et BCD du pentagone.

Pour construire directement le plan focal d'un point quelconque P
au moyen des trois droites g,g_1,l, nous déterminons d'abord le foyer du
plan $\overline{Pl}$; ce point se trouve sur l et il est situé sur la droite qui joint
les points où les deux droites g et g_1 rencontrent le plan. La directrice
qui joint ce foyer à P et celle suivant laquelle se coupent les plans $\overline{Pg}$
et $\overline{Pg_1}$ déterminent le plan focal cherché du point P.

Cinq droites quelconques a,b,c,d,e *déterminent en général un
système focal, dont elles sont les directrices; elles déterminent aussi
le complexe de rayons dont elles font partie.*

En effet, il existe en général deux droites g et g_1 qui coupent les quatre roites a,b,c,d et il n'en existe que deux. Ces droites sont conjuguées une à l'autre dans le système focal et, jointes à e, elles déterminent e système pourvu qu'elles ne se coupent pas et qu'elles ne rencontrent as e. Quand ces deux droites ne sont pas réelles et quand par consé-uent a,b,c,d (et e) ne se rencontrent pas, a,b,e et c,d,e déterminent eux surfaces réglées qui se composent de directrices du système focal herché.

Sur ces deux surfaces prenons deux couples de rayons a',b' et c',d' ui soient rencontrés par une droite g et par conséquent aussi par une utre droite g_1, a',b',c',d' et e ou encore g,g_1 et e déterminent le sys-ème focal de la manière indiquée précédemment. Ce théorème ne ouffre d'exception que si trois des cinq droites a,b,c,d,e sont situées ans un même plan ou font partie de la même gerbe, ou bien si quatre l'entre elles font partie d'un même système réglé; par conséquent, si lles sont toutes coupées par une même droite g.

Deux couples de droites conjuguées p,p$_1$ *et* q,q$_1$ *qui appartiennent à n même système réglé déterminent aussi un système focal.*

Soient a,b,c trois directrices de ce système réglé et d,e deux droites lont l'une coupe p et p_1 et l'autre q et q_1; le système focal a les droites ,b,c,d,e pour directrices et est déterminé par elles. Si une droite lécrit le système réglé pp_1q, la droite conjuguée, qui coupe constam-ment aussi les trois directrices a,b,c, décrit le système réglé p_1pq_1; nais ces deux systèmes sont projectifs et en involution.

Au lieu du dernier théorème, nous pouvons donc dire aussi que :

Un système réglé en involution pp$_1$,qq$_1$ *détermine un système focal lont il fait lui-même partie.*

Le centre d'involution de la courbe involutive du second ordre sui-ant laquelle le système réglé est coupé par un plan quelconque est le oyer de ce plan ; et le plan d'involution du faisceau involutif du second rdre qui projette le système réglé d'un point quelconque est le plan ocal de ce point. Le système focal renferme une infinité de systèmes églés involutifs.

Le complexe linéaire de rayons qui passe par cinq droites a,b,c,d,e ui ne se rencontrent pas renferme les dix systèmes réglés abc, bd, ... cde, et tous les systèmes réglés qui passent par trois rayons uelconques de ces dix systèmes réglés. En continuant à construire uccessivement des systèmes réglés de ce genre, on peut arriver à déterminer tous les rayons du complexe. Lorsque les cinq rayons, qui ne se rencontrent pas, coupent une droite g, mais sont d'ailleurs indépendants les uns des autres, on obtient de cette manière un complexe linéaire singulier qui se compose de tous les rayons qui coupent la droite g; mais dans ce cas, les rayons du complexe ne sont pas des directrices d'un système focal.

Toutes les droites et les plans dont les polaires et les pôles sont à l'infini sont appelés les *diamètres* et les *plans diamétraux* du système focal. Tous passent par le pôle ou foyer du plan à l'infini, d'où résulte que :

Les diamètres du système focal sont parallèles entre eux et aux plans diamétraux.

Toutes les directrices du système focal, situées dans un même plan diamétral, sont parallèles parce qu'elles passent par le foyer du plan, lequel est à l'infini. Le faisceau de rayons parallèles qu'elles constituent ne change pas, quand on le déplace dans la direction du diamètre. Nous en concluons que :

La complexe linéaire et le système focal qui s'y rapporte ne changent pas quand on les déplace suivant la direction des diamètres parallèles.

Tout plan parallèle à deux droites conjuguées est un plan diamétral du système focal.

Les foyers de plans parallèles sont situés sur un diamètre dont la polaire est contenue dans le plan parallèle situé à l'infini.

Le diamètre n, qui renferme les foyers de tous les plans perpendiculaires aux diamètres, peut s'appeler l'*axe principal* du système focal et du complexe linéaire correspondant. Cet axe n est normal à toutes les directrices qui le rencontrent; il se trouve sur un même paraboloïde équilatère avec deux droites conjuguées quelconques g, g_1 qui ne le rencontrent pas et coupe normalement la droite qui mesure la plus courte distance de g et g_1. En effet, d'après les théorèmes précédents, toutes les directrices normales à n qui rencontrent g doivent aussi couper g_1 et forment par conséquent un système réglé parabolique (I, page 126).

Quand on donne l'axe principal n, on donne en même temps sa polaire n_1 située à l'infini; il résulte alors immédiatement d'un théorème démontré précédemment que :

Le système focal est déterminé par son axe principal n *et une direc-*

trice l *prise arbitrairement, mais qui ne rencontre pas l'axe principal et ne lui est pas perpendiculaire.*

Toutes les directrices qui passent par un point quelconque P de *l* sont dans un même plan π avec *l* et la perpendiculaire abaissée de P sur *n*. Le foyer d'un plan quelconque ε mené par P est le point d'intersection de la directrice $\overline{\pi\varepsilon}$ et de la perpendiculaire élevée à *n* dans le plan ε.

Une gerbe dont le centre C est situé sur l'axe principal *n* a pour conjugué dans le système focal un système plan qui lui est réciproque et dont le plan γ est normal à l'axe principal en C. Aux tangentes d'un cercle situé sur γ et ayant son centre en C correspondent donc les rayons d'une surface conique du second ordre dont le centre est C. Or comme par rapport au cercle le point C est le pôle de la droite à l'infini n_1 du plan γ, le plan γ est le plan polaire de l'axe principal *n* par rapport à la surface conique; et comme deux directrices quelconques qui se coupent rectangulairement en C sont conjuguées par rapport au cercle, ces directrices, situées dans γ, puisqu'elles se correspondent à elles-mêmes dans le système focal, doivent aussi être conjuguées par rapport à la surface conique. Le plan γ est donc un plan de symétrie et tout rayon issu de C et situé dans γ est un axe principal de la surface conique; donc (I, page 189) :

A tout cercle, ayant son centre sur l'axe principal n *et dont le plan est normal à* n, *correspond un cône de révolution, dont* n *est l'axe de révolution.*

Si donc on fait tourner d'une seule pièce autour de l'axe principal un point quelconque et son plan focal, le point décrit un cercle et le plan focal enveloppe le cône qui correspond au cercle, puisqu'il ne cesse pas d'être le plan focal du point. Donc :

Une rotation autour de l'axe principal ne change en rien le système focal et le complexe linéaire de rayons.

Ils ne changent pas non plus, si on les fait tourner autour de l'axe principal en leur imprimant en même temps une translation suivant la direction de cet axe, en donnant en un mot au système un mouvement hélicoïdal autour de l'axe principal.

En désignant par r *la distance d'un point quelconque P à l'axe principal* n *et par* ρ *l'angle que le plan focal de ce point fait avec l'axe principal, le produit* r . tang ρ *a une valeur constante, indépendante de la position du point.*

Pour démontrer cette propriété remarquable, sur l'axe principal n et sur une directrice u qui coupe rectangulairement cet axe en un point C, prenons deux ponctuelles projectives égales qui aient le point C comme point correspondant commun. Elles ont pour conjugués deux faisceaux projectifs de plans n_1 et u qui ont le plan focal γ du point C comme élément correspondant commun, qui par conséquent sont perspectifs et engendrent un faisceau de rayons parallèles. Un rayon de ce faisceau est situé à l'infini dans le plan $\overline{nu}$; c'est celui suivant lequel se coupent les plans focaux des points à l'infini de u et n; le plan du faisceau de rayons parallèles est donc parallèle au plan $\overline{nu}$ et à une certaine distance e de lui.

Soient maintenant P et P′ deux points homologues de u et n, ils sont à égale distance du point C et leurs plans focaux se coupent suivant une droite parallèle à u et située à la distance e du plan $\overline{nu}$. Le plan focal de P passe par u et fait avec l'axe principal n un angle ρ; le plan focal de P′ au contraire coupe rectangulairement l'axe principal en P′. On a par conséquent CP′. tang $\rho = e$, ou bien r. tang $\rho = e$, quelle que soit la position du point P sur u. Or, une rotation de la directrice u autour de n et une translation suivant la direction de n permettent d'amener cette directrice à se superposer à une autre directrice quelconque qui coupe l'axe, et le système focal n'éprouve aucun changement par suite de ce double mouvement; donc, la constante e a la même valeur pour toutes ces directrices, et d'une manière générale, le produit r. tang ρ est indépendant de la position du point P. Les foyers de tous les plans qui font un angle de 45° avec l'axe principal n sont à la distance e de n et sont par suite situés sur un cylindre de révolution de rayon e.

Soit r *la distance d'une génératrice quelconque* l *à l'axe principal* n *et* ρ *l'angle que font entre elles les directions de* n *et* l, *le produit* r. *tang* ρ *est égal à la constante* e.

En effet, la plus courte distance de n et l coupe normalement ces deux droites aux points C et P, dont la distance PC $= r$; mais ρ est l'angle que le plan focal du point C, qui passe par l et C, fait avec l'axe principal. Le théorème est donc ramené au précédent. La relation r. tang $\rho = e$, à laquelle satisfont tous les rayons du complexe linéaire, peut être considérée comme l'équation du complexe par rapport à son axe principal.

Les tangentes d'une hélice, qui a l'axe principal pour axe et qui est tangente à une directrice quelconque, sont toutes des directrices du système focal. Chaque point de cette courbe a son plan osculateur pour plan focal ; par conséquent les plans osculateurs de tous les points communs à l'hélice et à un plan quelconque passent tous par un même point qui est le foyer de ce plan. L'hélice détermine le système focal et le complexe de rayons correspondant ; suivant qu'elle sera dextrogyre ou lévogyre, nous pourrons diviser les complexes en complexes dextrogyres ou lévogyres. L'axe principal et la constante e déterminent le complexe, quand on indique de plus s'il doit être dextrogyre ou lévogyre.

Soient g *et* g_1 *deux droites conjuguées,* a *et* a_1 *leurs distances à l'axe principal du système focal,* α *et* α_1 *les angles qu'elles font avec cet axe, on a la relation* a. *tang* $a_1 = a_1$ *tang* $\alpha = e$; *par suite :*

$$a : a_1 = tang\ \alpha : tang\ \alpha_1$$

En effet, le plan focal du point de g qui est à la distance a de l'axe principal, passe par g_1 et fait avec l'axe principal l'angle α_1 ; d'où résulte que

$$a.\ \mathrm{tang}\ \alpha_1 = e.$$

Le système focal et ses propriétés les plus importantes ont été découverts, dès 1833, par Möbius [1] à propos de ce problème de mécanique : *Construire les deux forces équivalentes à un système de forces données dans l'espace.* Ce problème comporte une infinité de solutions. Si l'on choisit pour l'une des forces, le point P par lequel elle doit passer, l'autre est située dans un plan π, passant par P, qui est conjugué à ce point P dans un système focal déterminé par le système de forces. Les directrices de ce système focal se distinguent des autres droites de l'espace en ce que le moment statique du système de forces par rapport à chacune d'elles est nul. Quelques années après Möbius, M. Chasles a retrouvé le système focal [2] ; entre autres théorèmes, il démontre le suivant : Si un corps solide éprouve un déplacement infiniment petit, les plans normaux aux trajectoires de ses différents points sont conjugués à ces points dans un système focal déterminé par le déplacement ; il faut toutefois que le déplacement soit dû à un mouvement hélicoïdal et non pas à une translation ou à une rotation simple.

---

1. Mobius. *Journal de Crelle.* Tome X, page 317. Voir aussi sa *Statique.* Leipzig, 1837.

2. Chasles. A*perçu historique.* Bruxelles, 1837. 2ᵉ édition, Paris, 1875, page 614.

ONZIÈME LEÇON.

Le système de rayons de premier ordre et de première classe.

Un système de rayons est dit du n^e *ordre* quand, par un point quelconque, il passe en général n de ses rayons et pas plus de n; on dit qu'il est de la k^e *classe*, quand il y a en général k de ses rayons dans un plan quelconque. Les centres des surfaces coniques et les plans des faisceaux de rayons qui peuvent faire partie du système sont appelés les points et les plans *singuliers* du système.

Les directrices communes à deux systèmes focaux forment un système de rayons de premier ordre et de première classe; en effet, par un point quelconque il passe un rayon qui est l'intersection des plans focaux du point et de même un plan quelconque contient un rayon du système. Lorsque deux rayons de ce système se coupent, les deux plans focaux de leur point d'intersection coïncident avec le plan qui les réunit et tout rayon de ce plan, passant par le point d'intersection en question, est une directrice commune aux deux systèmes. Donc :

Deux complexes linéaires ont un système de rayons de premier ordre et de première classe qui leur est commun. Ce système contient tous les faisceaux de rayons du premier ordre passant par deux rayons du système, qui se coupent, et tous les systèmes réglés passant par trois rayons du système, qui ne se rencontrent pas (II, page 81).

Lorsqu'une surface réglée du second ordre passera par un système réglé contenu dans le système, nous dirons, pour abréger, qu'elle est contenue dans le système.

Tous les rayons du système de premier ordre et de première classe, qui coupent une droite quelconque g, forment en général un système réglé; ce dernier est déterminé par trois de ces rayons. Soit l un rayon quelconque du système, S un point situé sur l et σ un plan passant par l; aux points suivant lesquels σ est coupé par les autres rayons du système nous pouvons faire correspondre les plans suivant lesquels ces rayons sont projetés de S. Aux points d'une droite de σ correspondent alors les plans d'un faisceau du premier ordre g_1 passant par S; en effet, les rayons du système qui passent par ces points forment un système réglé qui contient aussi le rayon l et dont par conséquent les autres rayons sont projetés de S suivant un faisceau ordinaire de plans g_1.

Le plan σ, de même que tout autre plan mené par l, est donc d'après cela rapporté réciproquement à la gerbe S par le moyen du système de rayons, de telle manière qu'il a avec S un faisceau de rayons correspondant commun et l'on voit ainsi que :

Le système de rayons de premier ordre et de première classe est coupé par deux plans σ, σ_1 menés par le même rayon l, suivant deux systèmes collinéaires et il est projeté de deux points quelconques S, S_1 pris sur l suivant deux gerbes collinéaires. Ces gerbes sont rapportées réciproquement à ces systèmes plans par le moyen du système de rayon et elles ont avec lui, et l'une avec l'autre, le rayon l correspondant commun.

Les systèmes plans collinéaires σ et σ_1 ont en commun avec un système réglé quelconque abc du système de rayons qui ne passe pas par l deux coniques homologues, et comme la droite l se correspond à elle-même, ses pôles par rapport à ces deux coniques sont des points homologues de σ et σ_1 (II, page 11) et sont situés sur un même rayon du système. La droite qui unit ces deux pôles est la polaire de l par rapport à la surface réglée abc contenue dans le système de rayons; il en résulte que :

Le système de rayons de premier ordre et de première classe est conjugué à lui-même par rapport à toute surface réglée qui passe par un de ses systèmes réglés, c'est-à-dire que ses rayons sont deux à deux polaires réciproques l'un de l'autre par rapport à la surface réglée.

Dans le cas particulier (dont on ne tient pas compte dans la démonstration) où les deux pôles se confondent et où par suite la droite l est tangente à la surface réglée *abc*, l'exactitude du théorème ressortira facilement de considérations ultérieures.

Nous supposerons à présent que les deux plans quelconques σ et σ_1 menés par *l* sont conjugués par rapport à la surface réglée *abc* et que cette dernière n'est pas tangente à la droite *l*. Chacun des deux plans coupe donc la polaire de *l* au pôle de l'autre plan par rapport à la surface réglée. Une droite *g* de σ qui passe par le pôle de σ_1 et coupe deux rayons quelconques *d* et *e* de la surface *abc* a donc pour correspondante dans le plan σ_1 collinéaire à σ, une droite g_1 qui passe par le pôle de σ et qui coupe les deux mêmes rayons *d* et *e*. Mais comme la polaire de *g* par rapport à la surface réglée *abc* passe par le pôle de σ et coupe les deux droites *d* et *e* qui sont conjuguées à elles-mêmes, elle se confond avec g_1 et les points homologues de *g* et g_1 sont conjugués deux à deux par rapport à la surface réglée. Si l'on imagine que les systèmes collinéaires plans σ et σ soient décrits par les droites *g* et g_1 qui se corpondent, on voit que :

Deux plans passant par un rayon l *du système de rayons et conjugués par rapport à une surface réglée quelconque* abc *du système, laquelle ne contient pas ce rayon et ne lui est pas tangente, sont rapportés collinéairement l'un à l'autre par le système de telle sorte que leurs points homologues (et en particulier aussi ceux qui sont situés sur* l) *sont conjugués par rapport à la surface réglée.*

De même chacun des rayons du système sera projeté de deux quelconques de ces points conjugués suivant deux plans conjugués par rapport à la surface réglée.

Le système de rayons de premier ordre et de première classe est, en général, complètement déterminé par quatre rayons a,b,c,d *pris arbitrairement.* En effet, comme ces quatre rayons peuvent être joints à un cinquième rayon quelconque par un complexe linéaire de rayons, on peut alors faire passer par eux un système de rayons de premier ordre et de première classe. Ce système sera coupé par deux plans menés par *a* suivant des systèmes collinéaires et leur collinéation sera déterminée en général par la droite *a* qui se correspond à elle-même et par les trois couples de points homologues que *b,c,d* ont en commun avec les deux plans. Si donc l'on joint chaque point de l'un des plans avec le point qui lui correspond dans l'autre plan, on obtiendra tous les rayons du système. On voit en même temps que :

Deux systèmes collinéaires, situés dans des plans différents et

*dont la droite d'intersection est un élément correspondant commun,
sans que les points de cette droite se correspondent à eux-mêmes,
engendrent un système de rayons de premier ordre et de première
classe; toute droite, qui joint deux points homologues des deux plans,
fait partie du système.*

De même, deux gerbes collinéaires, qui ont comme éléments correspondants communs un rayon et deux plans au plus, engendrent un
système de rayons de premier ordre et de première classe. Le système
de rayons déterminé par quatre rayons a,b,c,d qui ne se rencontrent
pas, contient le système réglé abc ainsi que tout autre système réglé,
qui a deux rayons communs abc et qui passe par d; on peut le construire au moyen de ces systèmes réglés.

Projetons un système de rayons de premier ordre et de première
classe de deux points S_1 et S_2, situés sur l'un de ses rayons; d'après un
théorème précédent, nous obtenons deux gerbes collinéaires. Les plans
homologues de ces gerbes se coupent deux à deux suivant les rayons
du système et les gerbes ont comme éléments correspondants communs le rayon $\overline{S_1S_2}$ et deux plans η,φ passant par lui, qui peuvent se
confondre ou être imaginaires. Les faisceaux homologues de rayons
de S_1 et S_2 situés dans η et φ ont toujours le rayon $\overline{S_1S_2}$ correspondant
commun et engendrent deux ponctuelles rectilignes u,v; nous donnerons à leurs lieux le nom d'*axes* du système de rayons. Comme tout
plan de la gerbe S_1 qui passe par un point de u ou de v a ce point qui
lui est commun avec le plan correspondant de la gerbe S_2, il s'ensuit
que :

Les axes u *et* v *du système de premier ordre et de première classe
coupent tous les rayons du système, et toute droite qui rencontre*
u *et* v *appartient à ce système. Les deux axes contiennent tous les
points singuliers du système, et tous les plans singuliers de ce système
passent par eux. Ils sont conjugués l'un à l'autre dans tout système
focal dont le complexe de directrices passe par le système de rayons.*

Les deux axes u,v n'ont aucun point commun l'un avec l'autre quand
ils ne coïncident pas; cela résulte de ce que, en général, deux rayons
du système ne se rencontrent pas.

Quand deux rayons du système se coupent, ils sont dans un même
plan avec l'un des axes et se rencontrent en un même point avec
l'autre. Les deux axes sont des directrices communes à tous les systèmes réglés contenus dans le système; ils sont imaginaires ou réels,

ou bien ils coïncident, suivant que la surface du second ordre qui passe
par l'un de ces systèmes rencontre chacun des rayons du système non
situé sur elle en deux points imaginaires ou réels, ou bien lui est tangente. Si les deux axes ne sont pas réels, ce sont deux droites imaginaires conjuguées de seconde espèce (I, page 178). Une surface réglée
est touchée suivant les points d'une droite située sur elle-même par
les rayons d'un système de premier ordre et de première classe dont les
axes coïncident avec cette droite ; toutes les surfaces réglées contenues
dans ce système de rayons sont tangentes suivant les points de cette
droite.

*Les plans polaires d'un point quelconque P par rapport à toutes
les surfaces réglées contenues dans un système de rayons de premier
ordre et de première classe se coupent en un point P_1 du rayon du
système qui passe par P. De même les pôles d'un plan π par rapport
à toutes ces surfaces réglées sont contenues dans un plan π_1 qui a un
rayon du système commun avec π. Les points et les plans de l'espace
sont ainsi conjugués deux à deux par rapport à toutes les surfaces
réglées du système.*

En effet, si le système de rayons a deux axes réels u et v, P_1 est le
point qui est harmoniquement séparé de P par u et v ; car les surfaces
réglées du système passant toutes par u et v, les plans polaires de P
doivent passer par P_1. Si, en second lieu, toutes les surfaces réglées du
système sont tangentes suivant les points d'une même droite, P_1 est le
point suivant lequel elles sont touchées par le plan $\overline{Pu}$. Enfin, en troisième lieu, si les deux axes du système sont imaginaires, ou d'une
manière générale ne sont pas identiques, soit l le rayon du système
qui passe par P ; on peut au moins faire passer par l un couple de plans
réels conjugués par rapport à deux quelconques des surfaces réglées
R^2 et R_1^2 (I, page 181).

Ces deux plans seront rapportés collinéairement l'un à l'autre par le
système de rayons de telle manière que leurs points homologues, et
en particulier ceux situés sur l soient conjugués par rapport aux deux
surfaces (II, page 90), par suite le point P_1 de l qui est conjugué au
point P par rapport à R^2 est aussi conjugué à P par rapport à toute
autre surface R_1^2 du système.

Prenons encore deux points S_1 et S_2 sur un rayon l d'un système de
premier ordre et de première classe et projetons de ces points le système suivant deux gerbes collinéaires. Au moyen du système de

rayons rapportons collinéairement deux plans quelconques α_1 et β_1 de S_1 aux plans α_2 et β_2 qui leur correspondent dans S_2; à tout point d'inter-section de α_1 et β_1 correspondra un point commun à α_2 et β_2; car les faisceaux de plans $\overline{\alpha_1\beta_1}$ et $\overline{\alpha_2\beta_2}$ engendrent un système réglé du système de rayons dont les deux droites $\overline{\alpha_1\beta_1}$ et $\overline{\alpha_2\beta_2}$ sont deux directrices. D'après cela, nous pouvons considérer les plans collinéaires comme des formes homologues de deux espaces collinéaires dont l'un contient les plans α_1, β_1 et l'autre les plans α_2,β_2. Ces espaces collinéaires ont pour éléments correspondants communs tous les rayons du système de rayons, parce que chacun de ces rayons unit deux points de α_1 et β_1 et en même temps les points correspondants de α_2 et β_2. Toutes les droites qui joignent les points homologues et toutes celles qui sont les intersections de plans homologues de ces espaces collinéaires font en conséquence partie du système de rayons et ce dernier sera engendré aussi bien par deux gerbes homologues que par deux systèmes plans homologues (non coïncidents) des espaces collinéaires. Ces espaces ont comme éléments correspondants communs les deux axes du système de rayons ainsi que tout point de ces axes et tout plan qui passe par eux.

Si les deux axes ne coïncident pas, nous pouvons prendre les points S_1 et S_2 sur le rayon l de telle manière qu'ils soient conjugués par rapport à toutes les surfaces réglées contenues dans le système de rayons. Mais alors les plans homologues des gerbes S_1 et S_2, comme par exemple les plans α_1 et α_2, et les points homologues de ces plans sont conjugués deux à deux par rapport à toutes ces surfaces réglées, et par conséquent il en est de même pour tous les plans et plans homo-logues des espaces collinéaires. Donc :

Si l'on fait correspondre deux à deux les points et les plans qui sont conjugués par rapport à toutes les surfaces réglées contenues dans le système de rayons, on obtient ainsi uniquement des couples d'éléments homologues de deux espaces collinéaires (en situation in-volutive) qui ont pour éléments correspondants communs tous les rayons du système, tous les points de ses axes et tous les plans qui passent par ces axes.

Tous les rayons d'un système de premier ordre et de première classe qui coupent une courbe quelconque du second ordre φ, sont en général situés sur une surface réglée du quatrième ordre F^4. En effet, cette surface a au plus quatre points communs avec une droite quelconque, parce que tous les rayons du système qui coupent cette droite sont

situés sur une surface réglée du second ordre qui a au plus quatre
points communs avec φ. En général la surface F^4 passe deux fois par
le rayon s du système situé dans le plan de φ.

Tout plan passant par s a en commun avec F^4, en outre de s, une
conique projective à φ et les rayons de F^4 sont projetés d'un point
quelconque de s suivant un faisceau de plans du second ordre projectif à φ.

Comme deux droites u et v, qui ne se rencontrent pas, peuvent
toujours être considérées comme les axes d'un système de rayons,
nous pouvons dire aussi que : si une droite g se meut en rencontrant
constamment une conique φ et deux droites u et v, qui ne se coupent
pas, elle décrit en général une surface réglée du quatrième ordre F^4.
Les droites u et v sont les droites qui contiennent les points doubles
de cette surface ; en effet, par un point quelconque de u ou v, il passe
en général deux génératrices g de F^4 et ces droites sont respectivement
dans un même plan avec v ou u.

Si la conique φ a un point commun U avec l'une des droites u, F^4 se
décompose en un plan $\overline{U}v$ et une surface réglée F^3 du troisième ordre.
La droite u est un lieu des points doubles de la surface F^3 ; cette dernière passe par v et en général a en commun avec un plan passant
par v deux génératrices dont le point d'intersection est situé sur u. La
ponctuelle v est rapportée projectivement à la conique φ par le faisceau
de plans u de sorte qu'avec φ elle engendre la surface.

Un complexe linéaire de rayons renferme chaque système de rayons
de premier ordre et de première classe déterminé par quatre rayons
du complexe ; réciproquement, un pareil système de rayons peut être
réuni à un rayon qu'il ne contient pas par un complexe linéaire, parce
que ce dernier est déterminé par cinq rayons quelconques. Nous pouvons donner aux axes principaux de tous les complexes linéaires de
rayons qui passent par un système de rayons donné le nom d'*axes
principaux* du système. Chacun de ces axes principaux est normal à
tous les rayons du système qui le rencontrent ; ces derniers forment
donc un système réglé d'un paraboloïde hyperbolique équilatère. En
général, le système de rayons ne contient qu'une seule droite à l'infini ;
elle est située sur le paraboloïde équilatère et les axes principaux du
système de rayons sont parallèles aux plans qui contiennent cette
droite et sont coupés normalement par le rayon du système qui est
perpendiculaire à ces plans. Cependant quand le système de rayons a

un axe u à l'infini, toute droite normale aux plans qui passent par u est un axe principal du système. Soient r et r_1 les distances d'un axe principal à deux rayons quelconques du système et ρ et ρ_1 les angles qu'il fait respectivement avec ces rayons, on a la relation

$$r. \tang \rho = r_1 \tang \rho_1 \quad \text{(II, page 86).}$$

DOUZIÈME LEÇON.

**Formes engendrées par deux gerbes ou deux systèmes plans
collinéaires — Courbes gauches
et faisceaux de plans du troisième ordre.**

Les formes fondamentales *réciproques* de deuxième et de troisième
espèce nous ont conduit aux surfaces et aux gerbes de plans du second
ordre et nous ont fourni leurs propriétés les plus importantes. Considérons maintenant les formes engendrées par les formes fondamentales
collinéaires et tout d'abord celles auxquelles donnent naissance deux
gerbes collinéaires. La loi de réciprocité nous permettra d'étendre
ensuite les résultats que nous aurons trouvés à deux systèmes plans
collinéaires.

Lorsque deux gerbes collinéaires S et S_1 ne sont ni concentriques ni
perspectives, elles engendrent un système de rayons du premier ordre
suivant les rayons duquel les plans homologues des gerbes se coupent
deux à deux. Par un point quelconque A de l'espace il ne passe en
général qu'un seul rayon de ce système, parce que le faisceau de plans
$\overline{SA}$ de la gerbe S engendre en général avec le faisceau de plans correspondant de S_1 un système réglé appartenant au système et dont il ne
passe qu'un seul rayon par A. Il n'y passe plus d'un rayon, et dans ce
cas il y en a une infinité, que si les axes de ces deux faisceaux de plans
se coupent en A, et si par conséquent A est le point d'intersection de
deux rayons homologues des gerbes; dans ce cas, A est un *point singulier* du système de rayons et les rayons du système qui passent par
lui forment un faisceau ordinaire de rayons ou une surface conique du

second ordre, suivant que les faisceaux projectifs de plans $\overline{SA}$ et $\overline{S_1A}$ qui les engendrent ont ou n'ont pas de plan correspondant commun. Tout système réglé ou toute surface conique du second ordre engendrée par deux faisceaux homologues de plans passant par S et S_1, passe par tous les points d'intersection des rayons homologues des gerbes ; car l'un quelconque de ces points singuliers du système de rayons est toujours situé dans deux plans qui se correspondent l'un à l'autre dans ces faisceaux.

Quand les gerbes collinéaires S et S_1 ont le rayon $\overline{SS_1}$ comme élément correspondant commun, elles engendrent, comme nous le savons déjà, un système de rayons de premier ordre et de première classe ; nous pouvons considérer ce cas comme traité complètement dans la leçon précédente. En second lieu, si les gerbes ont, non plus le rayon $\overline{SS_1}$, mais un plan η correspondant commun, leurs faisceaux homologues de rayons situés dans η engendrent une courbe du second ordre k^2, passant par S et S_1, et suivant les points de laquelle les rayons homologues se coupent deux à deux. Par chaque point de k^2 passent une infinité de rayons du système de rayons engendré par S et S_1 ; ils forment un faisceau ordinaire de rayons et par suite sont situés dans un plan singulier du système. Deux pareils plans singuliers se coupent suivant une droite v dont les points doivent également être des points d'intersection de rayons homologues de S et S_1, parcequ'il passe plus d'un rayon du système par chacun d'eux ; le point où v coupe le plan de k^2 doit donc se trouver sur la courbe k^2. Les droites d'intersection des plans homologues de S et S_1 ont par conséquent un point commun aussi bien avec v qu'avec k^2 et toute droite qui est coupée par v et k^2 en deux points différents appartient au système de rayons engendré par S et S_1. Comme un plan contient en général deux de ces droites, on voit que :

Deux gerbes collinéaires S et S_1, non concentriques, qui n'ont pas le rayon mais qui ont un plan correspondant commun, engendrent un système de premier ordre et de seconde classe. Les points singuliers de ce système sont situés sur une conique k^2 et une droite v qui se coupent, et la conique k^2 passe par les centres S et S_1 des deux gerbes. Le système de rayons se compose de tous les rayons qui joignent les points de v avec ceux de k^2.

De deux points quelconques P et P_1 de k^2 projetons cette courbe et la ponctuelle v au moyen de couples de faisceaux de rayons ; ces derniers sont rapportés projectivement l'un à l'autre par k^2 et v et les rayons communs aux deux couples de faisceaux P et P_1 se correspondent entre eux, parce qu'ils projettent le point d'intersection de k^2 et v. Ces faisceaux projectifs de rayons établissent ainsi une collinéation entre les gerbes P et P_1 (II, page 7) de telle manière les plans homologues de ces gerbes se coupent deux à deux suivant une droite qui a un point commun avec k^2 et v. Donc :

Le système de rayons de premier ordre et de seconde classe est projeté de deux points quelconques de sa courbe directrice du second ordre k² *suivant deux gerbes collinéaires.*

Il n'y a d'exception que pour le point d'intersection de k^2 et v d'où le système de rayons est projeté suivant le faisceau des plans singuliers de v.

Le système de rayons de premier ordre et de seconde classe a pour réciproque le système de rayons de première classe et de second ordre. Ce dernier est engendré par deux systèmes collinéaires plans qui ont un point, mais pas de droite, comme élément correspondant commun. Ses plans singuliers forment une faisceau de plans du second ordre et un autre du premier ordre et il se compose de toutes les droites suivant lesquelles se coupent deux à deux les plans de ces deux faisceaux. Toutes les tangentes d'une surface conique du second ordre qui rencontrent une tangente donnée de cette surface forment un faisceau de rayons de première classe et de second ordre.

Nous allons supposer maintenant que les gerbes collinéaires S et S_1 n'aient aucun élément correspondant commun. Elles engendrent dans ce cas un système de rayons de premier ordre et de troisième classe dont les points singuliers sont situés sur *une courbe gauche du troisième ordre*. En effet, tous les rayons du système qui passent par un point singulier forment une surface conique irréductible du second ordre qui passe par tous les autres points singuliers ; tout point d'intersection de deux rayons du système est un point singulier et toute droite qui unit deux points singuliers est un rayon du système. Si un plan quelconque renfermait plus de trois rayons du système, leurs points d'intersection seraient tous des points singuliers et par l'un ou par l'autre d'entre eux il passerait un cône de rayons du système qui aurait plus de trois rayons communs avec un plan, ce qui est impossible. Le système de rayons est donc de troisième classe et il y a au plus trois de ses points singuliers situés dans un plan et au plus deux sur une droite.

Deux faisceaux homologues de plans de S et S₁ engendrent une surface réglée du second ordre ; c'est ou une surface conique ou un système réglé contenu dans le système de rayons, selon que leurs axes se coupent (en un point singulier) ou ne se rencontrent pas. Deux surfaces du second ordre ainsi engendrées ont en commun le rayon du système, différent de $\overline{SS_1}$, qui coupe les deux couples d'axes des faisceaux de plans qui les engendrent ; elles se coupent en outre suivant une courbe gauche du troisième ordre, passant par les points S et S₁, suivant les points de

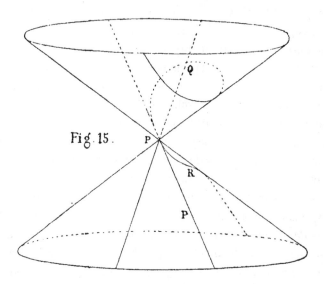

Fig. 15.

laquelle les rayons du système se coupent deux à deux et qui est le lieu des points singuliers du système. Donc :

Deux gerbes collinéaires non concentriques S, S₁, qui n'ont aucun élément correspondant commun, engendrent un faisceau de rayons de premier ordre et de troisième classe. Celui-ci contient toutes les cordes d'une courbe gauche du troisième ordre k^3*, qui est le lieu de ses points singuliers et de chacun des points de laquelle il est projeté suivant une surface conique du second ordre* (fig. 15). *Cette courbe cubique gauche* k^3 *passe par les centres des deux gerbes et en chacun de ses points se coupent deux rayons homologues de S et S₁.*

Si l'on nous donne la courbe gauche k^3 et les points S et S₁ situés sur elle, nous connaissons par là même les deux cônes homologues suivant lesquels k^3 est projetée de S et S₁. Ces deux cônes sont projectivement rapportés l'un à l'autre par le moyen de la courbe gauche et sont per-

spectifs au faisceau de plans $\overline{SS_1}$; comme ils n'ont aucun élément correspondant commun, ils ne sont pas tangents, mais se coupent suivant le
rayon $\overline{SS_1}$. Un plan quelconque rencontre les deux cônes suivant des
courbes du second ordre qui se coupent en un point situé sur $\overline{SS_1}$ et qui
par conséquent ont au moins un point et au plus trois points communs.
Donc :

La courbe cubique gauche k^3 *a au moins un point et au plus trois
points communs avec un plan quelconque.*

Les cônes projectifs $S\ (k^3)$ et $S_1\ (k^3)$ déterminent complètement la
collinéation des gerbes S et S_1 (II, page 11) en sorte que la courbe gauche
k^3 détermine aussi le système de rayons engendré par S et S_1. Toute
corde ou toute tangente de k^3 est projetée de S et S_1 par des plans homologues sécants ou tangents de ces cônes et appartient au système de
rayons. Tout rayon du système, qui est projeté de S et S_1 par deux
plans extérieurs à ces cônes, peut toutefois être considéré aussi comme
une corde (impropre) de la courbe gauche k^3 ; en effet, il coupe les deux
faisceaux homologues de rayons de S et S_1 contenus dans ces plans suivant deux ponctuelles projectives dont les points correspondants communs sont situés sur k^3, mais qui sont ici imaginaires conjugués.
D'après cela, nous pouvons dire que :

*Le système de rayons de premier ordre et de troisième classe se com-
pose de toutes les cordes de la courbe gauche du troisième ordre* k^3,
*qui contient les points singuliers du système. Un rayon du système est
une corde propre ou impropre de* k^3, *suivant qu'il joint deux points
réels ou imaginaires conjugués de la courbe. Les tangentes à* k^3 *appartiennent aussi au système ; elles y séparent les cordes propres des
cordes impropres et ont chacune en commun avec la courbe deux points
qui coïncident. Nous appellerons* k^3 *la courbe double du système de
rayons.*

La courbe gauche k^3 peut être réunie à deux cordes quelconques a, b
par une suface réglée du second ordre qui contient un système de cordes ;
car les couples de plans qui projettent les deux cordes de S et S_1 se
coupent suivant les axes de deux faisceaux homologues de plans des
gerbes collinéaires et ces faisceaux engendrent la surface. Comme cette
surface du second ordre peut aussi être décrite par une droite qui glisse
sur k^3 et coupe constamment les deux cordes a et b, on a ce théorème :

*La courbe gauche du troisième ordre est projetée de deux quelconques
de ses cordes suivant deux faisceaux projectifs de plans ;*

car les plans qui joignent les cordes a, b avec la droite mobile et conséquemment avec un point mobile de k^3, décrivent autour de a et b deux
faisceaux projectifs de plans. Le théorème a encore lieu quand a et b se
coupent sur la courbe et par suite sont situées avec elle sur un même
cône du second ordre. Nous allons l'utiliser immédiatement pour construire linéairement les plans osculateurs de la courbe k^3.

Soit a la tangente à k^3 en un point A et soit b une autre corde quelconque. Si un point P décrit la courbe gauche k^3, les plans $\overline{aP}$ et $\overline{bP}$
décrivent des faisceaux projectifs de plans autour de a et b. Or $\overline{aP}$
devient le plan osculateur en A, quand P se rapproche indé-
finiment de A ; en même temps $\overline{bP}$ devient le plan $\overline{bA}$.

Si donc la projectivité des faisceaux de plans a et b est déterminée
par trois couples de plans homologues, nous trouverons le plan osculateur du point A en construisant le plan qui correspond à $\overline{bA}$ dans le faisceau a. — Si la corde b passe par le point A, lorsque le point P tend
vers A, la droite $\overline{AP}$ se raproche indéfiniment de la tangente a et le plan
$\overline{bP}$ du plan $\overline{ba}$; mais en même temps $\overline{aP}$ devient le plan tangent suivant le rayon a au cône du second ordre engendré par les faisceaux a
et b. Donc :

*Le plan osculateur en un point quelconque A de la courbe passe par
la tangente* a *en ce point et est tangent suivant* a *à la surface conique
du second ordre par laquelle la courbe gauche* k³ *est projetée
de A.*

Pour mener une corde de la courbe par un point quelconque
Q sans nous servir des gerbes collinéaires, joignons Q à un point quelconque P de k^3 par une droite g et menons par g deux plans qui coupent
chacun la courbe en deux points différents de P. Les droites a et b qui
unissent ces couples de points sont situées avec la courbe gauche sur une
surface réglée du second ordre à laquelle appartient aussi la droite g ;
car g a les trois points $g\,a$, $g\,b$ et P communs avec la surface. Cette
surface réglée, qu'il est facile de construire et à laquelle appartiennent
a et b, a l'un de ses rayons qui passe par le point Q ; ce rayon est la
corde cherchée. Cette construction réussit toujours, même quand la corde
qui passe par Q est impropre. En passant, on voit que :

Par une courbe gauche du troisième ordre et une droite g, *qui
coupe la courbe en un point, mais n'est pas une de ses cordes, on ne
peut faire passer qu'une seule surface réglée du second ordre. L'un des
systèmes réglés de cette surface se compose de cordes de la courbe ;*

les rayons de l'autre système, dont g *fait partie, coupent chacun la courbe gauche en un seul point.*

Pour justifier cette dernière proposition, nous ferons remarquer que tout rayon g' du deuxième système peut être réuni à une corde propre quelconque du premier système par un plan qui a trois points communs avec la courbe gauche ; deux d'entre eux sont situés sur la corde et conséquemment le troisième se trouve sur g'.

D'un point quelconque S_2 de la courbe gauche k^3 projetons son système de cordes; à deux plans homologues α et α_1, des gerbes collinéaires S et S_1 est rapporté un plan α_2 de S_2 qui passe par leur droite d'intersection $\overline{\alpha\alpha_1}$. Et comme les cordes de k^3 qui engendrent deux faisceaux homologues de plans de S et S_1 sont situées sur un cône ou un système réglé passant par S_2, elles seront projetées de S_2 suivant un troisième faisceau de plans dont l'axe est également une génératrice de cône ou une directrice du système réglé. Donc, non seulement un plan de S a pour correspondant un plan de S_2, mais à tout faisceau de plans du premier ordre dans S correspond un faisceau analogue dans S_2 ; c'est-à-dire que les gerbes S et S_2 sont rapportées collinéairement l'une à l'autre comme S et S_1, de sorte qu'elles engendrent également le système des cordes de la courbe gauche k^3. Les centres S et S_1 des gerbes collinéaires dont on a fait primitivement usage peuvent donc être remplacés par deux autres points quelconques S_2, S_3 de la courbe gauche ; ils ne se distinguent en rien des autres points de k^3 et toutes les propriétés démontrées pour ces premiers points s'appliquent aussi aux autres points de la courbe. En particulier, on a ce théorème :

La courbe gauche du troisième ordre est projetée de deux quelconques de ses points suivant deux cônes projectifs du second ordre et son système de cordes suivant deux gerbes collinéaires ; c'est-à-dire que chaque corde est projetée par deux plans homologues et chaque point de la courbe par deux rayons homologues des gerbes.

Tout plan mené par S contient au moins une corde de la courbe gauche, c'est sa droite d'intersection avec le plan homologue de la gerbe S_1. Si le plan a trois points communs avec la courbe, les trois droites qui joignent ces points font partie du système des cordes ; si, en outre de S, le plan ne renferme qu'un seul point P de la courbe, il est tangent à celle-ci en S ou en P et ne contient que deux rayons du système de cordes qui sont $\overline{SP}$ et la tangente au point de contact. Or, comme S est un point quelconque de la courbe et que celle-ci a au moins un point

commun avec un plan quelconque, comme de plus tout point d'intersection de deux cordes est situé sur la courbe double, il s'ensuit
que :

*Un plan renferme autant de cordes réelles que de points réels d'une
courbe gauche du troisième ordre, c'est-à-dire au moins une corde et
au plus trois.*

Une courbe gauche du troisième ordre peut aussi être engendrée au
moyen de surfaces réglées comme le montre le théorème suivant :

*Deux surfaces réglées R et R$_1$, ou une surface réglée R et un cône K
du second ordre, qui se coupent suivant un rayon* a, *ont encore en
général une courbe gauche* k^3 *du troisième ordre qui leur est commune
et dont* a *est une corde.*

Tout plan mené par *a* coupe chacune des surfaces suivant un rayon
différent de *a*. Faisons correspondre ces rayons l'un à l'autre, les
deux systèmes réglés de R et R$_1$ auxquels *a* n'appartient pas, ou le
système réglé de R et le cône K, sont rapportés projectivement l'un à
l'autre, puisqu'ils sont perspectifs au faisceau de plans *a*. Deux rayons
correspondants des surfaces se coupent en un point de la courbe k^3 et tous
ces points d'intersection sont projetés de l'un quelconque P d'entre eux
suivant les rayons d'un cône du second ordre. En effet, les deux
formes projectives de rayons R et R$_1$ ou R et K sont projetées du point
P par deux faisceaux projectifs de plans du premier ordre qui engendrent
le cône en question. La courbe k^3 est donc une courbe gauche du troisième ordre, quand l'un des cônes ou les deux cônes du second ordre
menés par elle ne se décomposent pas en faiseaux de rayons du premier
ordre, ce qui est possible. Dans ce cas particulier, la courbe gauche du
troisième ordre peut se décomposer en une droite et une conique ou
trois droites, ou bien se réduire à une ou à deux droites. — Comme un
rayon quelconque *g* du système réglé R n'a qu'un point commun avec
la courbe gauche k^3 et ne lui est pas tangent, et comme par *g* et k^3 on
ne peut faire passer qu'une seule surface réglée du second ordre dont
le deuxième système réglé doit se composer de cordes de la courbe,
il s'ensuit que *a* est l'une de ces cordes.

Trois faisceaux projectifs de plans, dont les axes a, a$_1$, a$_2$ *ne passent
pas par un seul et même point, engendrent en général une courbe
gauche* k^3 *du troisième ordre dont* a, a$_1$, a$_2$ *sont des cordes. En chaque
point de* k^3 *se coupent trois plans homologues des faisceaux.*

En effet, le faisceau *a* engendre avec chacun des deux autres faisceaux un cône ou une surface réglée et les deux surfaces ainsi formées ont la droite a correspondante commune. Le théorème est donc ramené au précédent. On peut regarder comme le réciproque d'un autre théorème démontré précédemment (II, page 100). Il nous permet de résoudre ce problème :

Construire une courbe gauche du troisième ordre, connaissant trois de ses points P, Q, R et trois cordes a, a_1, a_2 *qui ne passent par aucun de ces points et qui ne rencontrent pas les droites qui les joignent.*

Pour cela, nous rapporterons les trois faisceaux de plans a, a_1, a_2 projectivement entre eux de manière que trois plans homologues des faisceaux se coupent en chacun des points P, Q, R. Les faisceaux de plans engendrent alors la courbe cherchée. Si les cordes a, a_1, a_2 forment un triangle, la courbe gauche passe aussi par ses sommets, par conséquent elle passe par six points arbitraires.

Lorsqu'un système réglé ou un cône du second ordre et un faisceau de plans du premier ordre sont rapportés projectivement l'un à l'autre ils engendrent en général une courbe gauche du troisième ordre, dont l'axe a *du faisceau de plans est une corde.*

Soient a_1 et a_2 deux faisceaux de plans perspectifs à la forme de rayons, ils sont projectifs à a et engendrent avec lui la courbe gauche. Il existe encore ici des cas d'exception.

On peut en général construire sur une surface réglée R^2 du second ordre deux courbes du troisième ordre qui passent par trois points A, B, C pris sur R^2 et qui aient pour corde une droite a non située sur la surface. En effet, rapportons projectivement les deux systèmes réglés de la surface R^2 au faisceau de plans a de manière que leurs rayons passant par A, B, C correspondant respectivement aux plans $\overline{aA}$, $\overline{aB}$ et $\overline{aC}$; ils engendrent avec le faisceau de plans les deux courbes gauches. Ces dernières passent par les points communs à a et à R^2 ; donc :

Sur une surface réglée du second ordre R^2, *on peut construire au plus deux courbes gauches du troisième ordre qui passent par cinq points donnés sur* R^2.

Chacun des systèmes réglés de R^2 se compose de cordes, de l'une de ces courbes gauches et est perspectif à l'autre. Du dernier théorème on déduit d'après cela que :

Deux courbes gauches du troisième ordre différentes l'une de l'autre, dont les cordes communes forment un système réglé, ont au plus quatre points communs.

Quatre faisceaux projectifs de plans du premier ordre, situés d'une manière quelconque dans l'espace, engendrent, quand on les prend trois à trois, quatre courbes gauches du troisième ordre; deux quelconques de ces dernières sont situées sur une surface réglée, engendrée par deux des faisceaux projectifs de plans, elles ont un système de cordes communes et par suite au plus quatre points communs. Il résulte de là que :

En général, il y a au plus quatre points où se coupent quatre plans homologues de quatre faisceaux de plans projectifs.

On peut encore citer ici le théorème suivant :

Par six points S, S₁, A, B, C, D, dont quatre ne sont pas situés dans un même plan, on ne peut faire passer qu'une seule courbe gauche du troisième ordre.

En effet, les deux cônes du second ordre qui projettent la courbe des deux points S et S₁, sont complètement déterminés par les rayons qui joignent chacun de ces points aux cinq autres. On peut construire très facilement la courbe en joignant trois des six points par des cordes et en procédant comme dans les problèmes précédents.

Deux courbes gauches du troisième ordre ne peuvent donc avoir plus de cinq points communs, sans coïncider.

On démontre d'une manière absolument analogue le théorème qui suit :

Une courbe gauche du troisième ordre est complètement déterminée par cinq de ses points et la tangente en l'un d'eux, par quatre points et les tangentes en deux d'entre eux, ou par trois points et les tangentes en ces points.

En effet, soient par exemple A,B,C trois points de la courbe et a,b,c les tangentes en ces points, le cône en second ordre qui projette la courbe du point A, doit passer par les trois rayons a, $\overline{AB}$, $\overline{AC}$ et être tangent suivant ces deux derniers aux plans $\overline{Ab}$ et $\overline{Ac}$. Il est donc complètement déterminé et il en est de même pour les cônes du second ordre qui projettent la courbe de B ou de C.

Une courbe gauche du troisième ordre est en général complètement déterminée, quand on donne deux de ses points et quatre de ses cordes, ou trois points et trois cordes, ou cinq points et une corde.

En effet, dans le premier cas, la collinéation des deux gerbes qui projettent le système des cordes de la courbe gauche des deux points donnés est en général complètement déterminée par les quatre couples de plans homologues qui se coupent suivant les quatre cordes données. Quand trois des quatre cordes forment un triangle, la courbe passe par ses sommets; c'est ce qui justifie le troisième cas. Le second cas a été traité précédemment.

Transportons tous les résultats obtenus jusqu'ici á la forme de rayons engendrés par deux systèmes collinéaires plans Σ et Σ_1, nous aurons l'énoncé qui suit :

Deux systèmes collinéaires plans Σ et Σ_1, non situés dans le même plan et n'ayant aucun élément correspondant commun, engendrent un système de rayons de première classe et de troisième ordre et de plus un faisceau de plans du troisième ordre. Chaque rayon du système joint deux points homologues et chaque plan du faisceau du troisième ordre deux droites homologues de Σ et Σ_1. Nous dirons que chaque rayon du système est un axe du faisceau de plans du troisième ordre et que ce dernier est le faisceau double *du système de rayons. En général, un plan quelconque ne contient qu'un seul axe du faisceau de plans du troisième ordre; c'est seulement quand le plan appartient au faisceau qu'il renferme une infinité d'axes; ceux-ci forment un faisceau de rayons du second ordre et sont les intersections du plan donné avec tous les autres plans du faisceau du troisième ordre. Chaque plan de ce faisceau contient un axe par lequel ne passe pas de second plan du faisceau; on le nomme le* rayon de contact *du plan et le point de cet axe, qui n'est situé sur aucun autre axe, est dit le* point de contact *du plan. Par chaque point de l'espace, il passe au plus trois plans réels et au moins un plan réel du faisceau, et le même nombre d'axes réels du faisceau. Le faisceau de plans du troisième ordre est coupé par deux quelconques de ses axes suivant des ponctuelles projectives, chaque plan du faisceau donnant deux points homologues des ponctuelles. Le système d'axes est coupé par deux plans quelconques de son faisceau double suivant deux systèmes plans collinéaires, chaque plan du faisceau double donnant deux rayons homologues et chaque rayon du système d'axes deux points homologues des systèmes collinéaires. Trois ponctuelles projectives, dont les lieux a_1, a_1, a_2 ne sont pas situés dans un même plan, engendrent en général un faisceau de plans du troisième ordre, dont a_1, a_1, a_2 sont trois axes; une ponctuelle rectiligne et un système réglé projectifs donnent les mêmes résultats. Par six plans, dont* *quatre ne passent pas par un même point, on ne peut faire passer qu'un seul faisceau de plans du troisième ordre, etc.*

Nous pouvons distinguer plusieurs espèces de courbes gauches du troisième ordre, comme nous l'avons fait pour les coniques, en ayant égard au nombre et à la position de leurs points à l'infini. Nous pouvons appeler *asymptotes* les tangentes aux points à l'infini et *plans asymptotiques* les plans osculateurs en ces points. La courbe gauche du troisième ordre est projetée de chacun de ses points à l'infini suivant une surface cylindrique du second ordre. La courbe gauche est coupée par le plan à l'infini en trois points, ou elle n'a avec lui qu'un seul point commun, ou bien elle le coupe en un point et lui est tangente en un autre point, ou enfin le plan à l'infini est un plan osculateur en l'un de ses points. Nous avons d'après cela quatre espèces de courbes gauches du troisième ordre auxquelles *Seydewitz* a donné les noms suivants :

1° *L'hyperbole gauche.* Elle a trois points à l'infini dont les asymptotes et les plans asymptotiques sont à l'infini. Elle est l'intersection de trois cylindres hyperboliques dont les plans asymptotiques sont parallèles deux à deux.

1° *L'ellipse gauche* (fig. 15). Elle n'a qu'un point à l'infini avec une asymptote et un plan asymptotique à l'infini. Par cette courbe on ne peut faire passer qu'un seul cylindre qui est du genre elliptique.

3° *L'hyperbole parabolique* a deux points à l'infini ; l'une de ses asymptotes est à l'infini ; l'autre au contraire et les deux plans asymptotiques sont à distance finie. On peut, par l'hyperbole parabolique, faire passer un cylindre parabolique et un cylindre elliptique.

4° *La parabole gauche* n'a qu'un seul point à l'infini dont l'asymptote et le plan asymptotique sont à l'infini. On ne peut faire passer par elle qu'un seul cylindre, qui est du genre parabolique.

TREIZIÈME LEÇON.

Projectivité et polarité des courbes gauches et des faisceaux de plans du troisième ordre.

La plupart des théorèmes établis jusqu'ici pour les courbes gauches et les faisceaux de plans du troisième ordre peuvent s'énoncer bien plus simplement, si l'on étend la notion de projectivité à ces formes. À cet effet, nous poserons les définitions suivantes :

Quatre points d'une courbe gauche k^3 du troisième ordre sont appelés *points harmoniques*, s'ils sont projetés d'une corde quelconque, et par suite (II, page 100) de toutes les cordes de la courbe suivant quatre plans harmoniques et d'un point quelconque S de la courbe suivant quatre rayons harmoniques d'un cône du second ordre Sk^3.

Quatre plans d'un faisceau K^3 du troisième ordre sont appelés *plans harmoniques*, s'ils sont coupés par l'un quelconque, et par suite par tous les axes du faisceau suivant quatre points harmoniques, et par un plan quelconque σ du faisceau suivant quatre rayons harmoniques d'un faisceau σK^3 du second ordre.

Nous donnerons en outre aux courbes gauches et aux faisceaux de plans du troisième ordre le nom de *formes élémentaires du troisième ordre*.

Les définitions et théorèmes généraux énoncés antérieurement pour les formes élémentaires du premier et du second ordre (I, pages 129 et 131) trouvent immédiatement leur application ici ; par exemple :

Deux courbes gauches du troisième ordre, projectives et situées l'une sur l'autre ont tous leurs points correspondants communs, ou bien elles en ont au plus deux.

La courbe gauche du troisième ordre k^3 est projetée de chacune de ses cordes a suivant un faisceau de plans du premier ordre perspectif à k^3 et de chacun de ses points S suivant un cône Sk^3 du second ordre qui lui est perspectif. Deux faisceaux de plans a et a_1 perspectifs à k^3 engendrent un cône ou un système réglé perspectif à la courbe suivant que leurs axes se rencontrent ou ne se rencontrent pas.

Beaucoup des théorèmes qui précèdent peuvent maintenant être réunis ensemble ainsi qu'il suit :

Tous les faisceaux de plans, cônes du second ordre et systèmes réglés perspectifs à une courbe gauche du troisième ordre, sont projectifs entre eux.	*Toutes les ponctuelles, tous les faisceaux de rayons du second ordre et les systèmes réglés perspectifs à un faisceau de plans du troisième ordre, sont projectifs entre eux.*

Pour rapporter deux courbes gauches k^3 et k_1^3 du troisième ordre projectivement l'une à l'autre de telle sorte qu'aux points A,B,C de k correspondent respectivement les points A_1,B_1,C_1 de k_1^3, nous rapporterons projectivement l'un à l'autre deux faisceaux de plans perspectifs l'un u à k^3, l'autre v_1 à k_1^3, de manière que les plans $\overline{uA}$, $\overline{uB}$, $\overline{uC}$ du premier aient respectivement pour correspondants les plans $\overline{v_1A_1}, \overline{v_1B_1}, \overline{v_1C_1}$ du second. Les points de la courbe qui seront projetés par deux plans homologues des faisceaux se correspondront alors deux à deux. — Les courbes gauches projectives sont en même temps des formes homologues de deux systèmes collinéaires de l'espace. En effet, soient D,E,F trois nouveaux points de la courbe k^3 auxquels correspondent les points D_1,E_1,F_1 de k_1^3, nous pouvons rapporter collinéairement l'un à l'autre deux systèmes de l'espace Σ et Σ_1, de manière qu'aux cinq points A,B,C,D,E de Σ correspondent respectivement les cinq points A_1,B_1,C_1,D_1,E_1 de Σ_1. Au faisceau de plans $\overline{AB}$ (CDEF) correspond alors le faisceau $\overline{A_1B_1}$ ($C_1D_1E_1F_1$) qui lui est projectif, par suite au plan $\overline{ABF}$ de Σ correspond aussi le plan $\overline{A_1B_1F_1}$ de Σ_1 ; et l'on peut démontrer de même que tout autre plan de Σ qui réunit le point F à un côté quelconque du pentagone ABCDE a pour correspondant le plan de Σ_1 qui joint F_1 au côté correspondant du pentagone $A_1B_1C_1D_1E_1$. Comme d'après cela le point F de Σ qui est l'intersection de trois de ces plans a pour correspondant le point F_1 de Σ_1 qui est l'intersection des trois plans homologues aux précédents, la courbe k^3 sur laquelle sont situés les six points A,B,C,D,E,F doit avoir pour correspondante la courbe k_1^3 qui réunit les six points homologues A_1,B_1,C_1,D_1,E_1,F_1; car par six points de l'espace on ne peut faire passer qu'une seule courbe gauche du troisième ordre.

Une courbe gauche involutive du troisième ordre est projetée de chacun de ses points suivant une surface conique involutive du second ordre et les rayons conjugués de cette dernière sont d'après cela situés deux à deux dans un même plan avec une droite g, qui passe par le sommet du cône, mais qui n'est pas située sur sa surface (I, page 147).

Les points conjugués de la courbe gauche sont donc situés deux à deux dans un même plan avec g, et les droites qui les joignent appartiennent à un système réglé de cordes dont g est une directrice. Si la courbe involutive a deux points doubles, leurs tangentes appartiennent aussi à cette surface réglée; elles séparent sur la surface réglée les cordes propres des cordes impropres. Si nous avons égard aux théorèmes précédents, on déduit de là, en passant, que :

Si l'on fait passer une surface réglée par une courbe gauche du troisième ordre, tout rayon de l'un des systèmes réglés de cette surface est une corde de la courbe, tandis que tout rayon du second système réglé ne coupe la courbe qu'en un seul point. Les points de la courbe sont accouplés involutivement par les rayons du premier système; chaque rayon de ce système est une corde propre ou bien deux d'entre eux sont tangents à la courbe et séparent les cordes propres des cordes impropres.

Les théorèmes de Pascal et de Brianchon nous conduisent à d'autres propriétés importantes des courbes gauches et des faisceaux de plans du troisième ordre. Nous allons auparavant faire quelques remarques sur les courbes gauches du troisième ordre déterminées par deux points S,S_1 et quatre cordes quelconques a,b,a_1,b_1 (voir II, page 105).

Nous établirons entre les quatre cordes un certain ordre de succession de manière qu'elles soient projetées dans la gerbe à partir de S,S_1 et d'un point quelconque S_2 de la courbe suivant un angle quadrarète et que chaque couple de cordes a,a_1, et b,b_1 donne un couple de faces opposées de cet angle quadrarète. Dans chacun de ces angles nous joignons par un plan les deux rayons suivant lesquels se coupent les deux faces opposées, et nous obtenons ainsi dans les gerbes S,S_1 et S_2 les plans σ,σ_1 et σ_2. Ce sont des plans homologues des gerbes et, par conséquent, ils se coupent suivant une seule et même corde s. Si le point S_2 se meut sur la courbe gauche, le plan σ_2 tourne autour de la corde s. Cette propriété sert de base à *une construction extrêmement simple de la courbe gauche du troisième ordre.*

Soit une courbe gauche du troisième ordre donnée par deux points S,S_1 *et deux couples de cordes* a,a_1 *et* b,b_1. *Nous menons par* S *un premier rayon qui rencontre* a *et* a_1 *et un second rayon qui coupe* b *et* b_1 *et nous joignons ces deux rayons par un plan* σ. *Nous menons de même par* S_1 *un plan* σ_1, *passant par deux rayons issus de* S_1 *et rencontrant : le premier* a,a_1 *et le second* b,b_1, *et nous déterminons la droite d'intersection* s *des plans* σ *et* σ_1. *Tout plan* σ_2 *conduit par* s *coupe les cordes* a,a_1 *et* b,b_1 *en deux couples de points* A,A_1 *et* B,B_1; *les droites* $\overline{AA_1}$ *et* $\overline{BB_1}$ *qui joignent ces points se coupent en un point* S_2 *de la courbe gauche du troisième ordre.*

On reconnaît l'exactitude de cette construction en remarquant que la corde s et la courbe gauche cherchée du troisième ordre sont l'intersection des deux surfaces réglées qui joignent s avec a,a_1 et b,b_1.

Soit maintenant un hexagone inscrit dans la courbe gauche k^3 du troisième ordre; il est projeté d'un point quelconque S de la courbe suivant un angle sexarête inscrit dans le cône Sk^3 du second ordre. En ayant égard à ce qui précède, on déduit ainsi du théorème de Pascal que :

Tout hexagone inscrit dans une courbe gauche du troisième ordre est projeté d'un point quelconque S *de la courbe suivant un angle sexarête, dont les trois couples de faces opposées se coupent suivant trois droites menées dans un même plan* σ. *Lorsque* S *se meut sur la courbe, le plan* σ *tourne autour d'une corde fixe* s.

Cette corde s est complètement déterminée déjà par deux couples de côtés opposés a,a_1 et b,b_1 de l'hexagone; les deux surfaces réglées qui unissent respectivement la courbe gauche aux couples de cordes a,a_1 et b,b_1 se coupent suivant la corde s.

Parmi les autres théorèmes qui découlent du théorème de Pascal, nous ne ferons usage que de celui relatif au triangle inscrit (I, page 83) pour en déduire le théorème suivant sur les courbes gauches du troisième ordre :

Soit SABC *un tétraèdre inscrit à la courbe gauche* k^5 *du troisième ordre et soient* S_1, A_1, B_1, C_1 *les points où les tangentes en* S,A,B,C *coupent respectivement les faces opposées; les points* S_1, A_1, B_1, C_1 *déterminent un second tétraèdre qui est en même temps inscrit et circonscrit au premier. Le plan* $\overline{A_1 B_1 C_1}$, *par exemple, passe par* S; *il tourne autour d'une corde impropre* s, *quand* S *se meut sur la courbe* k^5 *sans que les points* A,B,C, *changent de position.*

En effet, le triangle ABC est projeté de S suivant un angle triarète inscrit à la surface conique Sk^5 du second ordre et les tangentes aux points A,B,C sont elles-mêmes projetées suivant les plans tangents le long des trois arêtes $\overline{SA}$, $\overline{SB}$, $\overline{SC}$ du cône. Les trois rayons $\overline{SA_1}$, $\overline{SB_1}$, $\overline{SC_1}$ suivant lesquels les faces de cet angle trièdre sont coupées par les plans tangents aux arêtes opposées doivent donc se trouver dans un même plan $\overline{A_1 B_1 C_1}$. Remplaçons S par un autre point S_1 de la courbe; au lieu de $\overline{A_1 B_1 C_1}$ nous avons un autre plan $\overline{A^1_1 B^1_1 C^1_1}$; ces deux plans se coupent suivant une corde s, puisqu'ils se correspondent dans les gerbes collinéaires qui projettent la courbe gauche du troisième ordre et son système de sécantes des points S et S_1. La corde s est impropre; en effet, le plan $\overline{S A_1 B_1 C_1}$ n'a aucun rayon réel commun avec le cône Sk^5 puisqu'il est séparé harmoniquement de chaque face de l'angle triarète S (ABC) par le rayon polaire de la face et les plans tangents des arêtes opposées.

On peut faire une application très importante de ces théorèmes aux plans osculateurs d'une courbe gauche du troisième ordre.

Désignons par a,b,c les tangentes $\overline{AA_1}$, $\overline{BB_1}$, $\overline{CC_1}$ aux points A,B,C et par P le point où la corde s est rencontrée par le plan $\overline{ABC}$.[1] Comme on vient de le démontrer, la droite d'intersection des plans $\overline{SBC}$ et $\overline{Sa}$ doit être dans un même plan avec la corde s, quelle que soit la position du point S sur la courbe. Le point S s'approchant indéfiniment de A, le plan $\overline{Sa}$ devient le plan osculateur du point A, $\overline{SBC}$ devient le plan $\overline{ABC}$ et la droite d'intersection de ces deux plans doit coïncider avec $\overline{AP}$ puisqu'elle doit couper constamment la droite s. On voit de même que les plans osculateurs des points B et C doivent passer par le point P; donc :

Les plans osculateurs de trois points quelconques A,B,C *d'une*

---

1. La corde s ne peut être contenue dans le plan $\overline{ABC}$, parce que ce dernier ne peut renfermer au plus que trois cordes ($\overline{AB}$, $\overline{BC}$ et $\overline{CA}$).

courbe gauche du troisième ordre se coupent en un point P *situé dans le plan des points* A,B,C; *il passe par ce même point une sécante impropre de la courbe.*

On déduit immédiatement de là que :

La courbe gauche du troisième ordre est de troisième classe, c'est-à-dire que, par aucun point P *de l'espace, il ne passe plus de trois de ses plans osculateurs et, par aucune droite, plus de deux de ces plans.*

Car si les plans osculateurs de quatre points A,B,C,D passaient par P, les points C,D devraient aussi être situés dans le plan $\overline{ABP}$; ce qui est impossible, puisque le plan ne peut avoir plus de trois points communs avec la courbe gauche du troisième ordre.

Une deuxième conséquence immédiate du théorème précédent constitue la première partie de la double proposition qui suit :

Quatre points d'une courbe gauche du troisième ordre constituent un tétraèdre, et leurs quatre plans osculateurs un autre tétraèdre; chacun d'eux est à la fois inscrit et circonscrit à l'autre.	Quatre plans d'un faisceau de plans du troisième ordre constituent un tétraèdre et leurs quatre points de contact un autre tétraèdre; chacun de ces tétraèdres est à la fois inscrit et circonscrit à l'autre.

On peut, au moyen de ce théorème, construire le plan osculateur en chaque point d'une courbe gauche du troisième ordre, du moment qu'on connaît les plans osculateurs de trois points. On voit de plus que la situation relative de quatre points d'une courbe gauche du troisième ordre et de leurs quatre plans osculateurs est la même que celle de quatre points de contact d'un faisceau de plans du troisième ordre et de leurs quatre plans correspondants. Cette remarque nous conduit à la propriété fondamentale suivante des courbes gauches et faisceaux de plans du troisième ordre :

Tous les plans osculateurs d'une courbe gauche du troisième ordre k^3 *forment un faisceau de plans du troisième ordre.*	*Tous les points de contact d'un faisceau de plans du troisième ordre forment une courbe gauche du troisième ordre.*

Soient α,β,γ les plans osculateurs des points A,B,C de la courbe et P

eur point d'intersection situé dans $\overline{ABC}$. Lorsque le point C parcourt
la courbe gauche k^5, le plan $\overline{ABC}$ décrit un faisceau de plans $\overline{AB}$ perspectif à k^5; en même temps, il coupe dans chacune de ses positions la
droite $\overline{\alpha\beta}$ en un point P, par lequel doit passer le plan osculateur γ du
point C. Le faisceau de plans $\overline{AB}$, décrit par $\overline{ABC}$, est donc aussi perspectif
à la ponctuelle $\overline{\alpha\beta}$ que le point $\alpha\beta\gamma$ ou P décrit dans le mouvement
simultané du plan osculateur γ. Remplaçons A et B par deux autres
points fixes quelconques A_1 et B_1 de la courbe et remarquons que les
deux faisceaux de plans $\overline{AB}$ et $\overline{A_1B_1}$, qui sont tous deux perspectifs à la
courbe k^5, sont projectifs entre eux; nous voyons alors que :

Les plans osculateurs d'une courbe gauche du troisième ordre rap-
portent projectivement entre elles toutes les ponctuelles suivant les
lieux desquelles se coupent deux quelconques de ces plans osculateurs
(α,β ou α_1,β_1).

Choisissons trois quelconques de ces ponctuelles projectives, qui ne
soient pas situées dans un même plan; elles engendrent tous les plans
osculateurs, trois points homologues déterminant chacun de ces plans.
D'autre part, nous savons déjà que les trois ponctuelles engendrent un
faisceau de plans du troisième ordre (II, page 106); il est donc démontré
que les plans osculateurs d'une courbe gauche du troisième ordre constituent un faisceau de plans du troisième ordre.

Ce théorème et un grand nombre des précédents font entrevoir une
analogie remarquable entre les courbes gauches du troisième ordre et
les coniques. Cette analogie ressort encore mieux de ce fait que toute
courbe gauche du troisième ordre détermine un système focal, de même
que toute conique détermine un système polaire plan. Ainsi :

Une courbe gauche du troisième ordre k^5 et le faisceau des plans
qui l'osculent peuvent être regardés comme deux formes conjuguées
d'un système focal, dans lequel chaque point est conjugué à son plan
osculateur et chaque tangente conjuguée à elle-même. La courbe gau-
che k^5 a reçu le nom de courbe double *du système focal qu'elle déter-*
mine.

Si ce théorème est exact, la proposition précédente se trouvera démontrée une seconde fois par son moyen. En effet, dans deux espaces
réciproques, toute courbe gauche du troisième ordre a pour forme correspondante un faisceau de plans du troisième ordre; et par conséquent,
dans le système focal, la courbe gauche du troisième ordre a pour conjugué un faisceau de plans du troisième ordre.

On peut prouver comme il suit l'existence du système focal dont il
nt d'être question. Soient A,B,C,D,E,F six points quelconques de la
urbe gauche k^3 et $\alpha,\beta,\gamma,\delta,\varepsilon,\varphi$ leurs plans osculateurs respectifs. Nous
avons rapporter réciproquement l'un à l'autre deux systèmes Σ et Σ_1
l'espace de telle manière qu'aux cinq points A,B,C,D,E de Σ corres-
ndent respectivement les cinq plans $\alpha,\beta,\gamma,\delta,\varepsilon$. La ponctuelle $\overline{\alpha\beta}$ de Σ_1
respond alors au faisceau de plans $\overline{AB}$ de Σ et en est une section,
rce que trois points de $\overline{\alpha\beta}$, à savoir $\alpha\beta\gamma$, $\alpha\beta\delta$ et $\alpha\beta\varepsilon$ sont situés dans
plans $\overline{ABC}$, $\overline{ABD}$, $\overline{ABE}$ du faisceau $\overline{AB}$ qui leur correspondent
, page 113). Pour la même raison, tout autre point de Σ_1, commun
deux des plans $\alpha,\beta,\gamma,\delta,\varepsilon$ est situé dans le plan qui lui correspond
ns Σ. Deux systèmes réciproques de l'espace, Σ et Σ_1, forment un système
al tel que tout point de Σ_1 soit situé sur le plan correspondant de Σ,
bien tous les points de Σ_1, pour lesquels ceci a lieu, sont situés sur
e surface du second ordre. Dans le cas actuel, cette dernière hypo-
èse ne peut se réaliser, parce que la surface du second ordre devrait
oir quatre droites communes avec chacun des cinq plans $\alpha,\beta,\gamma,\delta,\varepsilon$,
r exemple, elle aurait avec α les droites $\overline{\alpha\beta}$, $\overline{\alpha\gamma}$, $\overline{\alpha\delta}$, $\overline{\alpha\varepsilon}$ communes, ce
i est impossible. En conséquence, les systèmes réciproques Σ et Σ_1
nstituent un système focal et tout point quelconque F de la courbe
uche k^3 a pour conjugué un plan φ^1 qui passe par lui. Comme F est
ué dans le plan $\overline{ABF}$, φ^1 doit passer par le pôle de ce plan, c'est-à-
re par le point d'intersection de la droite $\overline{\alpha\beta}$ avec le plan $\overline{ABF}$; mais
plan osculateur φ du point F passe par ce même point et de même
s droites $\overline{\alpha\gamma}$, $\overline{\alpha\delta}$, $\overline{\alpha\varepsilon}$, etc., doivent avoir avec φ^1 les mêmes points
mmuns qu'avec φ; donc φ^1 doit coïncider avec φ. Tout point F de la
urbe a donc pour conjugué son plan osculateur φ et, comme la tan-
nte en F est située dans φ, elle est conjuguée à elle-même et est une
rectrice du système focal.

Deux gerbes collinéaires S et S_1, qui engendrent la courbe gauche k^3
son système de sécantes, ont pour conjugués dans le système focal
ux systèmes collinéaires plans σ et σ_1 qui engendrent le faisceau de
ans du troisième ordre, qui oscule k^3, et tous ses axes. Toute corde
 la courbe a donc pour conjugué un axe du faisceau de plans et à
ute sécante impropre correspond un axe impropre. Comme le point
intersection de trois plans osculateurs réels de la courbe gauche est
ujours situé sur une sécante impropre (II, page 113), on voit que :

Un plan quelconque contient un axe propre ou un axe impropre

du faisceau de plans, suivant qu'il coupe la courbe gauche du troi-
sième ordre en un seul point réel ou en trois points réels.

Chaque tangente fait partie du système de cordes de la courbe et par
suite aussi du système d'axes du faisceau de plans du troisième ordre,
puisqu'elle est conjuguée à elle-même. En passant, on déduit de là
que :

Toutes les tangentes d'une courbe gauche du troisième ordre sont
projetées d'un point quelconque S *de la courbe suivant un faisceau*
de plans du second ordre et sont coupées par un plan osculateur quel-
conque σ *suivant une ponctuelle du second ordre.*

La première partie de ce théorème a été démontrée précédemment
(II, page 102) ; la seconde partie en est la conséquence. Comme la parabole cubique a un plan osculateur à l'infini, on voit en particulier que :

Les tangentes et les plans osculateurs d'une parabole gauche sont
parallèles aux rayons et aux plans tangents d'un cône du second
ordre.

La courbe gauche du troisième ordre et le faisceau de plans du troisième ordre qui l'oscule, étant des formes conjuguées l'une à l'autre
dans le système focal, sont aussi projectifs. Une troisième forme quelconque perspective à l'une d'elles doit donc être projective à l'autre.

Une courbe gauche du troisième ordre est déterminée, quand on
connaît trois de ses points S, S_1, A et les tangentes et les plans osculateurs en deux d'entre eux. Car la courbe est projetée de chacun de ces
deux points suivant un cône du second ordre dont on peut immédiatement trouver trois rayons et les plans tangents le long de deux d'entre
eux ; ces cônes sont donc connus et se coupent suivant la courbe gauche.
Le théorème réciproque est le suivant :

Un faisceau de plans du troisième ordre est déterminé par trois de
ses plans et les rayons et points de contact de deux d'entre eux.

On énonce généralement ce théorème ainsi qu'il suit :

Une courbe gauche du troisième ordre est déterminée par deux de
ses points, leurs tangentes et leurs plans osculateurs et par un troi-
sième plan osculateur.

Nous allons énoncer sous une forme analogue les réciproques de quelques-uns des théorèmes démontrés précédemment. Nous les réunissons
ensemble ainsi qu'il suit :

Une courbe gauche du troisième ordre est déterminée en général
quand on donne :

1° *Six plans osculateurs*; 2° *cinq plans osculateurs et la tangente de l'un d'eux*; 3° *quatre plans osculateurs et les tangentes de deux d'entre eux*; 4° *trois plans osculateurs et leurs tangentes*; 5° *deux plans osculateurs et quatre axes* (II, page 106); 6° *trois plans osculateurs et trois axes*; 7° *cinq plans osculateurs et un axe*, etc.

On peut, dans chacun des cas énoncés, construire facilement la courbe gauche ou plutôt le faisceau de plans du troisième ordre qui l'oscule. Soient donnés, par exemple, dans le cinquième cas, les plans osculateurs Σ et Σ_1 et les quatre axes a,b,c,d; nous rapportons les deux systèmes plans Σ et Σ_1 collinéairement l'un à l'autre de manière que chacun des axes a,b,c,d contienne deux points homologues de Σ et Σ_1. Les deux systèmes collinéaires engendrent alors le faisceau de plans du troisième ordre et son système d'axes. Les cas d'exception, où la construction est impossible ou bien où la courbe se décompose, se reconnaissent d'eux-mêmes.

QUATORZIÈME LEÇON.

Points conjugués par rapport à une courbe gauche du troisième ordre.

Nous ne pouvons pas abandonner la théorie des courbes gauches du troisième ordre, sans faire connaître une propriété essentielle dont elles jouissent et dont nous ferons un très fréquent usage dans la suite. Nous avons démontré qu'il existe une infinité de surfaces réglées et de cônes du second ordre qui se coupent suivant la courbe gauche du troisième ordre; nous savons en effet que la courbe peut être réunie à deux quelconques de ses cordes au moyen d'une pareille surface réglée du second ordre. Nous ajoutons maintenant que :

Les plans polaires d'un point quelconque A, *par rapport à toutes les surfaces du second ordre menées par la courbe gauche* k^3 *du troisième ordre, se coupent en un même point* A_1 *situé sur la corde de la courbe qui passe par le point* A.

Si A est un point de la courbe, sa tangente a touche la courbe k^3 et par suite aussi toutes les surfaces du second ordre menées par k^3. Dans ce cas, tous les plans polaires du point A passent donc par la tangente a et un point quelconque A_1 de cette dernière peut être regardé comme le point d'intersection de ces plans polaires. Si A n'est pas situé sur k^3, il passe par A une seule sécante s de la courbe. Supposons d'abord que ce soit une sécante propre, qui ait deux points M et N communs avec la courbe; le point A_1 de s, qui est harmoniquement séparé de A par M et N, doit se trouver dans tous ces plans polaires. La corde s peut aussi être tangente à la courbe k^3 en un point S; elle est alors tangente en S à toutes les surfaces du second ordre menées par k^3 et tous les plans polaires de A se coupent au point S, qui dans ce cas est identique avec A_1. Nous n'avons donc plus à démontrer le théorème que pour le cas où la corde s est impropre.

Soient F^2 et F_1^2 deux surfaces du second ordre menées par k^3 et supposons que F^2 soit un cône. Nous joignons le point A au sommet de ce cône par une droite g et nous cherchons les plans polaires de tous les points de g par rapport à F^2 et F_1^2. Nous obtenons alors un seul plan polaire γ par rapport à la surface F^2 et un faisceau g_1 de plans polaires par rapport à F_1^2; ce dernier est projectif à la ponctuelle g.

Toutes les cordes, qu'on peut mener des points de la droite g à la courbe gauche du troisième ordre, forment un système réglé perspectif à g, qui sera coupé par le plan γ suivant une ponctuelle du premier ou du second ordre projective à g et conséquemment à g_1. Nous savons déjà que toute corde *propre* du système réglé a avec γ un point commun, situé sur le plan qui lui correspond dans g_1; cette ponctuelle doit donc être perspective au faisceau de plans g_1, parce qu'une infinité de ses points sont situés dans les plans qui leur correspondent. Les plans polaires de A par rapport à toutes les surfaces du second ordre F_1^2, menées par k^3, passent donc par le point A_1, où la corde $\overline{AA_1}$ ou s est coupée par le plan g.

Le système de cordes perspectif à g est en général coupé par le plan γ suivant une courbe du second ordre qui passe par le centre de la surface conique F^2. C'est seulement dans le cas où g est situé dans le plan osculateur de ce centre, et où par suite la tangente en ce point appartient au système de cordes, que cette courbe du second ordre se décompose en deux droites, qui sont cette tangente et une directrice g' du système de cordes; en effet, γ étant le plan polaire de g par rapport au cône F^2, γ doit contenir les rayons de contact des deux plans tangents menés par g à F^2 et l'un de ces rayons est la tangente de la courbe gauche du troisième ordre.

Pour abréger, nous dirons que deux points sont *conjugués* par rapport à la courbe gauche k^3 du troisième ordre, quand ils sont, comme A et A_1, conjugués par rapport à toutes urface du second ordre passant par k^3. Nous dirons de même que deux plans sont conjugués par rapport à un faisceau de plans du troisième ordre, quand ils sont conjugués par rapport à toute surface réglée ou autre du second ordre inscrite dans le faisceau de plans. Il résulte alors de notre démonstration que :

Toute droite, qui joint deux points A et A_1 conjugués par rapport à une courbe gauche k^3 du troisième ordre, est une corde de k^3. Si la corde $\overline{AA_1}$ coupe la courbe en deux points réels M et N, les points A et A_1 sont harmoniquement séparés par ces points M et N. Si $\overline{AA_1}$ est tangente à la courbe, l'un des points A et A_1 coïncide avec le point de contact. Un point de la courbe gauche est conjugué à chacun des points de sa tangente et par suite aussi il est conjugué à lui-même. Les points d'une corde sont accouplés involutivement, quand on fait correspondre deux à deux les points conjugués situés sur cette corde.

La droite d'intersection de deux plans α et α_1, conjugués par rapport à un faisceau de plans du troisième ordre, est un axe du faisceau. S'il passe par $\overline{\alpha\alpha_1}$ deux plans réels μ et ν du faisceau de plans, les plans α et α_1 sont harmoniquement séparés par μ et ν. Si $\overline{\alpha\alpha_1}$ est un rayon de contact du faisceau, l'un des plans α et α_1 coïncide avec le plan du faisceau qui passe par $\overline{\alpha\alpha_1}$. Un plan du faisceau est conjugué à tout plan qui passe par son rayon de contact, et par suite aussi il est conjugué à lui-même. Les plans passant par un axe sont accouplés involutivement, quand on fait correspondre deux à deux les plans conjugués qui passent par cet axe.

Si une droite g *coupe la courbe gauche du troisième ordre en un seul point* P, *tous les points qui sont conjugués aux points de* g *sont en général situés sur une courbe du second ordre passant par* P, *et le point* P *lui-même a pour conjugués tous les points de sa tangente* p. *Il résulte de là que les polaires de la droite* g, *par rapport à toutes les surfaces du second ordre qui contiennent la courbe gauche, doivent couper la courbe du second ordre et aussi la tangente* p; *ces polaires forment donc un système de rayons de premier ordre et de seconde classe.*

Si la droite g *est située dans le plan osculateur du point* P, *ses points sont conjugués à ceux d'une autre droite* g′ *qui coupe la courbe gauche en un point* P′. *La droite* g′ *est située dans le plan osculateur de* P′ *et coupe la tangente du point* P; *de même,* g *coupe aussi la tangente de* P′. *Les polaires de* g *par rapport à toutes les surfaces du second ordre qui passent par la courbe gauche forment un système de rayons de premier ordre et de première classe, dont les axes sont* g′ *et la tangente du point* P.

Les points milieux de toutes les cordes d'une courbe gauche du troisième ordre, qui sont parallèles à un plan asymptotique, sont situés sur une droite qui coupe la courbe gauche; en effet, ils sont conjugués aux points à l'infini du plan asymptotique.

Soit l une droite absolument quelconque et soient l_1, l_2, l_3 ses polaires par rapport à trois surfaces du second ordre menées par la courbe gauche. Les polaires de tous les points de l forment alors trois faisceaux de plans l_1, l_2, l_3, projectifs à la ponctuelle l et par suite projectifs entre eux, et qui par conséquent engendrent en général une courbe gauche du troisième ordre. Les droites l_1, l_2, l_3, sont des cordes de cette nouvelle courbe gauche du troisième ordre et chacun de ses points est conjugué à un point de l. Donc :

Les points conjugués des points d'une droite quelconque l, *par rapport à une courbe gauche* k³ *du troisième ordre, sont en général situés sur une deuxième courbe gauche du troisième ordre, et toutes les polaires de* l, *par rapport aux surfaces du second ordre qui passent par* k³, *appartiennent au système de cordes de cette seconde courbe.*

C'est seulement quand l est une corde de la courbe gauche k^3, ou quand elle a avec k^3 un point commun, que ce théorème comporte des cas d'exception traités dans les propositions qui précèdent.

Si l'on considère la courbe gauche k^3 comme une courbe double d'un système focal, si par suite elle est conjuguée au faisceau de plans K^3 du troisième ordre qui l'oscule, les points qui sont conjugués deux à deux par rapport à la courbe k^3 ont pour conjugués dans le faisceau K^3 deux plans conjugués l'un à l'autre. On peut, d'après cela, trouver facilement les théorèmes réciproques de ceux qui précèdent. Nous ne mentionnons que la proposition qui suit :

Étant donnée une droite g, *qui coupe la courbe gauche* k³ *en un point* P *et qui est située dans le plan osculateur de ce point, on peut construire une droite* g′, *qui soit également coupée par* k³ *en un point* P′, *qui soit située dans le plan osculateur de* P′ *et qui soit telle que non seulement chaque point de* g *ait pour conjugué par rapport à* k³ *un point de* g′, *mais que tout plan passant par* g′ *soit conjugué par rapport à* K³ *à un plan passant par* g.

La première partie de cette proposition a été démontrée précédemment; la deuxième s'en déduit si l'on remarque que g et g' sont conjuguées à elles-mêmes dans le système focal.

Les points d'un plan γ ont pour conjugués par rapport à la courbe gauche k^3 les points d'une surface courbe Γ^3. Cette surface a en commun avec une droite l qui n'est pas située entièrement sur elle, trois points au plus ; elle est donc du troisième ordre. En effet, les points de l ont pour conjugués ceux d'une courbe gauche du troisième ordre, qui a au plus trois points communs avec le plan γ et qui ne se décompose en une droite et en une conique que dans des cas particuliers. La surface Γ^3 passe par la courbe gauche k^3, parce que γ contient un point de chacune des tangentes de cette courbe ; elle passe en outre par toutes les courbes gauches du troisième ordre conjuguées aux droites du plan γ. Soit A un point commun à γ et à la courbe k^3, Γ^3 passe par la tangente de A ; toute droite de γ, passant par A, a pour conjuguée une courbe du second ordre située sur la surface Γ^3 ; cette dernière peut donc aussi être décrite par une courbe variable du second ordre. Le plan osculateur du point A est coupé par γ suivant une droite qui a pour conjuguée une droite située sur Γ^3. Cette surface passe aussi par toute corde de la courbe k^3 qui est contenue dans γ.

Si, par exemple, un plan γ a les trois points A,B,C communs avec la courbe gauche k^3, il coupe la surface Γ^3 suivant les trois cordes $\overline{AB}$, $\overline{BC}$ et $\overline{CA}$; Γ^3 doit aussi contenir les tangentes des points A,B,C. Si l'on désigne par P le point de γ où se coupent les plans osculateurs des trois points A,B,C, la surface du troisième ordre Γ^3 passe par les trois droites dont les points sont conjugués à ceux de $\overline{PA}$, $\overline{PB}$ et $\overline{PC}$. Ces trois droites doivent se couper au point conjugué à P et être situées dans le plan conjugué à γ. Si le plan γ est osculateur à la courbe gauche k^3 en un point A, la surface Γ^3 est réglée et peut être décrite par une droite. Si γ passe à l'infini, on a ce théorème : *Les points milieux de toutes les cordes d'une courbe gauche du troisième ordre sont situés sur une surface du troisième ordre.*

Nous allons terminer cette leçon en démontrant ce théorème important :

Une courbe gauche k^3 *du troisième ordre peut être réunie à une corde quelconque* s *par une infinité de surfaces réglées du second ordre ; par tout point* P *extérieur à* k^3 *et* s *il ne passe qu'une seule de ces surfaces dont l'ensemble peut s'appeler un* faisceau de surfaces. *Les plans polaires d'un point quelconque* A, *par rapport à toutes les surfaces du faisceau, se coupent suivant une même droite.*

Par le point P passe une corde p de la courbe k^3, et p détermine avec la corde s une surface réglée ou un cône du second ordre (II, page 100) passant par k^3, qui fait partie du faisceau de surfaces et contient le point P.

Pour démontrer la dernière partie du théorème, nous distinguerons trois cas. Nous supposerons d'abord A situé sur la courbe gauche k^3; les plans polaires de ce point par rapport à toutes les surfaces du second ordre menées par k^3 se coupent alors suivant la tangente de A. Si de plus le point A est situé sur la corde s par laquelle passent toutes les surfaces du faisceau, ses plans polaires sont tangents en A aux surfaces correspondantes des faisceaux et par conséquent doivent tous passer par s. Si enfin le point A n'est situé, ni sur la courbe k^3, ni sur la corde s, tous ses plans polaires doivent d'abord passer par le point A_1 qui lui est conjugué. Nous pouvons immédiatement construire un deuxième point A_2 commun aux plans polaires de A dans le plan $\overline{As}$, pourvu que ce plan ne passe pas par la corde $\overline{AA_1}$, et qu'il ne soit pas tangent à la courbe gauche k^3 en un point de s et ne la coupe pas en un autre point. En effet, le plan $\overline{As}$ coupe alors la courbe en un point M, extérieur aux cordes $\overline{AA_1}$ et s, et A_2 est le point de la droite $\overline{AM}$ qui est harmoniquement séparé de A par M et s, et qui par suite est conjugué au point A par rapport à toutes les surfaces du faisceau.

Les plans polaires de A doivent donc passer par la droite $\overline{A_1A_2}$ et le théorème est démontré pour tout point A, dont la corde $\overline{AA_1}$ ne rencontre pas s en un point de la courbe et n'est pas contenue dans un plan tangent à la courbe k^3 mené par s.

Suivant que s sera une sécante impropre ou propre, nous n'aurons donc plus de démonstration à donner pour aucun point, ou bien nous devrons prouver le théorème pour les points situés sur les deux cônes du faisceau ou sur les deux plans tangents à k^3 menés par s.

Supposons maintenant A situé sur l'une de ces deux surfaces ou de ces plans tangents; soit g une droite quelconque passant par A et soient de plus F_1, F_2, F_3 trois surfaces quelconques du faisceau. Les plans polaires de tous les points de g par rapport aux surfaces F_1, F_2, F_3 forment trois faisceaux de plans g_1, g_2, g_3 projectifs à la ponctuelle g et conséquemment projectifs entre eux. Il y a une infinité de points de la droite g pour lesquels on a démontré le théorème, à savoir que leurs plans polaires par rapport au faisceau se coupent suivant une seule et même droite; donc les faisceaux de plans g_1, g_2 et g_3 doivent engendrer une seule et même forme de rayons du premier ou du second ordre; c'est en général un système réglé, auquel les faisceaux de plans sont perspectifs; il s'ensuit que les plans polaires du point A doivent se couper suivant une seule et même droite. On voit en même temps que :

Si un point se meut sur une droite g, *la droite suivant laquelle se coupent ses plans polaires par rapport aux surfaces du faisceau décrit en général un système réglé; les polaires de la droite* g *sont les directrices de ce système réglé.*

Le faisceau de surfaces est coupé par un plan quelconque suivant un faisceau de courbes du second ordre. Ce dernier a les propriétés suivantes, qui résultent de ce qu'on vient de démontrer.

Par chaque point du plan passe une conique du faisceau. Les polaires d'un point quelconque, par rapport à toutes les coniques du faisceau, passent par un seul et même point. Si deux coniques quelconques du faisceau se coupent ou sont tangentes en un point, toutes les coniques du faisceau doivent se couper ou être tangentes en ce même point; car le point est situé sur toutes ses polaires et, dans le dernier cas, ces dernières se confondent avec la tangente commune aux courbes.

Un point quelconque P du plan a donc pour conjugué par rapport à toutes les coniques du faisceau un point P_1 par lequel passent les polaires de P. Les polaires de tous les points d'une droite g par rapport à deux de ces coniques forment deux faisceaux de rayons projectifs à g; ces derniers engendrent une conique qui passe par les centres des faisceaux, c'est-à-dire par les pôles de g. Donc :

Les points d'une droite g *ont pour conjugués par rapport au faisceau de coniques les points d'une conique projective à* g, *qui passe par les pôles de* g *par rapport aux coniques du faisceau.*

La correspondance géométrique du second degré nous fera découvrir d'autres propriétés des faisceaux de coniques.

QUINZIÈME LEÇON.

Projectivité d'un système de rayons du premier ordre et d'un système plan. — Surfaces réglées du quatrième ordre engendrées par deux faisceaux projectifs de plans du second ordre.

Différents théorèmes de la onzième et de la douzième leçon, que nous allons prendre comme point de départ pour des recherches ultérieures, peuvent être réunis dans l'énoncé suivant :

Deux gerbes collinéaires S, S', qui ne sont ni perspectives ni concentriques, engendrent un système de rayons du premier ordre et, de plus, une courbe k^3 *du troisième ordre qui passe par tous les points d'intersection des rayons homologues des gerbes. Cette courbe* k^3 *contient tous les points singuliers du système de rayons, et chaque rayon de ce système est une corde (ou une tangente) de* k^3. *Le système de rayons est de la troisième, de la seconde ou de la première classe, suivant que la ligne* k^3 *est une courbe gauche du troisième ordre, qu'elle se décompose en une conique et une droite ou qu'elle se réduit à* $\overline{SS'}$ *et à deux autres droites* u, v. *Dans ce dernier cas,* u *et* v *peuvent être imaginaires conjuguées ou coïncider. La ligne* k^3 *passe par les centres des gerbes collinéaires S, S' et elle en est projetée par des cônes du second ordre qui, dans le second et le troisième des cas précités, peuvent aussi se décomposer en deux plans.*

Nous laissons au lecteur le soin de trouver les réciproques de ces théorèmes dont nous ferons également usage.

Rapportons maintenant réciproquement les gerbes S, S' à un système plan Σ_1 ; le système de rayons du premier ordre se trouve de la sorte rapporté projectivement à Σ_1. En effet, à tout point de Σ_1 correspondent dans les gerbes collinéaires deux plans homologues et leur droite d'intersection, qui fait partie du système de rayons, et toute ponctuelle rectiligne de Σ_1 a pour correspondante une surface conique ou réglée du second ordre engendrée par deux faisceaux homologues de plans de S et S′.

Au système de rayons formé par les cordes de la ligne k^3 correspondent ainsi les points du plan Σ_1 ; et en particulier, les points et les tangentes de k^3 ont pour correspondants les points et tangentes d'une conique $\varkappa_1^2$, projective à k^3 ; cette courbe de seconde classe se réduit à deux points, quand k^3 se décompose en une conique et une droite ou en trois droites. Une ponctuelle rectiligne de Σ_1 a pour correspondante dans le système de rayons une surface conique ou une surface réglée suivant que cette droite est ou n'est pas tangente à la conique $\varkappa_1^2$. Un point quelconque de Σ_1 aura donc pour élément correspondant une corde **propre** ou impropre de k^3, suivant qu'il sera à l'extérieur ou à l'intérieur de $\varkappa_1^2$.

Aux rayons du système, qui coupent une droite g n'appartenant pas à ce système, correspondent dans Σ_1 les points d'une conique γ_1^2 projective à g. En effet, projetons de S la ponctuelle g par un faisceau de rayons, ce dernier aura pour correspondant dans la gerbe S′ un faisceau de rayons projectif à g, qui engendre avec g un faisceau de plans du second ordre (ou exceptionnellement du premier ordre); tout plan de ce faisceau, auquel correspond dans Σ_1 la conique γ_1^2, a, en commun avec le plan homologue de la gerbe S un rayon du système qui rencontre la droite g.

La conique γ_1^2 se décompose en une tangente à $\varkappa_1^2$ et en une ponctuelle rectiligne projective à g quand, par exception, deux rayons homologues des gerbes S et S′ se coupent en un point de g, quand par conséquent g a un point U commun avec k^3. Comme on peut, en général, mener par la droite g une infinité de plans contenant chacun trois cordes de k^3, on peut aussi, en général, inscrire dans la conique γ_1^2 une infinité de triangles circonscrits à la conique $\varkappa_1^2$.

A une courbe quelconque du second ordre φ_1^2 de Σ_1 correspond dans le système de rayons du premier ordre une surface réglée F⁴, et chaque point de φ_1^2 a pour correspondant une génératrice rectiligne de F⁴. Comme φ_1^2 a au plus quatre points communs avec γ_1^2, il y a au plus quatre rayons de F⁴ qui coupent la droite arbitraire g ; la surface F⁴ est donc du quatrième ordre. Elle passe, en général, deux fois par les points de la ligne k^3, parce que φ_1^2 a, en général, deux points communs avec chacune des tangentes de x_1^2; elle est engendrée par deux faisceaux projectifs de plans du second ordre qui correspondent à la courbe φ_1^2 dans les gerbes collinéaires S et S'. Comme ces deux faisceaux projectifs de plans déterminent complètement la collinéation des gerbes, on voit que :

Deux faisceaux projectifs et non concentriques de plans du second ordre engendrent, en général, une surface réglée du quatrième ordre, qui a une ligne double k^3 du troisième ordre; les rayons de la surface sont des cordes de k^3 et sont projetés de deux points quelconques de cette ligne par des faisceaux projectifs de plans du second ordre.

La dernière partie de ce théorème n'est sujette à quelques exceptions bien faciles à établir que dans le cas où k^3 se décompose en une conique et une droite, ou en trois droites. En effet, dans le premier cas, les rayons de la surface réglée du quatrième ordre sont projetés de deux points quelconques de la conique et, dans le second cas, de deux points quelconques de la droite $\overline{SS'}$ qui fait partie de k^3 et sur laquelle sont situés les sommets des faisceaux générateurs de plans, suivant des faisceaux projectifs de plans du second ordre. Dans le dernier cas, $\overline{SS'}$ est un rayon double de la surface.

Faisons coïncider la conique φ_1 avec x_1^2 ou avec l'une des coniques γ_1^2, nous voyons que :

Les tangentes de la courbe gauche k^3 du troisième ordre sont situées sur une surface (développable) du quatrième ordre. Les cordes de la courbe gauche k^3, qui coupent une droite arbitraire g, sont également situées sur une surface réglée du quatrième ordre.

Cette dernière surface a, en général, trois cordes communes avec un plan mené par g et elle est tangente à ce plan aux points d'intersection de g et des trois cordes. Les plans du faisceau g sont donc des plans tangents triples de cette surface.

La surface plus générale F^4 peut aussi être décrite au moyen d'une ligne du troisième ordre k^3 et d'une surface conique du second ordre dont le sommet est situé sur k^3. En effet, toutes les cordes de k^3, qui sont tangentes à cette surface conique, sont situées sur une surface F^4 du quatrième ordre, parce qu'elles sont projetées du sommet du cône suivant un faisceau de plans du second ordre. Par un point quelconque P de k^3 passent deux droites de la surface F^4 qui sont réelles ou imaginaires, selon que P est situé à l'extérieur ou à l'intérieur de la surface conique. Les deux droites de F^4, issues de P, coïncident lorsque P est situé sur la surface conique du second ordre ; dans ce cas, P est un point de rebroussement de la surface F^4, et cette dernière est tangente à un plan unique tout le long de la génératrice *singulière* qui passe par P. En général, la surface réglée F^4 a tout au plus quatre points de rebroussement et quatre génératrices singulières ; et aux points de rebroussement correspondent les tangentes communes aux coniques $\varkappa_1^2$ et φ_1^2. C'est seulement dans le cas où φ_1^2 et $\varkappa_1^2$ se confondent et où, par suite, F^4 est la surface formée par les tangentes de la courbe gauche du troisième ordre k^3, que tous les points de cette courbe sont des points de rebroussement de F^4. En général, F^4 contient au plus quatre tangentes de k^3 ; ces dernières ont pour correspondants les points communs à φ_1^2 et $\varkappa_1^2$.

Un plan, joignant deux rayons de la surface F^4 qui se rencontrent, coupe en outre cette dernière, suivant une courbe du second ordre φ, projective à φ_1^2. En effet, les deux faisceaux projectifs de plans du second ordre, qui engendrent la surface F^4, sont coupés par le plan en question, suivant deux faisceaux de rayons du second ordre projectifs à φ_1^2 ; et comme ces faisceaux ont deux rayons correspondants communs, ils engendrent une conique φ^2 qui leur est projective (I. p. 142). Lorsque F^4 est formée par toutes les cordes de la ligne k^3, qui coupent une droite g, φ^2 se décompose en la droite g et en une corde de k^3 ; dans tous les autres cas, la surface F^4 peut être engendrée, non seulement par des faisceaux de plans projectifs, mais encore, en suivant la marche réciproque, elle peut être engendrée par des courbes projectives φ^2 du second ordre. Les plans de toutes les courbes du second ordre situées sur F^4, forment un faisceau de plans K^3 du troisième ordre et sont des plans tangents doubles de la surface F^4.

On obtient trois variétés principales de la surface réglée F^4 du quatrième ordre, suivant que la ligne k^3, formée par ses points doubles, est une courbe irréductible du troisième ordre, qu'elle se décompose en une conique et une droite, ou bien en trois droites.

Dans le premier cas, comme nous le verrons, le faisceau formé par les plans tangents doubles est un faisceau de plans irréductible du troisième ordre ; dans le second et le troisième cas, il se décompose respectivement en un faisceau de plans du premier ordre et un du second, ou en trois faisceaux de plans du premier ordre. Nous allons étudier chacune de ces variétés en particulier.

Lorsque la ligne k^5 se décompose en trois droites $\overline{SS'}$, u, v, dont les deux dernières peuvent aussi être imaginaires ou coïncidentes, les rayons de la surface F^4 sont projetés des points de la droite $\overline{SS'}$ par des faisceaux de plans du second ordre, et ils sont coupés par des plans passant par $\overline{SS'}$, suivant des courbes du second ordre. Tous ces faisceaux de plans et ces courbes sont projectifs entre eux (II, page 89) et à la conique φ_1^2. Quand une droite se meut en glissant sur deux droites u, v, qui ne se coupent pas et en rencontrant une conique φ^2, ou en restant tangente à une surface conique quelconque du second ordre, elle décrit cette variété de surfaces du quatrième ordre. Les droites u et v, comme le montre aisément ce mode de génération, sont des droites doubles de la surface F^4. La droite $\overline{SS'}$, qui est située dans le plan de la conique φ^2 et coupe u et v, est un rayon double propre ou isolé, ou bien un rayon de rebroussement de F^4, suivant qu'elle a avec φ^2 deux points communs réels ou imaginaires, ou bien qu'elle est tangente à φ^2. Les plans doublement tangents à cette surface F^4 forment trois faisceaux de plans dont les axes sont $\overline{SS'}$, u et v. Les plans du faisceau $\overline{SS'}$ coupent la surface suivant deux génératrices réelles ou imaginaires. La surface F^4 est réciproque à elle-même et elle est sa propre conjuguée dans une infinité de systèmes focaux, parce que ses rayons appartiennent à un système de rayons de premier ordre et de première classe et font, en conséquence, partie d'une infinité de complexes linéaires de rayons.

En second lieu, si la ligne k^5 se décompose en une droite v et une courbe k^2 du second ordre, qui a un point commun avec v, (II, p. 97), les rayons de F^4 font partie d'un système de rayons du premier ordre et de seconde classe, et ils sont projetés des points de k^2 suivant des faisceaux projectifs de plans du second ordre. Quand une droite se meut en rencontrant constamment une droite v et une conique k^2 qui se coupent et en restant toujours tangente à une surface conique du second ordre, dont le sommet est situé sur k^2, elle décrit la seconde variété de surfaces du quatrième ordre. Un point de k^2 est un point double propre ou isolé de la surface F^4, suivant qu'il est situé à l'extérieur ou à l'intérieur de la surface conique.

Tout plan du faisceau v est doublement tangent à la surface F^4 ; il la coupe suivant v et suivant deux rayons réels ou imaginaires qui ont en commun avec v les deux points de contact. Nous obtenons d'autres plans doublement tangents en réunissant par un plan deux rayons de F^4 passant par un même point de v ; ces plans coupent en outre la surface F^4, suivant des courbes projectives du second ordre par lesquelles on peut engendrer F^4, et ils forment un faisceau de plans du second ordre. Ils ne peuvent, en effet, former deux faisceaux de plans du premier ordre ; car s'il en était ainsi, la surface appartiendrait à la variété que nous avons considérée précédemment. Le faisceau de plans K^3 du troisième ordre, qui renferme les plans doublement tangents de cette surface F^4, se décompose ainsi dans le faisceau de plans v et dans un faisceau de plans du second ordre, qui a un plan commun avec v. Cette variété de surface réglée du quatrième ordre est encore réciproque à elle-même ; mais il n'existe pas de système focal dans lequel ses rayons soient à eux-mêmes leurs conjugués.

La surface F^4 pouvant aussi, en général, être engendrée au moyen de courbes projectives du second ordre, il découle de ce qui précède que ses plans doublement tangents ne peuvent appartenir à trois faisceaux de plans du premier ordre, ou à deux faisceaux de plans, l'un du premier et l'autre du second ordre, que si la ligne double k^3 se décompose en trois droites, ou en une droite et une conique.

Si donc les points doubles de la surface F^4 sont situés sur une courbe gauche irréductible du troisième ordre k^3, les plans doublement tangents forment un faisceau de plans K^3, irréductible et du troisième ordre.

Il n'y a d'exception que pour la surface particulière qui contient toutes les cordes de k^3 rencontrant une droite g ; cette surface est réciproque à celle qui passe par tous les axes d'un faisceau irréductible de plans du troisième ordre qui coupent une même droite et pour laquelle les points de cette droite sont des points triples. En faisant abstraction de ce cas particulier, nous avons alors le théorème suivant [1].

La surface réglée F^4 du quatrième ordre, sur laquelle les points doubles forment une courbe irréductible du troisième ordre k^3, est réciproque à elle-même et se compose de tous les rayons d'un complexe linéaire de rayons qui sont des cordes de k^3.

Nous démontrons ce théorème dans l'hypothèse où il y a sur k^3 des points doubles *propres* de F^4 où se coupent deux rayons réels de la

---

1. Ce théorème est dû à *Clebsch* (Math. Ann. t. II) ; la démonstration synthétique qui suit a été donnée par *M. Richard Krause* (Uber ein specielles Gebüsch von Flächen II Ordnung. Thèse, Strasbourg, 1879).

surface. Soient A et B deux de ces points doubles, a,a' et b,b' les couples de rayons de F^4 qui passent par eux et α et β leurs plans. Les rayons de la surface F^4 sont alors projetés des points A et B par deux faisceaux de plans du second ordre et ils sont coupés par les plans α et β suivant deux coniques, qui sont rapportées projectivement l'une à l'autre par ces rayons. Ces formes élémentaires projectives du second ordre établissent une réciprocité entre les gerbes A,B, que nous considérons comme faisant partie d'un espace Σ, et les systèmes plans α,β que nous supposerons appartenir à un autre espace Σ_1 ; et en outre Aa avec α et B avec β un faisceau de rayons commun, parce que tout rayon de la gerbe A, situé dans α et qui coupe deux droites p,q de F^4 différente de a et a' coïncide avec le rayon correspondant de α qui doit couper ces mêmes droites p et q. Le rayon $\overline{AB}$ commun aux deux gerbes a pour correspondant la droite $\overline{\alpha\beta}$ commune aux deux systèmes plans ; en effet, les plans $\overline{Ab}$ et $\overline{Ab'}$ de A ou $\overline{Ba}$ et $\overline{Ba'}$ de B qui passent par $\overline{AB}$ ont respectivement pour correspondants les points αb et αb de α et βa et $\beta a'$ de β qui sont situés sur $\alpha\beta$. Les gerbes A et B de Σ sont rapportées réciproquement aux systèmes α et β de Σ_1 par le moyen de la surface F^4 de telle manière qu'elles aient chacune avec ces systèmes plans un faisceau de rayons correspondants commun et que tout plan commun à A et B ait pour correspondant un point commun à α et β situé sur luimême. Les deux espaces Σ et Σ_1 sont ainsi rapportés réciproquement l'un à l'autre de telle manière qu'ils ont comme éléments correspondants communs non seulement ces deux faisceaux de rayons, mais aussi tous les rayons de F^4. Ces deux espaces considérés ensemble forment donc un système focal (voir II, pages 76-77) aux directrices duquel appartiennent les droites de F^4 ; tout point double de F^4 a pour conjugué dans ce système focal un plan doublement tangent de F^4. La surface F^4 est aussi formée des directrices du système focal qui sont des axes du faisceau de plans du troisième ordre constitué par les plans doublement tangents.

SEIZIEME LEÇON.

Correspondance géométrique de second degré.

Quand un système plan Σ est rapporté réciproquement d'une double manière à un autre système plan et quand par suite il est rapporté collinéairement à lui-même, à tout point P_1 de Σ_1 correspondent deux droites homologues p et p' de Σ et par suite aussi leur point d'intersection P ; réciproquement, au point P de Σ correspondent deux droites dans Σ_1 et leur point d'intersection P_1. Lorsque le point P_1 se déplace sur une droite, le point P qui lui correspond ne décrit pas en général une droite, mais une courbe du second ordre ; en effet, les rayons homologues p et p' forment deux faisceaux projectifs de rayons, et ces derniers, quand ils ne sont pas perspectifs, engendrent la courbe du second ordre décrite par P. Dans l'hypothèse que la collinéation du système Σ avec lui-même (collinéation qui résulte de la double réciprocité) n'est pas une relation de perspectivité, nous avons ce théorème :

La double réciprocité de Σ et de Σ_1 donne naissance entre ces systèmes à une RELATION QUADRATIQUE *ou à une* CORRESPONDANCE GÉOMÉTRIQUE DU SECOND DEGRÉ *telle qu'en général un point de l'un des systèmes a pour correspondant un point de l'autre système et qu'à une ponctuelle du premier ordre dans l'un correspond une ponctuelle projective du second ordre dans l'autre. La correspondance quadratique de Σ et Σ_1 est réciproque ou permutable, c'est-à-dire qu'elle subsiste, quel que soit celui des systèmes que l'on considère en premier lieu.*

Cette correspondance quadratique a pour correlative une autre correspondance dans laquelle chaque rayon de Σ_1 a pour correspondant un rayon de Σ, mais où chaque faisceau quelconque de rayons du premier ordre a pour correspondant un faisceau de rayons du second ordre. En remplaçant l'un des deux systèmes plans par un système qui lui soit réciproque, on obtient encore entre les systèmes plans une troisième espèce de correspondance dans laquelle un point a pour correspondant un rayon et une ponctuelle du premier ordre dans le premier système, un faisceau de rayons du second ordre dans le deuxième. Nous allons étudier de plus près la correspondance quadratique dont nous avons parlé en premier lieu ; nous ne nous occuperons pas davantage ici des correspondances analogues qu'on peut établir entre les gerbes de rayons.

Σ étant rapporté réciproquement à Σ_1 d'une double manière, de telle sorte qu'à tout point ou tout rayon de Σ_1 correspondent respectivement deux rayons ou deux points de Σ, nous obtenons sur Σ deux systèmes plans collinéaires. Projetons ces deux systèmes collinéaires de deux points tels que la droite qui les joint ne passe pas par un point se correspondant à lui-même et ne coupe pas une droite qui se corresponde à elle-même, nous obtenons deux gerbes collinéaires, réciproques à Σ_1, qui engendrent le système de cordes d'une courbe gauche k^3 du troisième ordre. Mais ce système de cordes est rapporté projectivement à Σ_1, par le moyen des deux gerbes (II, page 125) et l'autre système plan Σ en est une section. L'étude de la correspondance quadratique entre Σ et Σ_1 se trouve de la sorte ramenée à un problème qui a la connexion la plus intime avec une de nos précédentes recherches.

A tout point de Σ_1 correspond une corde de k^3 et son point d'intersection sur Σ ; à toute droite a_1 de Σ correspond dans le système de cordes une surface du second ordre, passant par la courbe gauche k^3, et par suite dans Σ une conique qui contient tous les points communs à Σ et k^3 ; si la droite a_1 de Σ_1 pivote autour de l'un de ses points, la surface correspondante du second ordre décrit dans le système de cordes un faisceau de surfaces et la conique correspondante décrit dans Σ un faisceau de coniques (II, page 124). Nous pouvons immédiatement déduire de la correspondance quadratique quelques-unes des propriétés principales d'un pareil faisceau de courbes du second ordre.

Soit A_1 le centre d'un faisceau de rayons situé dans Σ_1 et A le point correspondant de Σ par lequel passent toutes les courbes du faisceau correspondant de coniques, soit de plus g une ponctuelle quelconque du premier ordre de Σ à laquelle correspond dans Σ_1 une conique γ_1^2

projective à g. Si la droite g ne passe pas par A, γ_1^2 ne passe pas par A$_1$; dans ce cas, les points de la conique γ_1^2 sont alors accouplés involutivement par le moyen du faisceau de rayons A$_1$ et conséquemment ceux de la droite g le sont aussi par le moyen du faisceau de coniques A. Il faut remarquer ici que si g coupe la courbe gauche k^3 en un point U, la conique γ_1^2 se décompose en deux droites g_1 et u_1 dont l'une g_1 est projective à g (II, page 126). Si la droite g passe par le point A, elle a encore en commun avec les coniques du faisceau un point différent de A, et en même temps γ_1^2 passe par A$_1$. Comme toutes les droites g_1 situées dans Σ_1 et toutes les coniques γ_1^2 passant par A$_1$ sont rapportées projectivement les unes aux autres par le moyen du faisceau de rayons A$_1$, il s'ensuit que :

Toutes les ponctuelles g du premier ordre, passant par un point commun à toutes les coniques du faisceau, sont projectivement rapportées les unes aux autres par ce faisceau de telle manière qu'un groupe de points homologues des ponctuelles est situé sur chaque conique. Toute droite, qui ne passe par aucun des points communs aux coniques, est coupée par le faisceau de ces coniques suivant une ponctuelle involutive telle que les points conjugués sont situés deux à deux sur une seule et même conique du faisceau.

Il résulte du second de ces théorèmes que le faisceau est complètement déterminé par deux de ces coniques. En effet, pour construire une troisième conique quelconque du faisceau passant par un point donné P, nous mènerons par P des rayons qui coupent chacun en deux points les deux coniques données α^2 et β^2. Comme, d'après la manière dont est constitué le faisceau dont il s'agit, α^2 et β^2 ont au moins un point commun, il est possible de mener une infinité de rayons de ce genre. Les deux couples de points, où un pareil rayon s est coupé par α^2 et β^2, déterminent sur s une ponctuelle involutive ; cherchons-y le point conjugué à P, il se trouvera sur la conique du faisceau qui passe par P.

Étant données trois coniques du faisceau, il est facile d'en construire une quatrième quelconque au moyen du premier des théorèmes qui précèdent.

Le plan Σ qui, nous l'avons vu, peut être considéré comme une section du système de cordes de la courbe gauche k^3 projectif à Σ_1, contient aussi des cordes isolées et des points de k^3; il renferme au plus trois points et trois cordes et au moins un point et une corde. Les différents points d'une pareille corde correspondent à un seul et même point

U_1 du système plan Σ_1; et un point U, commun à Σ et à k^3, a pour correspondant dans Σ_1 les différents points d'une droite u_1 à laquelle correspond dans le système de cordes la surface conique Uk^3 du second ordre. Les points U et U_1 font donc exception à la règle d'après laquelle un point quelconque de l'un des systèmes a pour correspondant un point unique de l'autre système. Nous les appellerons *points principaux* des systèmes plans et nous donnerons aux droites qui leur correspondent le nom de *lignes principales*. Dans tout plan Σ, il y a (II, page 103) autant de points que de cordes de la courbe gauche du troisième ordre ; donc :

Le système plan Σ renferme autant de lignes principales que de points principaux, c'est-à-dire, une au moins et trois au plus ; Σ_1 en contient autant que Σ, puisqu'à tout point principal de l'un des systèmes correspond une ligne principale de l'autre. La droite qui unit deux points principaux de l'un des systèmes est une ligne principale, et le point d'intersection de deux lignes principales est un point prinpal de ce système.

La dernière partie de ce théorème résulte de ce que toute droite, qui réunit deux points de la courbe gauche k^3, est une de ses cordes et que le point d'intersection de deux cordes est situé sur la courbe.

A toute ponctuelle rectiligne de Σ_1 correspond une surface du second ordre dans le système des cordes de la courbe gauche k^3 et nous savons que les points d'une corde quelconque sont conjugués deux à deux par rapport à toutes les surfaces du second ordre menées par k^3. Or les coniques de Σ, qui correspondent aux droites de Σ_1, sont situées sur ces surfaces du second ordre ; il en résulte donc que :

Les coniques de l'un des systèmes Σ, qui correspondent aux droites de l'autre système Σ_1, passent par tous les points principaux de Σ ; les points de chacune des lignes principales de Σ sont conjugués deux à deux par rapport à toutes ces coniques.

Il en est de même pour les coniques de Σ_1 qui correspondent aux droites de Σ.

Une conique quelconque $\varphi_1{}^2$ de Σ_1 a pour correspondante (II, page 126) dans Σ une courbe φ^4 du quatrième ordre, qui a pour points doubles chacun des points principaux de Σ. Si $\varphi_1{}^2$ passe par un point principal de Σ_1, φ^4 se décompose en une droite principale et en une courbe du troisième ordre ayant un point double. Si $\varphi_1{}^2$ passe par deux points principaux de Σ_1. φ^4 se décompose en deux droites principales de Σ et en une courbe du second ordre projective à $\varphi_1{}^2$. Imaginons qu'on ait établi la correspondance géométrique de Σ et Σ_1, en rapportant réciproquement ces deux systèmes l'un à l'autre et d'une double manière ; à la conique $\varphi_1{}^2$ de Σ_1 correspondent dans Σ deux faisceaux de rayons du second ordre, ainsi que la courbe sur laquelle les rayons homologues se coupent deux à deux, c'est-à-dire :

Deux faisceaux projectifs de rayons du second ordre, situés dans le même plan, engendrent en général une courbe du quatrième ordre ayant au plus trois points doubles et au moins un. Cette courbe peut se décomposer en une droite et une courbe du troisième ordre qui a un point double, ou en deux droites et une conique, ou bien enfin en quatre droites.

Soit U un point principal et g une droite quelconque de Σ passant par ce point ; la conique de Σ_1, qui correspond à g, se décompose alors en la droite principale u_1 correspondant au point U et en une droite g_1 projective à g. En effet, toutes les cordes de la courbe gauche k^5 qui sont rencontrées par g en dehors du point U forment une surface réglée et cette dernière a la ponctuelle g_1 pour élément correspondant dans Σ_1. La droite g_1 doit passer par un point principal U_1 du système plan Σ ; en effet, g étant une directrice du système réglé, le plan Σ passant par g contient un de ses rayons u et le point principal U_1, qui correspond à u, est par conséquent situé sur g_1.

Toutes les droites g de Σ, qui passent par U, doivent donc avoir pour correspondantes les droites g_1 de Σ_1 qui passent par U_1. Nous dirons que les points U et U_1 sont deux points principaux *conjugués l'un à l'autre* dans les systèmes. Les faisceaux U et U_1 sont projectifs ; car une droite quelconque a de Σ a pour correspondante dans Σ_1 une conique $\alpha_1{}^2$, projective à a et passant par U_1, et les faisceaux U et U_1 sont respectivement perspectifs à a et à $\alpha_1{}^2$. Donc :

Les points principaux des systèmes Σ et Σ_1 sont deux à deux conjugués entre eux de telle manière que toute droite g de Σ, passant par un point principal U, a pour correspondante une droite g_1 de Σ_1, projective à g et passant par le point principal conjugué U_1. Les faisceaux U et U_1 sont projectifs eu égard à leurs droites qui se correspondent.

Une courbe du second ordre de Σ, qui passe par deux points principaux U et V, étant projetée de U et V par deux faisceaux projectifs de rayons, et ces faisceaux ayant pour correspondants dans Σ_1 deux faisceaux projectifs U_1 et V_1, on voit que :

Toute conique de l'un des systèmes plans, qui passe par deux points principaux a pour correspondante dans l'autre système une conique qui lui est projective et qui passe par les deux points principaux conjugués.

Nous pouvons amener les deux systèmes plans dans une position telle que les faisceaux U et U_1 deviennent perspectifs; c'est-à-dire soient des sections d'un seul et même faisceau de plans. Soit z l'axe de ce faisceau de plans qui passe par U et U_1; deux points correspondants quelconques des systèmes sont alors un même plan avec z. Projetons respectivement les systèmes Σ et Σ_1 de deux points S et S_1 situés sur z, nous obtenons deux gerbes en correspondance quadratique. Deux rayons homologues quelconques de ces gerbes sont situés dans un même plan avec z et se coupent; et tous les points d'intersection ainsi obtenus sont situés sur une surface passant par S et S_1, qui a une conique commune avec tout plan des gerbes S et S et qui par suite doit être une surface du second ordre. En effet, considérons un plan quelconque passant par $\overline{SS_1}$; ce plan contient deux faisceaux projectifs de rayons des gerbes S et S_1 et ces faisceaux engendrent la conique. Si le plan passe par le point S, il renferme un faisceau de rayons, auquel correspond dans la gerbe S_1 une surface conique du second ordre passant par $\overline{S_1U_1}$, et cette surface a en commun avec le plan considéré la conique en question qui passe par S. Soit u la ligne principale de Σ qui correspond au point principal U_1 de Σ_1, $\overline{Su}$ est le plan tangent de la surface du second ordre au point S; en effet, tout rayon de S situé dans $\overline{Su}$ correspond au rayon principal $\overline{SS_1}$ commun aux gerbes et est tangent en S à la surface. Les surfaces du second ordre permettent de cette manière de se faire une idée très simple et très claire de la correspondance géométrique du second degré.

Nous avons déjà fréquemment rencontré des exemples de la correspondance géométrique du second degré dans la première partie de cet ouvrage (pages 103, 189, 205, 206); nous mentionnerons en particulier le principe des rayons recteurs réciproques. Nous ajouterons encore les exemples suivants :

Un système de rayons de premier ordre et de première classe est coupé par deux plans quelconques suivant des systèmes plans en correspondance quadratique et est projeté de deux points quelconques suivant deux faisceaux de plans en correspondance quadratique.

Une gerbe de plans du second ordre est coupée par deux quelconques de ses plans suivant des systèmes de rayons en correspondance quadratique.

Si dans un système polaire plan on fait correspondre à tout rayon le rayon conjugué qui lui est normal, on obtient deux systèmes involutifs plans de rayons en correspondance quadratique.

DIX-SEPTIEME LEÇON.

Systèmes collinéaires superposés. — Systèmes involutifs dans le plan et dans l'espace.

Deux systèmes collinéaires Σ et Σ_1, situés dans un même plan, ont tous leurs éléments correspondants communs et sont identiques, quand ils ont quadrangle correspondant commun (II, page 16) ; ils sont perspectifs, c'est-à-dire ont une ponctuelle et un faisceau de rayons du premier ordre correspondants communs, quand ils ont comme éléments correspondants communs trois points situés sur une même droite ou trois rayons issus d'un même point (II, page 19). Combien existe-t-il de points et de rayons correspondants qui leur soient communs, quand ils ne sont ni identiques, ni en perspective ?

Pour répondre à cette question, en dehors du plan qui contient les systèmes collinéaires Σ et Σ_1 prenons deux points arbitraires S et S_1 tels que la droite qui les joint ne rencontre ni un point, ni un rayon qui se corresponde à lui-même dans les systèmes.

Projetons maintenant ces systèmes Σ et Σ_1 des points S et S_1 respectivement ; ces derniers deviennent les centres de deux gerbes collinéaires qui engendrent une courbe gauche du troisième ordre.

Tout point, qui est correspondant commun à Σ et Σ_1, est situé sur cette courbe gauche ; car il est le point d'intersection de deux rayons homologues des gerbes S et S_1 ; de même tout rayon qui est correspondant commun à Σ et Σ_1 est une corde de la courbe gauche du troisième ordre. Nous avons ainsi ce théorème (II, pages 100 et 103).

Deux systèmes collinéaires plans superposés, mais non perspectifs, ont comme éléments correspondants communs, soit les sommets et les côtés d'un triangle, soit deux points et deux droites (l'une des droites joint les deux points et l'autre la coupe en l'un de ces points), soit enfin un point et une droite.

On a l'un ou l'autre de ces trois cas, suivant que la courbe gauche du troisième ordre a trois points, deux points ou un point commun avec le plan des systèmes collinéaires.

Deux gerbes collinaires concentriques, mais non perspectives, ont comme éléments correspondants communs, soit les arêtes et les faces d'un angle triarête, soit deux rayons et deux plans, soit enfin un rayon et un plan.

Ce théorème se déduit du précédent au moyen de la loi de réciprocité, ou bien en coupant les deux gerbes collinéaires par un plan qui donne deux systèmes collinéaires. On voit de même que : étant donnés dans l'espace un système plan Σ et une gerbe S qui lui est collinéaire, il y a au moins un rayon et un plan et au plus trois rayons et trois plans de S passant par les éléments qui leur correspondent dans Σ, pourvu que Σ ne soit pas une section de S, ou ne soit pas perspective à S.

Deux systèmes collinéaires de l'espace ont tous leurs éléments correspondants communs et sont identiques, quand ils ont comme éléments correspondants communs cinq points, dont quatre ne sont pas dans un même plan (II, page 26) ; ils sont perspectifs, c'est-à-dire ont une gerbe et un système plan correspondants communs, quand ils ont un quadrangle plan ou un angle quadrarête correspondant commun (II, pages 25 et 30). Lorsque deux systèmes collinéaires de l'espace Σ et Σ₁ ont un tétraèdre ABCD correspondant commun et qu'un point P de Σ, qui n'est pas situé dans une face du tétraèdre, a pour correspondant un point P_1 de Σ_1, les cas suivants peuvent se présenter : Si la droite $\overline{PP_1}$ passe par un sommet A du tétraèdre, les systèmes ont en commun quatre rayons correspondants et par suite tous les éléments correspondants de la gerbe A ; ils ont de même le système plan BCD correspondant commun et sont perspectifs. Si la droite $\overline{PP_1}$ rencontre deux arêtes opposées $\overline{AB}$ et $\overline{CD}$ du tétraèdre, les systèmes collinéaires ont comme éléments correspondants communs trois plans et par suite tous les plans passant par $\overline{AB}$ et par $\overline{CD}$; il en est de même pour tous les points situés sur ces arêtes et pour tout rayon qui est coupé par $\overline{AB}$ et $\overline{CD}$. — Si $\overline{PP_1}$ ne coupe qu'une arête $\overline{AB}$ du tétraèdre, les systèmes ont pour éléments correspondants communs trois plans et par suite tous les plans passant par AB, tous les points situés sur $\overline{CD}$, et en outre les plans $\overline{ACD}$ et $\overline{BCD}$ ainsi que tous les rayons de ces plans qui passent par A ou C.

Si enfin la droite $\overline{PP_1}$ n'est dans un même plan avec aucune des arêtes du tétraèdre, les systèmes collinéaires n'ont que les sommets, les arêtes et les faces du tétraèdre ABCD qui leur soient correspondants communs.

Nous ne nous arrêterons pas à énumérer tous les autres cas où deux espaces collinéaires ont en commun des éléments correspondants isolés ou un nombre infini de ces éléments ; nous nous contenterons de présenter les remarques qui suivent. Il peut arriver (et nous en verrons un exemple dans les systèmes involutifs) que les systèmes n'aient ni point ni plan correspondant commun réel ; mais si un point S du système Σ coïncide avec son correspondant S_1 de Σ_1, les gerbes collinéaires S et S_1 et par suite aussi les espaces collinéaires ont encore au moins un rayon et un plan correspondant commun.

De même si un plan α de Σ coïncide avec son correspondant α_1 dans Σ_1, les systèmes ont au moins un point et un rayon de α correspondants communs (II, page 139); car α renferme deux systèmes plans collinéaires qui se correspondent dans les systèmes de l'espace.

Deux formes fondamentales collinéaires peuvent aussi être en situation involutive de telle sorte qu'à chacun de leurs éléments coresponde doublement un autre élément. Les formes ont alors une infinité d'éléments correspondants communs, par exemple, tous les rayons qui réunissent deux points homologues des formes ou suivant lesquels se coupent deux plans homologues quelconques. En effet, si un point (fig. 16) que nous désignerons par A ou B_1, selon qu'il sera considéré comme appartenant à l'un ou à l'autre des systèmes collinéaires, a pour correspondants deux points coïncidents A_1 et B, la droite $\overline{AB}$ de la première forme se confond avec la droite correspondante $\overline{A_1B_1}$ de la seconde. Si deux systèmes collinéaires plans sont en involution, ils ont par cela même une infinité de rayons correspondants communs et conséquemment sont perspectifs. Deux points homologues quelconques sont sur une même droite avec le centre S de collinéation qui prend dans ce cas le nom de *centre d'involution* ; et deux rayons homologues quelconques se coupent sur l'axe de collinéation u, qu'on appelle aussi dans ce cas l'*axe d'involution*. Toute droite passant par le centre d'involution S est le lieu d'une ponctuelle involutive, dont S et le point de cette droite situé

sur u sont les points doubles ; et de même, tout point de l'axe de collinéation u est le centre d'un faisceau involutif de rayons dont u et le
rayon passant par S sont les rayons doubles. Le centre et l'axe de
collinéation séparent donc harmoniquement deux points ou deux rayons
homologues quelconques des systèmes.

Deux systèmes collinéaires Σ et Σ_1, situés dans le même plan, sont
involutifs ou en involution lorsqu'à deux points quelconques AB_1 et CD_1,
(fig. 16) correspondent doublement deux autres points A_1B et C_1D qui
forment avec eux un quadrangle. En effet, la droite $\overline{AB}$ correspond à la
droite $\overline{A_1B_1}$ c'est-à-dire à elle-même ; et comme sur cette droite les
points AB_1 et A_1B se correspondent doublement, tous les autres points

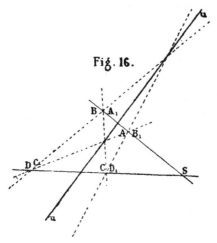

Fig. 16.

sont accouplés involutivement (I, page 146). Il en est de même pour la
droite $\overline{CD}$ ou $\overline{C_1D_1}$. Les droites $\overline{AB}$ et $\overline{CD}$ se coupent en un point S qui
se correspond à lui-même et qui est un point double de chacune des
ponctuelles involutives $\overline{AB}$ et $\overline{CD}$. Toute droite arbitraire du plan, qui
ne passe pas par S, coupe les droites $\overline{AB}$ et $\overline{CD}$ en deux points ; elle a
pour élément lui correspondant doublement la droite qui unit les deux
points conjugués des précédents situés sur $\overline{AB}$ et $\overline{CD}$. Deux points quelconques du système doivent se correspondre doublement, parce qu'on
les considère comme les points d'intersection de droites qui se correspondent doublement.

Le point d'intersection S de $\overline{AB}$ et $\overline{CD}$ est le centre d'involution et la
droite u, sur laquelle se coupent les autres côtés opposés du quadrila-
tère complet ABCD, est l'axe d'involution des systèmes.

Si nous considérons les systèmes en involution comme constituant un système unique dont les points et les droites sont conjugués deux à deux, on donne à ce système le nom de *système plan involutif*. Les propriétés que nous venons de trouver peuvent être résumées comme il suit :

Dans un système plan en involution, les points conjugués sont deux à deux situés sur des droites passant par le centre d'involution et ils sont harmoniquement séparés par ce point et par l'axe d'involution ; les rayons conjugués se coupent deux à deux sur l'axe d'involution et sont harmoniquement séparés par cet axe et par le centre d'involution. Pour accoupler involutivement les éléments d'un système plan, on peut faire correspondre à deux points P et Q deux autres points quelconques P_1 et Q_1, qui forment avec P et Q un quadrangle ; ou bien, on peut prendre à volonté dans le plan le centre S et l'axe u d'involution.

Toute courbe KAL limitée par deux points K et L de l'axe d'involution forme avec la courbe KA_1L qui lui est conjuguée une courbe *involutive*. Nous obtenons encore une courbe involutive lorsque, étant donnée une courbe SAK ou PAP_1 qui est limitée par le centre d'involution S et un point K de l'axe d'involution ou bien par deux points conjugués P et P_1, on lui adjoint la courbe conjuguée SA_1K ou PA_1P_1. Par exemple, une conique quelconque se présente comme courbe involutive, quand on prend pour centre d'involution un point quelconque S extérieur ou intérieur à la courbe et pour axe d'involution la polaire u de ce point. Remarquons en passant que la droite de l'infini a pour conjuguée une droite g parallèle à u, qui divise en deux parties égales la distance de S à u. La conique est donc une hyperbole, une parabole ou une ellipse, suivant qu'elle a avec la droite g deux points communs M et N, ou un seul point commun P, ou bien qu'elle n'en a aucun ; dans le premier cas, les asymptotes sont parallèles à $\overline{SM}$ et $\overline{SN}$; dans le second, $\overline{SP}$ est un diamètre de la parabole. On résout ainsi d'une manière très simple le problème suivant :

Étant donnée une portion limitée d'une courbe du second degré, reconnaître si la conique est une hyperbole, une parabole ou une ellipse.

Un système plan involutif est projeté d'un point extérieur suivant une gerbe involutive. Le *plan d'involution* de cette gerbe passe par l'axe d'involution u et l'*axe d'involution* de la gerbe passe par le centre d'involution S du système.

Deux systèmes collinéaires *de l'espace* Σ et $Σ_1$ sont en situation involutive, lorsque deux systèmes plans α et α_1 qui en font partie et qui ne sont pas superposés se correspondent doublement l'un à l'autre de telle manière qu'à tout élément de l'un corresponde doublement un élément de l'autre. En effet, à tout plan, qui coupe les deux systèmes plans α et α_1 suivant les droites g et l, correspond alors doublement le plan qui joint l'une à l'autre les droites conjuguées g_1 et l_1 qui appartiennent respectivement aux plans α_1 et α ; et comme tout point ou tout rayon de l'espace peut être considéré comme l'intersection de trois ou de deux de ces plans, il a pour correspondant le point ou la droite d'intersection des plans qui correspondent doublement aux précédents. D'après cela, comme à tout élément correspond doublement un autre élément, nous pouvons regarder les systèmes de l'espace en involution comme un *système involutif* unique, dont les éléments sont conjugués deux à deux.

Tout rayon qui réunit l'un avec l'autre deux points conjugués du système involutif, ou suivant lequel se coupent deux plans conjugués, coïncide avec son correspondant et par conséquent est conjugué à lui-même. Il en est de même des droites s suivant lesquelles se coupent les plans α et α_1 qui sont conjugués l'un à l'autre. Nous distinguerons deux espèces essentiellement différentes de systèmes involutifs, suivant que sur les droites s chaque point coïncide ou ne coïncide pas avec son conjugué.

Dans le premier cas, la ponctuelle s est un élément correspondant commun aux systèmes plans α et α_1 ; conséquemment ils sont perspectifs et engendrent une gerbe S dont tous les rayons et tous les plans sont conjugués à eux-mêmes, parce qu'ils réunissent l'un et l'autre deux éléments conjugués de α et α_1. Les systèmes collinéaires Σ et Σ_1 de l'espace ont comme élément correspondant commun la gerbe S et par suite aussi un système plan Υ ; ils sont donc perspectifs. Dans le système involutif qu'ils constituent, chaque élément du plan Υ est donc conjugué à lui-même. Un système involutif de cette espèce est appelé *perspectif-involutif* ; le point S, qui est sur une même droite avec deux points conjugués quelconques et dans un même plan avec deux droites conjuguées quelconques, s'appelle le *centre d'involution*, et le plan Υ, sur lequel se coupent deux à deux les rayons ou les plans conjugués, est dit le plan d'*involution du système*.

Nous pouvons résumer comme il suit les propriétés principales de cette espèce de système involutif :

Dans les systèmes perspectifs involutifs, toute droite ou tout plan passant par le centre d'involution S et tout point ou tout rayon situé dans le plan d'involution Υ sont conjugués à eux-mêmes. *Tout plan passant par S est le lieu d'un système involutif plan dont le centre d'involution est le point S et qui est coupé par Υ suivant l'axe d'involution ; de même, tout point situé sur Υ est le centre d'une gerbe involutive, dont Υ est le plan d'involution et dont l'axe d'involution passe par S. Il suit de là que deux points, rayons ou plans conjugués sont harmoniquement séparés par le centre d'involution S et le plan d'involution Υ.* Pour accoupler involutivement les éléments de l'espace, on peut prendre à volonté le centre d'involution S et le plan d'involution Υ, ou bien S et deux plans conjugués A et A_1.

Toute courbe gauche, limitée par deux points K et L du plan d'involution, ou par deux points conjugués A et A_1, ou enfin par le centre d'involution S et par un point K du plan d'involution, constitue avec la courbe qui lui est conjuguée ce qu'on appelle une *courbe gauche involutive.* Toute surface limitée par une courbe involutive ou bien encore par une courbe conjuguée à elle-même forme avec la surface conjuguée une *surface involutive.* Par exemple, une surface quelconque F^2 du second ordre se présente à nous comme surface involutive, lorsque l'on prend pour plan d'involution un plan Υ, qui ne lui est pas tangent, et pour centre d'involution le pôle S de ce plan. La surface F^2 est un hyperboloïde, un paraboloïde ou enfin un ellipsoïde, suivant qu'elle coupe suivant une courbe k^2, touche en un point P, ou ne rencontre pas le plan γ parallèle à Υ qui bissecte la distance de S à Υ ; en effet, tout point G commun à F^2 et γ a pour conjugué sur le rayon $\overline{SG}$ un point de la surface F^2 situé à l'infini, parce que γ et le plan à l'infini se correspondent.

Dans le cas de l'hyperboloïde, la surface conique Sk^2 est parallèle au cône asymptotique ; dans le cas du paraboloïde, $\overline{SP}$ est un diamètre de cette surface.

Nous allons maintenant étudier la seconde espèce de système involutif de l'espace, celui qu'on appelle système involutif gauche. Deux systèmes plans conjugués quelconques α et $α_1$ de ce système ont leur droite d'intersection s correspondante commune, mais tous les points de cette droite ne jouissent pas de cette propriété ; de plus les points de s sont conjugués deux à deux et par suite accouplés involutivement. Les droites qui joignent les points homologues de α et $α_1$ sont conjuguées à elles-mêmes dans le système involutif et forment (II, pages 90-91) un système

de rayons de premier ordre et de première classe. Comme il passe toujours par un point quelconque de l'espace un rayon de ce système de
rayons qui est conjugué à lui-même, et comme un plan quelconque
contient toujours un de ces rayons, on voit que :

*Dans les systèmes involutifs gauches, les droites joignant les points
conjugués et les droites d'intersection des plans conjugués sont conjuguées Σ elles-mêmes et forment un système de rayons de premier
ordre et de première classe.*

Nous donnerons à ces droites conjuguées à elles-mêmes le nom de
directrices du système involutif gauche. Chacune de ces directrices est
e lieu d'une ponctuelle involutive et l'axe d'un faisceau involutif de
plans, dont les éléments sont conjugués deux à deux dans le système
involutif.

Les deux axes non concourants u,v du système de directrices
(II, page 91) passent par les points doubles de la ponctuelle involutive
et sont contenus dans les plans doubles du faisceau de plans. Ces axes,
réels ou imaginaires u et v, que nous appellerons les *axes d'involution* du système involutif gauche, séparent harmoniquement deux à
deux les points, rayons ou plans conjugués du système. Sur ces axes
d'involution sont situés tous les points qui sont conjugués à eux-mêmes
et par eux passent tous les plans du système involutif qui sont conjugués à eux-mêmes ; ils coupent toutes les directrices du système. Lorsque deux directrices ou deux rayons conjugués a,b se coupent, leur point
d'intersection ab est situé sur l'un des axes d'involution et leur plan $\overline{ab}$
passe par l'autre ; dans ce cas, les deux axes sont réels. Tout plan réel
passant par l'un des axes contient un système involutif, dont le centre
est situé sur l'autre axe et qui fait partie du système involutif gauche ;
de même, tout point réel situé sur l'un des axes est le centre d'une
gerbe involutive contenue dans le système, dont le plan d'involution
passe par l'autre axe.

Pour déterminer un système involutif gauche, on peut prendre arbitrairement les deux axes d'involution non concourants u,v.

Une surface du second ordre F^2, par rapport à laquelle u est la polaire
de v, se présente à nous comme une surface involutive de ce système,
puisque deux quelconques de ses points, dont la droite de jonction
coupe les axes u et v, sont harmoniquement séparés par u et v. Si la
surface F^2 est réglée, ses génératrices sont conjuguées deux à deux
dans le système involutif et harmoniquement séparées par les axes u,v ;

les rayons de ses deux systèmes réglés sont accouplés involutivement et un plan quelconque mené par u (ou v) les coupe suivant les couples de points d'une courbe involutive du second ordre, dont l'axe d'involution est situé sur l'autre axe v (ou u).

Un système de rayons de premier ordre et de première classe, dont les axes sont ou bien imaginaires, ou bien réels et distincts l'un de l'autre, détermine un système involutif gauche (II, page 93) dont les directrices forment le système de rayons. Deux points ou deux plans conjugués de ce système involutif sont conjugués par rapport à toutes les surfaces réglées du second ordre contenues dans le système de rayons. Chacune de ces surfaces réglées se compose de directrices du système, l'autre au contraire est un système réglé involutif contenu dans le système.

Un système réglé en involution aa_1. bb_1. cc_1..... *détermine un système involutif gauche qui contient le système réglé en involution et dont chaque directrice est conjuguée à elle-même.*

En effet, soient p,q,r trois directrices quelconques du système réglé, on peut rapporter deux espaces collinéairement l'un à l'autre de telle sorte qu'aux droites $a,b.a_1,p,q,r$ de l'un, correspondent respectivement les droites a_1,b_1,a,p,q,r de l'autre (II. page 29) ; ces deux systèmes collinéaires sont en involution, parce que leurs points et leurs plans se correspondent doublement deux à deux, comme ap et a_1p, et ils ne forment pas un système perspectif-involutif, mais bien un système involutif gauche, parce que les rayons conjugués a,a_1 ne se coupent pas. Le point S, où se rencontrent les plans ap,bq,cr et qu'on peut considérer comme un point quelconque de l'espace, a pour correspondant le point S_1 d'intersection des plans a_1p, b_1q, c_1r et $\overline{SS_1}$ est la directrice du système involutif qui passe par S. Les rayons doubles réels ou imaginaires du système réglé involutif constituent les axes du système.

Deux systèmes réglés involutifs aa_1. $bb_1.cc_1$..... et pp_1. qq_1. rr_1..., dont chacun est le système directeur de l'autre, déterminent aussi un système involutif gauche, dans lequel ils sont contenus. On obtient ce système en rapportant deux espaces collinéairement l'un à l'autre de manière qu'aux droites a,a_1 b,p, p_1,q de l'un correspondent respectivement les droites a_1,a,b_1,p,q_1 de l'autre. En effet, les points ou les plans ap et a_1p_1 se correspondent doublement ; le point d'intersection des plans ap, bq, cr est conjugué à celui des plans a_1p_1,b_1q_1, c_1r_1, etc. Si l'un des deux systèmes a deux rayons doubles imaginaires et l'autre au contraire deux rayons doubles m et n réels, les axes du système involutif sont imaginaires; car, dans ce cas, il n'y a aucun point réel des directrices m, n et aucun plan réel passant par ces droites qui soit conjugué à lui-même.

DIX-HUITIÈME LEÇON.

Complexes de rayons engendrés par des systèmes collinéaires de l'espace.

Lorsque deux systèmes collinéaires de l'espace Σ et Σ_1 ne sont pas perspectifs et n'ont pas pour éléments correspondants communs les rayons d'un système de rayons de premier ordre et de première classe, ils engendrent un *complexe de rayons* auquel nous attribuons comme partie intégrante toute droite d'intersection de deux plans homologues α et α_1 des espaces. Tout rayon s de ce complexe, considéré comme élément de Σ et de α, est situé avec son correspondant s_1 de Σ_1 dans un même plan α_1 et se distingue par là d'un rayon quelconque de l'espace. Considérons le point d'intersection ss_1 des deux rayons homologues comme appartenant à Σ_1, le point qui lui correspond dans Σ_1 est situé sur s, en sorte que ce complexe de rayons se présente aussi à nous comme l'ensemble des droites qui joignent les points homologues de Σ et Σ_1. Donc :

Le complexe de rayons engendré par les deux espaces collinéaires
Σ *et* Σ_1 *se compose aussi bien des droites d'intersection des plans homologues que de celles qui unissent les points homologues des espaces; conséquemment, il est réciproque à lui-même ; il se compose en outre de toutes les droites qui coupent les droites qui leur correspondent.*

Deux gerbes homologues de Σ et Σ_1 engendrent l'une avec l'autre le système de cordes d'une courbe gauche du troisième ordre qu'on appellera la *courbe double* du complexe, parce que toutes ses cordes font partie de ce complexe. Cette courbe peut se décomposer en une droite et une conique ou en trois droites, et cela arrivera nécessairement si les espaces Σ et Σ_i ont un faisceau de plans correspondant commun. Toutes les cordes de la courbe gauche qui passent par les centres S et S′ des gerbes sont situées sur deux surfaces coniques du second ordre. — De plus, deux systèmes plans homologues de Σ et Σ_i engendrent le système d'axes d'un faisceau de plans du troisième ordre qui appartient au complexe et que nous appellerons le *faisceau de plans double* du complexe ; et tous les axes de ce faisceau de plans qui sont situés dans les deux systèmes plans forment un faisceau de rayons du second ordre.

Ainsi :

Tous les rayons du complexe, qui passent par un point quelconque S, forment une surface conique du second ordre qui	Tous les rayons du complexe, qui sont situés dans un plan quelconque, forment un faisceau de rayons du second ordre qui

peut se décomposer en deux faisceaux du premier ordre. C'est à cause de cette propriété fondamentale que nous dirons que le complexe de rayons est du *second degré* ou *quadratique;* les surfaces coniques et les faisceaux de plans qu'il renferme s'appellent *les cônes et les faisceaux de rayons du complexe.*

Les espaces collinéaires Σ et Σ_i peuvent avoir comme éléments correspondants communs des points et des plans isolés ou en nombre infini ; nous dirons que ce sont les *points principaux* et les *plans principaux* du complexe de rayons engendré par Σ et Σ_i. Les théorèmes qu'on vient d'énoncer sont sujets à une exception pour ces points et ces plans ; en effet, comme tout rayon passant par un point principal ou contenu dans un plan principal est coupé par le rayon qui lui correspond, on voit que :

Tout rayon passant par un point principal ou situé dans un plan principal fait partie du complexe de rayons ; tous les cônes et toutes les courbes doubles du complexe passent donc par tous les points principaux, tous les faisceaux de plans doubles passent par tous les plans principaux du complexe.

Comme les systèmes plans collinéaires de Σ et Σ_i, qui sont superposés dans un plan principal, ont au moins un point correspondant commun,

(II, page 139-140), tout plan principal doit renfermer au moins un point principal et de même par tout point principal il doit passer au moins un plan principal.

Si un faisceau S de rayons du premier ordre contient plus de deux rayons du complexe, il se compose uniquement de rayons de ce complexe; son centre est situé sur un plan principal et son plan passe par un point principal du complexe.

En effet, le faisceau S de rayons de Σ ayant pour correspondant le faisceau S_1 de Σ_1, ces faisceaux doivent, dans le cas qui nous occupe, être concentriques, ou dans un même plan, ou perspectifs, en sorte que chaque rayon de S coupe le rayon correspondant de S_1. Dans le premier cas, le centre du faisceau est un point principal; dans le second, son plan est un plan principal; nous n'avons donc à démontrer la dernière partie du théorème que pour le troisième cas, où les faisceaux S et S_1 ne sont ni concentriques, ni coplanaires, mais perspectifs. Or au rayon $\overline{SS_1}$ de Σ correspond un rayon de Σ_1, passant par S_1, qui est situé dans un même plan principal avec $\overline{SS_1}$; car le plan qui unit ces deux rayons homologues contient encore deux autres rayons homologues appartenant aux faisceaux, de sorte qu'il renferme deux rayons de Σ et en même temps les deux rayons correspondants de Σ_1. On voit d'une manière analogue que la droite de Σ suivant laquelle se coupent les plans des deux faisceaux perspectifs a un point principal commun avec la droite qui lui correspond.

Nous donnerons à tout point, dont le cône du complexe se décompose en deux faisceaux ordinaires de rayons, le nom de point *singulier*; et à tout plan, dont le faisceau de rayons du complexe se compose de deux faisceaux de rayons du premier ordre, celui de *plan singulier* du complexe. De ce qui précède, on déduit alors le théorème suivant :

Le lieu de tous les points singuliers du complexe se compose des plans principaux et le lieu de tous les plans singuliers est formé des points principaux du complexe.

Pour que tous les cônes et les faisceaux de rayons du complexe ne se décomposent pas chacun en deux faisceaux de rayons du premier ordre, nous supposerons désormais que les espaces collinéaires Σ et Σ_1 n'ont comme élément correspondant commun ni un faisceau de plans, ni une ponctuelle. Le complexe n'a alors que des points et plans principaux isolés, et il n'a au plus que quatre points et quatre plans principaux. Lorsqu'il existe quatre points principaux réels, ces points forment un tétraèdre dont les faces sont les quatre plans principaux du complexe. Si l'on rapporte deux espaces collinéairement l'un à l'autre de telle manière qu'ils aient pour éléments correspondants communs les sommets A,B,C,D d'un tétraèdre et qu'on fasse correspondre entre eux deux points arbitraires E,E₁ qui ne soient ni situés sur les faces du tétraèdre, ni coplanaires avec aucune de ses arêtes, ces deux espaces engendrent un complexe *tétraédral* de rayons, dont ABCD est le *tetraèdre principal* et dont $\overline{EE_1}$ est un rayon quelconque.

Soient α,α₁ et β,β₁ deux couples quelconques de plans homologues de Σ et Σ₁, dont les droites d'intersection sont par conséquent deux rayons a et b du complexe ; $\overline{\alpha\beta}$ et $\overline{\alpha_1\beta_1}$ sont alors les axes de deux faisceaux homologues de plans des espaces collinéaires ; ces faisceaux de plans engendrent une surface réglée ou un cône du second ordre, *contenu dans le complexe*, qui passe par a,b et par tous les points principaux :

Donc :

Deux rayons quelconques a, b du complexe peuvent être réunis par une surface du second ordre, qui renferme un système de rayons du complexe ainsi que tous les points principaux.

De même il passe par a et b une surface de seconde classe tangente à tous les plans principaux. — Cette surface du second ordre, passant par a,b et tous les points principaux, peut être engendrée par deux faisceaux projectifs de plans a,b dont deux plans homologues se coupent en chaque point principal. Dans le cas d'un tétraèdre principal réel, on a immédiatement les propriétés fondamentales suivantes du complexe tétraédral[1].

Les sommets du tetraèdre principal sont projetés de deux rayons quelconques du complexe par des faisceaux projectifs de plans.	*Les faces du tétraèdre principal sont coupées par deux rayons quelconques du complexe suivant des ponctuelles projectives.*

Ces théorèmes fournissent pour le problème 15 du supplément au *Systematische Entwickelung*...... une autre solution que celle qu'attendait *Jacob Steiner*.

Un complexe tétraédral est complètement déterminé, quand on

---

1. Elles ont été énoncées pour la première fois par M. *H. Muller* dans les *Mathemat. Annalem*, t. I.

donne son tétraèdre principal ABCD et un rayon s *qui ne coupe au-*
cune arête du tétraèdre.

En effet, le cône du complexe issu d'un point quelconque S situé sur
s se trouve tout d'abord déterminé par ses cinq rayons s, $\overline{SA}$, $\overline{SB}$,
$\overline{SC}$, $\overline{SD}$; lorsque S est situé dans l'un des plans principaux, $\overline{BCD}$ par
exemple, ce cône se décompose en deux faisceaux de rayons, dont
l'un est dans le plan $\overline{BCD}$ et l'autre dans le plan $\overline{As}$. En effet, ce dernier faisceau contient trois rayons du complexe, à savoir : $\overline{SA}$, s et le
rayon du complexe situé dans le plan $\overline{BCD}$; par conséquent il se compose uniquement de rayons du complexe. Donc :

Tous les rayons du complexe, qui coupent une face du tétraèdre en
un point quelconque, forment un faisceau de rayons, dont le plan
passe par le sommet opposé. Étant donnée une droite a, *passant par un*
point principal A et contenue dans un plan principal $\overline{ACD}$, *on peut*
en conséquence construire une droite b, *contenue dans le plan prin-*
cipal $\overline{BCD}$ *et passant par le point principal B de telle sorte que tout*
rayon qui coupe les droites a *et* b *appartient au complexe.*

En s'appuyant sur ce théorème, d'après lequel le complexe tétraédral
renferme une infinité de faisceaux de rayons du premier ordre, on peut
en partant de s construire linéairement tous les autres rayons du complexe ; et comme on a précédemment démontré (II, page 152) qu'il
existe un complexe possédant le tétraèdre principal ABCD et le rayon s,
on voit de plus que ce complexe est complètement déterminé. En passant, on reconnaît encore que :

Tous les cônes du complexe, dont les sommets sont situés sur une droite passant par un point principal A, ont une seule et même conique commune avec le plan principal opposé $\overline{BCD}$.	Tous les faisceaux de rayons du complexe, dont les plans se coupent sur un même plan principal, sont projetés du point principal opposé suivant un seul et même faisceau de plans du second ordre.

Pour tout complexe de rayons engendré par deux espaces collinéaires
Σ et Σ$_1$ on a ce théorème :

Trois rayons quelconques a,b,c *du complexe, qui ne sont pas situés*
sur une même surface réglée ou conique contenue dans le complexe,
déterminent une courbe double du complexe, dont ils sont des
cordes, et un faisceau double de plans, dont ils sont des axes.

En effet, les trois couples de plans homologues de Σ et Σ_1 qui se coupent suivant a,b et c appartiennent à deux gerbes homologues déterminées de Σ et Σ_1 et ces dernières engendrent la courbe double, déterminée par a,b,c, et son système de cordes. Lorsque deux des rayons a,b,c se coupent, la courbe double passe par le point d'intersection P ; et comme tous les rayons du complexe qui passent par P sont engendrés par deux faisceaux homologues de plans de Σ et Σ_1, on voit que :

Un rayon a *du complexe et un point P extérieur à* a *déterminent une courbe double du complexe qui passe par P et* a a *pour corde. Par deux points quelconques* P,P_1 *d'un rayon* a *d'un complexe il passe toujours une courbe double déterminée.*

Il faut toutefois que P et P_1 ne soient pas des points principaux. — Les courbes doubles en nombre infini, qui d'après le théorème précédent sont situées sur un cône quelconque P du complexe, ne peuvent avoir deux à deux plus de quatre points communs différents de P ; car s'il en était autrement, elles coïncideraient (II, page 105) ; il résulte encore de là que le complexe peut avoir tout au plus quatre points principaux. Mais en même temps on reconnaît qu'il y a différentes espèces de complexes, suivant que les quatre points sont réels ou imaginaires deux à deux, que deux, trois d'entre eux ou tous les quatre coïncident.

Lorsque deux cônes du complexe, ou en général deux surfaces du second ordre contenues dans ce complexe, se coupent suivant un rayon a *du complexe et une courbe gauche du troisième ordre, cette dernière est une courbe double du complexe.*

En effet, cette courbe coïncide avec la courbe double déterminée par a et deux autres rayons b,c du complexe situés sur les deux surfaces.

Deux courbes doubles quelconques k^3 et l^3 sont engendrées par deux couples de gerbes homologues K,K_1 et L,L_1 de Σ et Σ_1 ; elles ont donc pour cordes communes toutes celles suivant lesquelles se coupent les plans correspondants des faisceaux $\overline{KL}$ et $\overline{K_1L_1}$. Comme ces deux faisceaux homologues de Σ et Σ_1 sont projectifs, les deux courbes doubles sont situées sur une même surface du second ordre contenue dans le complexe, et :

Les cordes communes de deux courbes doubles quelconques du complexe forment un système	Les axes communs de deux faisceaux doubles de plans du complexe forment un système réglé ou

réglé ou une surface conique du | un faisceau de rayons du second
second ordre. | ordre.

Le complexe est complètement déterminé quand on donne deux quelconques k^5 et l^5 de ses courbes doubles. En effet, si l'on réunit k^5 et l^5
avec l'une quelconque s de leurs cordes communes par deux surfaces
du second ordre, ce qui est possible d'une infinité de manières, ces surfaces, étant contenues dans le complexe, se coupent suivant s et suivant une courbe double, qui en général, est différente de k^5 et l^5.

Toutes les courbes doubles ainsi déterminées ont en général chacune
au moins une corde commune avec un plan quelconque et cette corde
appartient au faisceau de rayons du complexe contenu dans ce plan ;
comme ce faisceau est du second ordre, il est déterminé par cinq de
ses rayons. k^5 et l^5 déterminent donc tous les rayons du complexe situés
dans un plan quelconque et par suite, d'une manière générale, tous les
rayons du complexe.

Nous pouvons de plus énoncer le théorème suivant, dont la démonstration a déjà été donnée (II, page 152) pour le cas d'un tétraèdre principal réel.

*Pour rapporter collinéairement l'un à l'autre deux systèmes de l'es-
pace, de telle manière qu'ils engendrent un complexe de rayons donné,
on peut assigner comme éléments correspondants l'un à l'autre deux
points quelconques P et P_1, situés sur un même rayon du complexe, ou
deux plans se coupant suivant un même rayon de ce complexe ou enfin
deux rayons du complexe situés dans un même plan. De cette manière,
étant donné un élément quelconque de l'un des systèmes, son correspondant dans l'autre système est complètement déterminé.*

Les points P et P_1, qui doivent se correspondre dans les systèmes
Σ et Σ_1 de l'espace, sont les centres de deux gerbes collinéaires, dont la
collinéation est déterminée par le complexe donné. En effet, tout rayon du
complexe passant par P est situé dans un même plan avec un rayon correspondant de la gerbe P_1 ; et les cônes du complexe P et P_1, qui ont en
commun le rayon $\overline{PP_1}$ et une courbe gauche k^3 passant par P et P_1,
sont projectivement rapportés l'un à l'autre de telle sorte que leurs
rayons homologues se coupent deux à deux sur la courbe double k^3. En
même temps, les gerbes P et P_1 sont par là même rapportées collinéairement l'une à l'autre de telle manière que leurs plans homologues ont
deux à deux en commun une corde de k^5.

Soit maintenant l^3 une courbe double quelconque du complexe, différente de k^3, et soient Q et Q_1 les centres encore inconnus des gerbes collinéaires de Σ et Σ_1 qui engendrent toutes les cordes de la courbe gauche l^3 du troisième ordre. Les cordes communes à k^3 et l^3 forment un système réglé ou une surface conique du second ordre et par conséquent sont projetées de P et P_1 par deux faisceaux de plans. Les axes de ces faisceaux sont ou des directrices du système réglé ou des rayons de la surface conique et ont chacun en commun avec la courbe l^3 un point (II. page 102) différent du sommet du cône. Nous devons prendre ces points pour centre des gerbes cherchées Q et Q_1 de telle sorte que $\overline{PQ}$ et $\overline{P_1Q_1}$ soient les axes de ces faisceaux de plans. En effet, rapportons collinéairement l'une à l'autre les deux gerbes qui ont ces points Q et Q_1 pour centres, de manière que deux plans homologues quelconques se coupent suivant une corde de la courbe double l^3; au faisceau de plans $\overline{PQ}$ commun aux gerbes P et Q correspond le faisceau de plans $\overline{P_1Q_1}$ commun aux gerbes P_1 et Q_1; et ceci est nécessaire et suffisant pour que les gerbes P et Q de Σ et les gerbes P_1 et Q_1 qui leur sont collinéaires établissent la collinéation entre les deux systèmes Σ et Σ_1 de l'espace. (Voir II. page 24-25). Le complexe engendré par Σ et Σ_1 est identique avec le complexe donné, ainsi qu'on le demandait, puisqu'il a en commun avec ce dernier toutes les cordes des courbes doubles k^3 et l^3.

En passant, il résulte de cette démonstration que :

Deux courbes quelconques du troisième ordre k³ *et* l³, *dont les cordes communes forment un système réglé ou une surface conique du second ordre, peuvent toujours être considérées comme des courbes doubles d'un complexe de rayons qu'elles déterminent.*

Si l'on nous donne comme éléments homologues des systèmes collinéaires Σ et Σ_1 non plus deux points P et P_1 d'un rayon du complexe, mais deux rayons quelconques s et s_1 de ce complexe, qui se coupent, ou deux plans quelconques π et π_1 passant par un rayon du complexe, nous pourrons immédiatement ramener ce cas à celui que nous avons considéré d'abord. En effet, à tout point P de s correspond le point P_1 de s_1 qui est réuni à P par un troisième rayon du complexe situé dans le plan $\overline{ss_1}$; et comme le faisceau de rayons du complexe situé dans $\overline{ss_1}$ nous est donné, puisqu'il fait partie du complexe, nous pouvons trouver immédiatement le point P_1 qui correspond à P. De même, étant donné un rayon quelconque du complexe S du plan π, nous pouvons aisément trouver le rayon correspondant S_1 de π_1, puisque ces deux droites doivent se couper sur la droite $\overline{\pi\pi_1}$; au point P où se coupent deux rayons du complexe situés dans π correspond le point P_1 où se coupent les deux rayons homologues situés dans π_1. Comme les gerbes des espaces collinéaires qui contiennent les plans π et π_1, engendrent une courbe double passant par leurs centres P,P_1 et dont $\overline{\pi\pi_1}$ est une corde, on voit en passant que :

Deux plans passant par un rayon a du complexe sont coupés en des systèmes de point collinéaires par les courbes doubles qui ont a pour corde.

Étant donné un système Σ de l'espace, construisons tous les systèmes collinéaires possibles qui engendrent avec Σ un complexe de rayons donné ; tous les points qui correspondent à un point donné P de Σ sont situés sur le cône du complexe issu de P, parce que chacun d'eux est réuni à P par un rayon du complexe ; tous les plans, qui correspondent à un plan donné π de Σ, passent par les rayons du complexe contenus dans π ; si l'on considère les rayons du complexe qui correspondent à à un rayon donné s du complexe appartenant à Σ et qui par conséquent le coupent, tous ceux qui passent par un point donné de s forment un cône du second ordre, et tous ceux qui sont situés avec s dans un plan arbitraire constituent un faisceau de rayons du second ordre.

Deux quelconques de ces espaces collinéaires à Σ sont aussi collinéaires entre eux ; c'est seulement dans des cas particuliers, qu'ils engendrent l'un avec l'autre le même complexe que chacun d'eux détermine avec Σ.

Supposons en effet que les espaces collinéaires Σ, Σ_1 et Σ_2 engendrent deux à deux le complexe donné, et soient P,P_1,P_2 trois points homologues, π,π_1,π_2 trois plans homologues et s,s_1,s_2 trois rayons homologues du complexe appartenant respectivement à Σ,Σ_1 et Σ_2 ; voici ce qui doit arriver : les points homologues P,P_1,P_2 sont situés sur un seul et même rayon du complexe ou sur une seule et même courbe double, parce que les cônes P et P_1 du complexe contiennent respectivement les rayons $\overline{PP_1}$ et $\overline{PP_2}$ du complexe, que par suite ils passent tous deux par P_2 et ont de plus le rayon $\overline{PP_1}$ qui leur est commun ; de même les trois plans homologues π,π_1,π_2, font partie d'un seul et même faisceau double de plans, parce que chacune de leurs trois droites d'intersection est un rayon du complexe, ou bien ils se coupent suivant un seul et même rayon du complexe ; enfin les trois rayons homologues s,s_1,s_2 du complexe, étant tels que l'un quelconque d'entre eux coupe les deux autres, doivent être situés dans un seul et même plan et alors faire partie du faisceau du complexe situé dans ce plan, ou bien ils doivent passer par un seul et même point et appartenir au cône du complexe issu de ce point.

Si les plans homologues π, π_1, π_2 passent par un même rayon a du complexe, trois points homologues P, P_1, P_2 de ces plans sont situés sur une même courbe double k^5, dont a est une corde, et trois plans homologues de $\Sigma, \Sigma_1, \Sigma_2$ passant respectivement par P, P_1, P_2 se coupent suivant une corde de k^5; trois rayons correspondants quelconques du complexe, contenus dans ces plans, passent par un seul et même point de la corde, puisqu'ils doivent se couper. Donc :

Étant donné un système Σ de l'espace, si l'on construit tous les systèmes qui lui sont collinéaires, et qui non seulement engendrent avec Σ un complexe donné, mais qui l'engendrent également quand on les prend deux à deux, il se produira l'un des deux cas suivants.

1° Tout plan de Σ forme avec tous ses plans correspondants un faisceau du premier ordre, dont l'axe est un rayon du complexe, tout point de Σ est situé avec ses homologues une courbe double et tout rayon du complexe constitue avec ses homologues un cône du complexe;

2° Ou bien, tout plan de Σ forme avec ses homologues un faisceau double de plans, tout point de Σ est situé avec ses homologues sur un rayon du complexe et tout rayon du complexe constitue avec ses homologues un faisceau de rayons du complexe.

DIX-NEUVIÈME LEÇON.

**Faisceaux de surfaces du second ordre. Courbes gauches
et faisceaux de plans du quatrième ordre.**

Si deux systèmes collinéaires de l'espace Σ et Σ_1 sont rapportés réciproquement à un troisième Σ', le complexe de rayons engendré par Σ et Σ_1 se trouve par là même rapporté projectivement à Σ' et d'une double manière. En effet, tout point de Σ' a pour correspondants deux plans homologues de Σ et Σ_1 et par conséquent aussi le rayon du complexe suivant lequel ils se coupent; et si un point parcourt une droite quelconque g' ou un plan α' de Σ', le rayon correspondant du complexe décrit une surface réglée ou une surface conique projective à g', ou bien le système de cordes projectif à α' d'une courbe double du complexe. D'un autre côté, tout plan de Σ' a pour correspondants deux points homologues de Σ et Σ_1 et le rayon du complexe qui les réunit; et si ce plan pivote autour de l'un de ses points A', le rayon correspondant décrit le système d'axes d'un faisceau de plans double du complexe, projectif à la gerbe A'. Tout rayon du complexe de Σ et Σ_1 a pour correspondants dans Σ' deux rayons qui se coupent, aussi bien que leur point d'intersection et le plan qui les réunit. Suivant l'expression usitée, le complexe de rayons engendré par Σ et Σ_1 est *représenté* projectivement aussi bien dans le système de points Σ' que dans le système de plans Σ' de l'espace.

Nous allons supposer maintenant que les espaces Σ et Σ_1, réciproques à Σ', soient en involution avec Σ' et constituent avec lui deux systèmes polaires ordinaires de l'espace. Nous pouvons prendre arbitrairement pour leurs surfaces doubles deux surfaces quelconques du second ordre qui ne soient pas des cônes et qui ne se décomposent pas en plans. Les théorèmes de la dernière leçon deviennent ainsi applicables aux surfaces du second ordre et se présentent avec une clarté et une signification nouvelles. On voit immédiatement que :

Deux systèmes polaires de l'espace déterminent en général un complexe de rayons du second ordre ; ce complexe contient toutes les droites dont les deux plans polaires se coupent. A tout point correspond un rayon du complexe qui lui est doublement conjugué, c'est la droite d'intersection de ses deux plans polaires ; de même tout plan a pour correspondant un rayon du complexe, qui lui est doublement conjugué ; c'est la droite qui joint ses deux pôles.

D'après cela, un rayon g' du complexe a pour conjugués dans les deux systèmes polaires aussi bien un plan γ qu'un point G ; les deux polaires g et g_1 de g' passent par G et sont situées dans γ. Cherchons les deux polaires de g ; l'une coïncide avec g', l'autre est située avec g' dans l'un des plans polaires de G et coupe g' en l'un des pôles de γ. Donc :

Le complexe de rayons se correspond à lui-même dans chacun des deux systèmes polaires, puisque les polaires de chaque rayon du complexe sont encore des rayons du complexe.

Chaque point principal du complexe de rayons est le point où se réunissent les deux pôles d'un même plan ; ce plan est un plan principal du complexe, parce que les deux plans polaires du point principal se confondent avec lui. Par suite

A chaque point principal du complexe correspond comme polaire dans les deux systèmes polaires un plan principal déterminé.

Comme dans la dernière leçon, nous excluons le cas particulier où le complexe de rayons comprend un nombre infini de points et de plans principaux. Dans ces conditions, le complexe n'a au plus que quatre points et quatre plans principaux réels et le tétraèdre principal qu'ils constituent est un tétraèdre polaire commun aux deux systèmes polaires, puisque chacun de ses sommets est le pôle de la face opposée. L'hypothèse que nous venons de faire, à savoir qu'il ne doit exister que des points et des plans principaux isolés, peut donc aussi s'exprimer de la manière suivante :

Les deux systèmes polaires doivent avoir au plus un tétraèdre polaire ABCD commun, de sorte que les plans polaires d'un cinquième point ne peuvent pas coïncider.

Si ce tétraèdre polaire est réel, ses sommets seront projetés de deux quelconques des rayons du complexe suivant des faisceaux de plans projectifs, et ses faces couperont deux rayons quelconques du complexe en des ponctuelles projectives (II, page 152).

Les points d'un plan quelconque ϰ ont pour conjuguées dans les deux systèmes polaires les cordes d'une courbe double k^5 du complexe, laquelle passe par tous les points principaux. Réciproquement, les cordes et les points d'une courbe double quelconque sont doublement conjugués aux points et aux rayons du complexe contenus dans un plan.	Les plans qui passent par un point quelconque ont pour conjugués dans les deux systèmes polaires les axes d'un faisceau double de plans du complexe. Réciproquement, les axes et les plans d'un faisceau double quelconque de plans ont pour conjugués doubles les plans et les rayons du complexe qui passent par un point.

En effet, lorsqu'un point parcourt le plan ϰ, ses deux plans polaires décrivent deux gerbes collinéaires et ces dernières engendrent la courbe double k^5 et son système de cordes. Réciproquement, si k^5 est donnée, déterminons les points doublement conjugués à trois cordes quelconques a, b, c de k^5 et joignons-les par un plan; les points de ce plan ont pour conjuguées les cordes d'une courbe double qui a trois cordes a, b, c, communes avec k^5 et qui, par conséquent, est identique avec cette dernière courbe (II, page 153).

Le complexe de rayons est engendré par deux systèmes collinéaires de l'espace Σ et Σ_1, qui sont réciproques à un troisième Σ' et sont en involution, de telle sorte qu'ils forment avec Σ' les deux systèmes polaires. Construisons maintenant un quatrième système de l'espace Σ_2, qui soit collinéaire avec Σ et Σ_1 et engendre avec chacun d'eux le complexe donné; il faut (II, page 156) que trois plans homologues de Σ, Σ_1 et Σ_2 se coupent suivant un seul et même rayon du complexe, ou que trois points homologues de ces systèmes soient situés sur un seul et même rayon du complexe.

Dans l'un et l'autre cas, on peut démontrer que Σ_2 est aussi en involution par rapport au système Σ', qui lui est réciproque, et qu'il constitue avec lui un système polaire; ceci du reste est évident par soi-même, quand le complexe a un tétraèdre principal réel, puisque celui-ci est aussi un tétraèdre polaire des deux derniers systèmes polaires.

Dans le premier cas que nous venons d'indiquer, à tout point P de Σ' correspondent respectivement dans Σ, Σ_1 et Σ_2 trois plans π, π_1, π_2 qui se coupent suivant un seul et même rayon du complexe et à tout point R de ce dernier correspondent trois plans ρ, ρ_1 et ρ_2 qui doivent se couper suivant un rayon du complexe passant par P, parce que P et R sont conjugués dans les deux systèmes polaires donnés. Or, comme chacun des points P et R de Σ' a pour correspondant dans Σ_2 un plan passant par l'autre point, la ponctuelle $\overline{PR}$ de Σ' est en involution avec le faisceau de plans $\overline{\pi_2\rho_2}$ qui lui correspond dans Σ_2.

Supposons qu'un système plan ε soit donné dans Σ' et qu'il ait pour correspondant une gerbe E_2 de Σ_2, dont le sommet ne soit pas situé sur ε; nous pourrons de cette manière trouver dans ε une infinité de ponctuelles qui soient en involution avec les faisceaux de plans correspondants de E_2; il résulte de là que ε et E_2 sont en involution (II, page 72). Et comme il en sera de même pour tous les systèmes plans de ce genre appartenant à Σ' et pour les gerbes correspondantes de Σ_2, Σ' et Σ_2 sont en involution, comme on l'a énoncé.

Quant à ce qui regarde le second cas, qui se déduit du premier au moyen de la loi de réciprocité, on peut en donner une démonstration directe en suivant une marche analogue.

Si l'on a égard au dernier théorème de la dix-huitième leçon, (II, page 156), il résulte de ce qui précède que :

Étant donnés deux systèmes polaires de l'espace, si l'on construit tous les systèmes polaires qui engendrent soit entre eux, soit avec les deux systèmes donnés le même complexe que ces deux systèmes polaires donnés, il se produit l'un des deux cas suivants :

1° *Les plans polaires d'un point quelconque se coupent suivant un seul et même rayon du complexe, les pôles d'un point quelconque sont situés en général sur une courbe gauche du troisième ordre, dont le système de cordes fait partie du complexe, et les polaires d'un rayon quelconque du complexe forment un cône du complexe, qui est du second ordre ;*

2° *Ou bien, les plans polaires d'un point quelconque constituent en général un faisceau de plans du troisième ordre, dont le système d'axes fait partie du complexe, les pôles d'un plan quelconque sont situés sur un seul et même rayon du complexe et les polaires d'un rayon quelconque du complexe constituent un faisceau de rayons du second ordre appartenant au complexe.*

Nous dirons, dans le premier cas, que toutes les surfaces doubles des systèmes polaires constituent un faisceau ponctuel de surfaces du second ordre F^2, ou pour abréger un *faisceau ponctuel de F^2* ; et que dans le second cas, elles forment un faisceau tangentiel de surfaces de seconde classe Φ^2, ou un *faisceau tangentiel de Φ^2*. Comme, dans ces deux cas, deux systèmes polaires déterminent tous les autres, il en résulte que

Deux surfaces de second ordre et de seconde classe déterminent un faisceau ponctuel de F^2, qui les contient, et un faisceau tangentiel de Φ^2, qui passe par elles.

Puisque dans le premier cas, les plans polaires d'un point quelconque P constituent un faisceau de plans du premier ordre dont il ne passe en général par P qu'un plan unique π, le point P est situé sur la surface double du système polaire dans lequel P est le pôle de π. Cependant, si P est situé sur l'axe de ce faisceau de plans, et par conséquent se trouve sur chacun de ses plans polaires, la surface double de chacun des systèmes polaires passe par P. Les pôles d'un plan ε sont situés en général sur une courbe gauche du troisième ordre; comme elle a au moins un point et au plus trois points communs avec ε, il y a au moins un et au plus trois des systèmes polaires dont les surfaces doubles soient tangentes à ε (le contact ayant d'ailleurs lieu aux points d'intersection). Donc :

Dans un faisceau ponctuel de F^2, il ne passe qu'une seule surface par un point arbitraire P, quand P n'est pas situé sur chacune des surfaces du faisceau. Il y a au moins une et au plus trois surfaces du faisceau qui soient tangentes à un plan arbitraire ε.	Dans un faisceau tangentiel de Φ^2, il n'y a qu'une seule surface tangente à un plan arbitraire π, quand π n'est pas tangent à toutes les surfaces du faisceau. Par un point arbitraire, il passe au moins une et au plus trois surfaces du faisceau.

Lorsque deux surfaces du second ordre se coupent, chacune des surfaces du faisceau ponctuel de F^2 qu'elles déterminent passe par la courbe d'intersection, d'après ce qui précède. Cette courbe d'intersection s'appelle *la courbe fondamentale, la ligne double* ou *la base* du faisceau

ponctuel de F². C'est en général *une courbe gauche du quatrième ordre,*
qui n'a pas plus de quatre points communs avec un plan quelconque,
ni plus de deux points communs avec une droite quelconque. En effet,
les deux surfaces du second ordre sont coupées par un plan suivant
deux courbes du second ordre qui ne peuvent avoir plus de quatre
points communs, à moins qu'elles ne coïncident. La courbe du quatrième ordre peut aussi, comme nous l'avons vu (II, pages 56 et 122) se
décomposer en deux coniques, ou en une droite et une courbe gauche
du troisième ordre, ou bien en quatre droites ; nous ne nous occuperons pas davantage ici de ces cas particuliers.

Les plans tangents communs à deux surfaces du second ordre forment en général un *faisceau de plans du quatrième ordre,* tel qu'il
ne passe pas plus de quatre de ses plans par un point quelconque P.
En effet, les deux cônes du second ordre, ayant leurs sommets en P et
circonscrits aux surfaces données, ne peuvent avoir plus de quatre plans
tangents communs, à moins de coïncider. La double proposition énoncée ci-dessus nous donne les théorèmes suivants pour ces courbes gauches et faisceaux de plans du quatrième ordre :

Par une courbe gauche du qua-trième ordre k^4, intersection de deux surfaces F^2 et F_1^2 du second ordre, et par un point quelconque P extérieur à k^4, on peut faire pas-ser une surface F_2^2 du second or-dre. Cette surface appartient au faisceau ponctuel de F^2 déterminé par F^2 et F_1^2.	Étant donné un faisceau de plans du quatrième ordre, circonscrit à deux surfaces Φ^2 et Φ_1^2 de seconde classe, on peut y inscrire une troi-sième surface Φ_2^2 de seconde classe qui soit tangente à un plan arbi-traire donné. Cette surface Φ_2^2 ap-partient au faisceau tangentiel de Φ^2 déterminé par Φ^2 et Φ_1^2.

Choisissons le point P (théorème de gauche) de manière qu'il soit
situé sur une même droite g avec deux points de la courbe k^4, la surface
F_2^2 sera réglée, parce qu'elle contiendra trois points et par suite tous les
points de g. Tout plan mené par g, qui sera rencontré par k^4 en deux
nouveaux points Q et R, aura en commun avec F_2^2 la droite g et la droite
$\overline{QR}$; cette dernière en effet a en commun avec F_2^2 les points Q et R et
un point de g ; elle est donc situé tout entière sur F_2^2. Donc.

Toutes les cordes $\overline{QR}$ de la courbe gauche du quatrième ordre, qui

COURBES GAUCHES DU QUATRIÈME ORDRE.

coupent une corde donnée g en des points extérieurs à la courbe, con-
stituent un système réglé ou une surface conique du second ordre.

Si ces cordes sont situées sur une surface conique du second ordre,
le centre A de cette surface est un point principal du complexe de rayons.
En effet, il existe sur chaque corde un point qui est harmoniquement
séparé de Λ par deux points de la courbe gauche du quatrième ordre
et par suite aussi par chacune des surfaces F² et F₁² ; et tous ces qua-
trièmes points harmoniques sont situés sur le plan polaire du point A
par rapport aux deux surfaces F² et F₁². Réciproquement :

Si deux surfaces du second ordre, qui ont un tétraèdre polaire ABCD
commun,

se coupent suivant une courbe gauche k^4 du quatrième ordre, cette courbe est projetée de chacun des sommets du tétraèdre polaire suivant une surface conique du second ordre.	sont inscrites dans un faisceau de plans du quatrième ordre, ce faisceau sera coupé par chacune des faces du tétraèdre polaire suivant un faisceau de rayons du second ordre.

En effet, toute droite, qui réunit le sommet A à un point quelconque
Q de la courbe k^4, contient encore un second point R de la courbe ; et de
plus Q et R sont harmoniquement séparés par A et par son plan polaire
$\overline{BCD}$. Une corde g passant par A sera donc coupée au point A par toute
autre corde qui est située dans un même plan avec g, mais qui n'a en
commun avec g aucun point de la courbe k^4.

Deux courbes gauches du qua- trième ordre, k^4 et l^4, ont au plus huit points communs.	Deux faisceaux de plans du qua- trième ordre ont au plus huit plans communs.

Soient P, Q et R trois quelconques des points communs aux courbes
gauches k^4 et l^4; la corde commune $\overline{PQ}$ peut alors être réunie aux deux
courbes par le moyen de deux surfaces réglées du second ordre qui
auront en commun, en plus de la corde $\overline{PQ}$, une courbe gauche du troisième ordre.

Cette courbe gauche du troisième ordre, dont $\overline{PQ}$ est une corde (II,
page 104) doit passer par R et par tous les autres points différents de
P et Q, qui sont communs à k^4 et l^4. La corde $\overline{PR}$ nous donne de
même une seconde courbe gauche du troisième ordre, qui doit égale-

ment passer par tous les points communs des courbes k^4 et l^4 différents
de P, Q et R. Deux courbes gauches du troisième ordre, qui ne sont
pas identiques, peuvent avoir au plus cinq points communs ; par conséquent, en dehors de P, Q et R, il y a au plus cinq autres points communs aux deux courbes gauches du quatrième ordre.

La démonstration ci-dessus montre de plus que

*Si deux courbes gauches du quatrième ordre ont huit points com-
muns, et si l'on réunit six de ces points par une courbe gauche du
troisième ordre et les deux autres par une droite, cette droite est une
corde de la courbe gauche du troisième ordre*[1].

Si dans la démonstration du théorème précédent on remplace la courbe
gauche du quatrième ordre k^4 par une courbe gauche du troisième
ordre et l'une de ses cordes, on déduit par la même méthode que

*Une courbe gauche du troisième ordre et une courbe gauche du qua-
trième ordre ont au plus six points communs.*

D'après cela, une courbe gauche du troisième ordre est rencontrée en
six points au plus par une surface du second ordre qui ne passe pas
par elle.

Trois surfaces du second ordre, qui n'ont en commun ni une droite, ni une courbe du second, du troisième ou du quatrième ordre, ont au plus huit points communs.	*Trois surfaces de seconde classe, dont les plans tangents com- muns ne forment pas un faisceau du premier, du second, du troi- sième ou du quatrième ordre, ont au plus huit plans tangents com- muns.*

En effet, quand l'une des trois surfaces du second ordre est coupée
par les deux autres suivant des courbes gauches du quatrième ordre, le
théorème de gauche est une conséquence immédiate des précédents. Si
l'une des deux courbes d'intersection, ou chacune d'elles, se décompose
en des droites ou des coniques, ou en une droite et une courbe gauche
du troisième ordre, la démonstration, très facile du reste, du théorème
se déduit en partie des théorèmes précédents et en partie des propriétés
connues des courbes du second, du troisième et du quatrième ordre.

---

1. Cette propriété importante des huit points d'intersection de trois surfaces du second
ordre a été énoncée pour la première fois par *Hesse* (Journal de Crelle, t. 26).

*Sept points quelconques déterminent en général un huitième point,
qui est situé sur toutes les surfaces du second ordre passant par les
sept points donnés[1].*

Si, parmi les sept points donnés, trois sont situés sur une droite et
cinq sur une conique, ou s'ils sont tous les sept sur une courbe gauche
du troisième ordre, tout point de cette ligne du premier, du second ou
du troisième ordre peut être considéré comme le huitième point
déterminé (incomplètement) par elle. S'il ne se produit aucun de ces
cas particuliers, on trouvera le huitième point par la construction
linéaire qui suit. Par six des sept points donnés on fait passer une courbe
gauche du troisième ordre et par le septième point on lui mène une
corde *s* (II, page 101) ; puis on recommence la même construction en
remplaçant le septième point dont on vient de se servir, par l'un des six
autres ; les deux cordes *s*, que l'on obtient ainsi, se coupent suivant le
huitième point cherché. La corde construite en premier lieu a le point
ainsi déterminé qui lui est commun avec une surface quelconque du
second ordre menée par les sept points ; cela résulte immédiatement de
l'un des théorèmes précédents et de ce que la corde peut être réunie à
la courbe gauche correspondante du troisième ordre par un faisceau de
surfaces du second ordre.

Par huit points quelconques de l'espace, dont cinq ne sont pas contenus dans un même plan, ni trois situés sur une même droite, on ne
peut en général faire passer qu'une seule courbe du quatrième ordre :
car lorsque deux de ces courbes se coupent suivant ces huit points, les
points ont une position particulière, puisque toute courbe du troisième
ordre, qui passe par six d'entre eux, a pour corde la droite qui joint les
deux autres. Nous pouvons considérer la courbe gauche du quatrième
ordre comme construite, du moment qu'on nous donne deux **surfaces**
quelconques du second ordre qui se coupent suivant cette courbe ; et
nous aurons effectivement deux surfaces de ce genre en **résolvant** le
problème suivant :

*Faire passer des surfaces réglées du second ordre par huit points
donnés quelconques, dont six ne sont pas dans un même plan ni
quatre sur une même droite.*

---

1. Les sommets de deux tétraèdres polaires quelconques d'un système polaire de l'espace constituent (II, page 79) un groupe de huit points par lesquels on peut faire passer
un nombre doublement infini de surfaces du second ordre.

Si trois quelconques des points donnés sont situés sur une droite g, celle-ci appartient à chacune des surfaces cherchées. Si en même temps les cinq autres points sont dans un même plan ε, et par suite sur une même conique $\varkappa$, qui peut aussi se composer de deux droites, toute surface du second ordre menée par les huit points se décompose en deux plans, et ε est l'un deux ; en effet, ε a en commun avec la surface six points qui ne sont pas situés sur une même conique. Si les huit points sont sur quatre droites passant par un seul et même point et dont l'une contient trois de ces points, ces droites sont situées sur toutes les surfaces du second ordre passant par les huit points et ces surfaces sont des cônes. Dans tous les autres cas, le problème peut se résoudre comme il suit :

Parmi les huit points, on peut en général en choisir six de différentes manières, de telle sorte que quatre d'entre eux ne soient pas dans un même plan. Nous réunissons ces six points par une courbe gauche du troisième ordre, par le septième et le huitième point nous lui menons des cordes et enfin par ces cordes et la courbe gauche du troisième ordre nous faisons passer une surface réglée. Un autre groupement des huit points donnés nous fournit une seconde surface réglée. Le groupement supposé n'est quelquefois inadmissible que lorsque les huit points sont situés sur les quatre côtés a, b, c, d d'un quadrilatère gauche. Dans ce cas, nous coupons deux côtés opposés a et c du quadrilatère par une droite f qui ne passe par aucun des quatre sommets ; le système réglé auquel appartiennent les trois rayons b, d, f est alors situé sur une surface réglée passant par les huit points.

Par neuf points donnés quel-	*Mener une surface de seconde*
conques, mener une surface du	*classe tangente à neuf plans don-*
second ordre.	*nés quelconques.*

Par huit des points donnés nous menons deux surfaces réglées F^2 et F_1^2 et nous cherchons ensuite la surface F_2^2 du faisceau déterminé par F^2 et F_1^2 qui passe par le neuvième point. Nous verrons plus loin (II, pages 175-176) comment on peut construire très simplement cette surface F_2^2.

Par neuf points quelconques	*Par neuf plans quelconques*
donnés, on peut mener une sur-	*donnés, on peut faire passer une*
face du second ordre et, en géné-	*gerbe de plans du second ordre et*

ral, on ne peut en mener qu'une | *en général on n'en peut faire pas-*
seule. | *ser qu'une seule.*

En effet, s'il passe plusieurs surfaces du second ordre par les neuf points, ceux-ci sont situés sur une courbe gauche du quatrième ordre suivant laquelle se coupent deux quelconques de ces surfaces et qui peut aussi se décomposer en lignes d'ordre moins élevé. Il convient aussi de remarquer que la surface peut se décomposer en deux plans pour des positions particulières des neuf points, par exemple, quand six d'entre eux sont situés dans un même plan.

VINGTIEME LEÇON.

Projectivité des faisceaux ponctuels de surfaces F^2
et des faisceaux de coniques.

Dans la dernière leçon et à la fin de la quatorzième, nous sommes arrivés à des faisceaux de surfaces du second ordre qui, entre autres propriétés, possèdent les suivantes :

Les plans polaires d'un point quelconque P par rapport à toutes les surfaces du faisceau forment un faisceau de plans du premier ordre. Dans le cas seulement où P est un point principal du faisceau de surfaces, tous ses plans polaires se confondent.

Nous prenons ce théorème comme point de départ d'une théorie des faisceaux ponctuels de F^2. La loi de réciprocité nous permettra d'étendre immédiatement tous les théorèmes que nous trouverons aux faisceaux tangentiels de surfaces de seconde classe, dont nous étudierons du reste un cas particulier dans la vingt-troisième leçon. Dans la leçon précédente, nous avons déduit des théorèmes ci-dessus mentionnés que, par chaque point de l'espace n'appartenant pas aux surfaces du faisceau, il ne passe qu'une seule de ces surfaces.

Nous dirons maintenant que deux points sont *conjugués par rapport au faisceau ponctuel de* F^2, quand chacun d'eux est situé sur tous les plans polaires de l'autre. Le théorème ci-dessus peut donc aussi dans un certain sens être énoncé comme il suit :

Deux points sont conjugués par rapport à un faisceau ponctuel de F^2, quand ils sont conjugués par rapport à deux surfaces de ce faisceau.

Un point P de l'espace a donc pour conjugués tous les points d'une droite p qu'on peut construire à l'aide de deux surfaces quelconques F² et F_t^2 du faisceau; car les plans polaires du point P par rapport aux deux surfaces F² et F_1^2 se coupent suivant p. Si maintenant P décrit une droite g, ses deux plans polaires par rapport à F² et F_1^2 décrivent deux faisceaux de plans projectifs à g et la droite p conjuguée à P décrit elle-même une surface conique du second ordre ou un système réglé, suivant que les axes des deux faisceaux de plans se coupent ou ne se rencontrent pas. Il résulte de là que :

Les droites, conjuguées aux points d'une droite quelconque g *par rapport à un faisceau de* F², *constituent une surface conique du second ordre ou un système réglé projectif à* g. *Dans le premier cas, les polaires de* g *par rapport aux surfaces du faisceau sont situées sur la surface conique du second ordre ; dans le second cas, elles sont les directrices du système réglé. Au lieu de la surface conique du second ordre, nous n'avons plus que deux plans, quand* g *contient un point principal du faisceau de surfaces.*

La droite g peut être considérée comme la droite qui réunit deux points quelconques P et Q de l'espace, auxquels sont conjuguées deux droites p et q. D'après le théorème précédent, la polaire de g par rapport à une surface quelconque F² du faisceau est située sur une surface conique du second ordre passant par p et q, ou sur un système réglé dont p et p sont deux directrices ; de plus, la polaire de g sera projetée de p et q par deux plans qui sont les plans polaires de P et Q par rapport à la surface F². Or comme une surface conique est projetée de deux de ses rayons et un système réglé de deux de ses directrices suivant des faisceaux projectifs de plans, on voit que :

Les deux faisceaux de plans p *et* q, *formés par les plans polaires de deux points quelconques P et Q, sont projectifs, si l'on fait correspondre deux à deux les plans qui sont les plans polaires de P et Q par rapport à une seule et même surface* F² *du faisceau.*

Les plans polaires de quatre points arbitraires forment quatre faisceaux projectifs de plans et il existe en général (II, page 105) au plus quatre points où se coupent quatre à quatre les plans homologues de ces faisceaux. Nous déduisons de là (voir aussi II, page 165) que

Le faisceau ponctuel de F² *renferme en général tout au plus quatre surfaces coniques du second ordre.*

En effet, les plans polaires des quatre points par rapport à une surface conique se coupent au sommet de cette dernière.

L'avant-dernier théorème sert de base à la définition suivante :

Quatre surfaces du faisceau ponctuel de F² sont dites harmoniques, quand les quatre plans polaires d'un même point, et par suite de tout point arbitraire, par rapport à ces surfaces, forment un faisceau harmonique de plans.

Nous exceptons tout naturellement ici les points principaux du faisceau, parce que leurs plans polaires coïncident. Nous pouvons de plus appliquer aux faisceaux ponctuels de F² la définition générale de la projectivité (II, pages 51 et 129) et par suite les rapporter projectivement à des formes élémentaires quelconques. Par exemple, faisons correspondre chaque surface F² du faisceau au plan qui est le plan polaire d'un point arbitraire P par rapport à F², le faisceau de surfaces sera rapporté projectivement au faisceau de plans ; et au moyen de ce faisceau de plans, nous pourrons rapporter projectivement le faisceau de surfaces à une autre forme élémentaire quelconque. Par exemple, on voit immédiatement ainsi que

Les polaires d'une droite g par rapport au faisceau de surfaces forment une surface conique du second ordre ou un système réglé projectif au faisceau.

La surface réglée du second ordre, sur laquelle ces polaires sont situées, a au plus huit points communs (II, page 166) avec la courbe d'intersection k^4 de deux courbes quelconques du faisceau. Chacun de ces points est le point de contact d'un plan tangent qu'on peut mener par g à k^4. Une droite quelconque rencontre donc au plus huit tangentes de la courbe gauche k^4 du quatrième ordre.

Nous construirons le pôle d'un plan quelconque par rapport au faisceau de surfaces, en choisissant arbitrairement dans ce plan les sommets P,Q,R d'un triangle et en cherchant le point de rencontre de leurs plans polaires par rapport à chacune des surfaces du faisceau.

Les trois faisceaux de plans, formés par ces plans polaires sont projectifs au faisceau de surfaces et projectifs entre eux. Donc :

Les pôles d'un plan quelconque par rapport aux surfaces d'un faisceau ponctuel de F² forment en général une courbe gauche du troisième ordre projective au faisceau. Les points du plan sont conjugués aux cordes de la courbe (II, pages 103-104). Le plan est tangent à trois surfaces

du faisceau au plus ; les points de contact sont situés sur la courbe gauche.

Nous arrivons encore au même résultat en déterminant les plans polaires de chaque point du plan par rapport à deux surfaces quelconques du faisceau. Nous obtenons ainsi deux gerbes collinéaires qui engendrent la courbe gauche du troisième ordre et son système de cordes. Le cas où le plan passe par un point principal du faisceau constitue une exception au théorème. Soit R ce point principal et ρ son plan polaire par rapport à toutes les surfaces du faisceau. Les deux faisceaux des plans polaires de P et Q engendrent alors une surface réglée ou conique du second ordre projective au faisceau de surfaces et qui a en commun avec ρ tous les pôles du plan donné ; donc

Les pôles d'un plan passant par l'un des points principaux du faisceau de surfaces constituent une conique projective à ce faisceau.

Il se produit encore un cas d'exception facile à reconnaître quand le plan contient deux points principaux, ou quand il est lui-même un plan principal du faisceau.

Les théorèmes précédents nous ont déjà conduits dans la dernière leçon à cette conclusion que tout plan est tangent au moins à une surface et au plus à trois. Si le plan donné est situé à l'infini, ses pôles coïncident avec les centres des surfaces du second ordre ; ou autrement dit

Les centres de toutes les surfaces d'un faisceau ponctuel de F² sont situés sur une courbe gauche du troisième ordre ou sur une conique suivant que le faisceau n'a pas de point principal à l'infini ou qu'il en a un. Donc, en général, le faisceau ponctuel de F² contient au plus trois paraboloïdes et au moins un.

L'intersection d'un faisceau ponctuel de F² par un plan quelconque est appelée un *faisceau de coniques*. Par tout point du plan, non situé sur toutes les coniques de ce faisceau, il ne passe qu'une seule de ces courbes ; et deux points, qui sont conjugués par rapport à deux coniques quelconques du faisceau, sont conjuguées par rapport à toutes les coniques de ce faisceau (II, page 170). Les théorèmes (II, page 171) subsistent également :

Les points qui sont conjugués aux points d'une droite g par rapport à un faisceau de coniques, forment en général une courbe du second ordre, projective à g et qui passe aussi par les pôles de g par rapport aux coniques du faisceau. Les polaires de deux points quelconques

*P et Q du plan prises par rapport à ces coniques, forment deux fais-
ceaux de rayons du premier ordre ; dans ces derniers, les polaires de
P et Q par rapport à une même conique sont deux rayons correspondants.*

Si donc on donne trois coniques quelconques du faisceau, la projectivité des faisceaux de rayons, formés par les polaires de points quelconques du plan, se trouve complètement déterminée et l'on peut construire linéairement la polaire de tout point du plan par rapport à une
conique quelconque du faisceau, du moment qu'on connaît la polaire
d'un point arbitraire par rapport à cette courbe. Il résulte de là que
le faisceau est entièment déterminé par trois de ses coniques.

Mais nous pouvons montrer actuellement que le faisceau de coniques est défini par deux de ses courbes. Par un point P convenablement choisi dans le plan, on peut faire passer une infinité de droites
qui ne coupent aucune des deux coniques, ou qui en rencontrent une, ou
bien qui le coupent toutes les deux en des points réels ; et dans ce dernier
cas, on peut s'arranger pour que l'un des couples de points d'intersection ne soit pas séparé par l'autre. Sur chacune des droites s du plan
ainsi menées par P, il existe (I, page 181) deux points réels M et N qui
sont conjugués par rapport aux deux coniques et conséquemment aussi
par rapport au faisceau de coniques ; le point où s est coupée pour la
seconde fois par la conique du faisceau qui passe par P, est donc complètement déterminé, puisqu'il est harmoniquement séparé de P par M
et N. Il découle de là que la conique du faisceau qui passe par P, et
par suite le faisceau tout entier lui-même, se trouve déterminé. Ou autrement dit :

*Deux faisceaux de coniques sont identiques, quand ils ont en com-
mun deux coniques quelconques. Si deux surfaces quelconques d'un
faisceau ponctuel de F^2 passent par deux coniques d'un faisceau de
coniques, ce dernier est une section du faisceau ponctuel de F^2.*

Deux coniques choisies arbitrairement dans le plan déterminent un
faisceau de coniques, qui passe par elles ; ce faisceau est une section de
tout faisceau ponctuel de F^2, dont deux surfaces passent par les deux
coniques.

Un faisceau de coniques dont les courbes ont un point réel commun U
peut par exemple être considéré comme une section d'un faisceau ponctuel de F^2, dont les surfaces se coupent suivant une droite et une courbe
gauche du troisième ordre. En effet, si l'on mène par U une droite a non

située dans le plan du faisceau et si on la réunit à deux coniques quelconques du faisceau par deux surfaces du second ordre, qui se coupent suivant a, ces dernières ont encore en commun une courbe gauche du troisième ordre k^3, dont a est une corde ; et le faisceau de coniques est une section du faisceau ponctuel de F² qui passe par a et k^3. Mais nous avons déjà démontré (II, page 134) pour la section d'un pareil faisceau de F² le théorème suivant :

Une droite, qui ne passe par aucun point commun aux coniques d'un faisceau de coniques, coupe ce faisceau suivant une ponctuelle involutive telle que deux points conjugués de cette ponctuelle sont situés sur une seule et même conique du faisceau.

D'après ce qui précède, le théorème a lieu pour tout faisceau de coniques dont les courbes ont un point réel commun et il a d'ailleurs lieu aussi pour tout autre faisceau de coniques. En effet, si deux coniques d'un faisceau ne se coupent ou ne se touchent en aucun point réel, il n'y a aucune droite du plan les coupant suivant des couples de points qui se séparent mutuellement ; il existe donc sur chaque droite deux points M, N qui sont conjugués par rapport à ces deux coniques et conséquemment par rapport à toutes les coniques du faisceau ; ces deux points M et N sont les points doubles de la ponctuelle involutive suivant laquelle le faisceau de coniques est rencontré par la droite.

Comme un faisceau ponctuel de F² a toujours un faisceau de coniques en commun avec un plan, il résulte du théorème précédent que :

Un faisceau ponctuel de F² est coupé suivant une ponctuelle involutive par une droite qui ne passe par aucun des points communs à ses surfaces ; il y a au plus deux surfaces du faisceau tangentes à la droite et les points de contact sont les points doubles de la ponctuelle.

Cette propriété du faisceau ponctuel de F² nous donne une solution très simple d'un problème déjà posé précédemment (II, page 168) :

Construire la surface du second ordre qui fait partie d'un faisceau ponctuel de F², déterminé par deux de ses surfaces, F² et F₁², et qui passe par un point P choisi arbitrairement.

Par le point P menons des droites qui rencontrent chacune des surfaces F² et F₁² en deux points réels. Chacune de ces droites est coupée par le faisceau ponctuel de F² suivant une ponctuelle involutive, entièrement déterminée par ces deux couples de points d'intersection ; la surface cherchée passe par le point qui est conjugué à P dans cette ponctuelle. — La construction n'est pas toujours directement applicable quand les deux surfaces F^2 et F_1^2 se pénètrent mutuellement. Dans ce cas, nous construirons suivant la méthode indiquée, une troisième surface F_2^2 du faisceau, intérieure à F^2; nous pourrons alors mener par P une infinité de sécantes à F^2 à F_2^2 et la construction donnée nous conduira à la solution cherchée. On peut s'en servir dans ce problème : *Par neuf points donnés faire passer une surface du second ordre*, dont la solution a été donnée à la fin de la précédente leçon.

Quatre coniques d'un faisceau de coniques sont dites *harmoniques*, quand elles sont situées sur quatre surfaces harmoniques d'un faisceau ponctuel de F^2. Les polaires d'un point quelconque du plan par rapport à quatre coniques harmoniques forment un faisceau harmonique de rayons, quand par exception elles ne se confondent pas. Il existe en général dans le plan d'un faisceau un point au moins et trois points au plus pour lesquels les différentes polaires coïncident; en effet, comme les droites conjuguées aux points d'un plan par rapport au faisceau ponctuel de F^2 se composent en général des cordes d'une courbe gauche du troisième ordre, un plan quelconque en renferme au moins une et au plus trois.

Nous pouvons rapporter projectivement le faisceau de coniques à une forme élémentaire quelconque de manière que quatre coniques harmoniques du faisceau correspondent à quatre éléments harmoniques de la forme en question. Par exemple, faisons correspondre chaque conique k^2 du faisceau à la droite qui est la polaire par rapport à k^2 d'un point quelconque du plan; le faisceau de rayons formé par les polaires sera rapporté projectivement au faisceau de coniques, et à l'aide d'un faisceau de rayons de ce genre, nous pourrons rapporter projectivement une autre forme élémentaire quelconque au faisceau de coniques. Ce dernier est aussi projectif à tout faisceau ponctuel de F^2, dont il est une section ; car quatre coniques harmoniques quelconques du faisceau de coniques ont pour correspondantes les quatre surfaces harmoniques du faisceau de surfaces qui passent par elles.

Il peut aussi se produire ici le cas remarquable où chacune des surfaces du second ordre n'est pas coupée par le plan du faisceau de courbes; en sorte qu'en réalité chaque conique de ce faisceau a pour correspondante une des surfaces du second ordre, tandis que chacune des surfaces n'a pas pour correspondante une conique. Les faisceaux de rayons formés des polaires d'un point arbitraire par rapport aux coniques sont alors incomplets et se composent seulement d'angles ; cependant les relations projectives énoncées ci-dessus subsistent pour ces angles. Les surfaces du second ordre, qui ne sont pas rencontrées par le plan du faisceau de coniques, déterminent également dans ce plan un système polaire qui, à la vérité, n'a pas de courbe double mais qui, à beaucoup d'égards, remplace complètement une courbe du second ordre. Le cas en question ne peut du reste se produire que lorsque les coniques n'ont aucun point réel commun.

Si les surfaces d'un faisceau ponctuel de F² ont un point réel U commun, une droite quelconque *g*, menée par U et qui n'est contenue sur aucune des surfaces, sera coupée par chacune d'elles en un point différent de U et, réciproquement, par chacun des points de *g* il ne doit passer qu'une seule surface du faisceau. Je dis maintenant que :

Si l'on mène un plan tangent à chacune des surfaces du faisceau ponctuel de F² au point, différent de U, où la droite g *la rencontre, tous ces plans tangents forment un faisceau de plans du premier ou du second ordre perspectif à la ponctuelle* g.

Chacun de ces plans tangents réunit un point de *g* avec la droite qui lui est conjuguée. De plus, toutes les droites conjuguées aux points de *g* forment une surface conique ou un système réglé projectif à *g* (II, page 171), et le point U est situé sur le rayon de cette forme qui lui est conjugué. Dans le cas de la surface conique du second ordre, le théorème découle d'une proposition démontrée antérieurement (I, page 158). Dans le cas du système réglé, joignons trois points quelconques A, B, C, de la ponctuelle *g* aux droites qui leur sont conjuguées par des plans qui se coupent en un point S. Le système réglé sera projeté de S par un faisceau de plans du premier ou du second ordre, qui est projectif à la ponctuelle *g* et qui lui est en même temps perspectif, parce que quatre plans du faisceau passent par les points U, A, B, C de *g* auxquels ils correspondent (I, page 135).

Chaque plan du faisceau du premier ou du second ordre contient aussi la polaire de *g* par rapport à la surface du second ordre qui est tangente au plan. Le faisceau de plans est donc aussi perspectif à la surface conique du second ordre ou au système réglé formé des polaires de la droite *g* et par suite il est projectif au faisceau ponctuel de F². Par conséquent, il résulte également de là que la ponctuelle *g* est aussi rapportée projectivement au faisceau ponctuel de F², quand on fait correspondre chaque surface au point de g, différent de U, par lequel elle passe. Par analogie avec les théorèmes précédents, nous dirons dans ce cas que la ponctuelle g est perspective au faisceau de surfaces, ou qu'elle en est une section; nous obtenons ainsi ce théorème :

Toutes les droites, qui contiennent un point commun aux surfaces du second ordre, mais qui n'appartiennent à aucune de ces surfaces, sont coupées par le faisceau de surfaces suivant des ponctuelles projectives; ces ponctuelles sont aussi projectives à ce faisceau et de plus elles lui sont perspectives.

Nous avions déjà énoncé précédemment (II, page 134) ce même théorème pour les faisceaux de coniques en ce qu'il a d'essentiel, quoique sous une autre forme. La démonstration se simplifie quand la droite g est contenue dans un plan principal du faisceau de surfaces.

La projectivité que l'on peut établir entre les faisceaux de surfaces du second ordre et des formes élémentaires quelconques nous conduit à une quantité de problèmes nouveaux et intéressants. Nous n'énoncerons que ceux qui suivent :

Quel est l'ordre de la surface engendrée par un faisceau ponctuel de F^2 et par le faisceau de plans du premier ordre qui lui est projectif?

La surface engendrée contient chaque conique qui est commune à une surface du faisceau ponctuel de F^2 et au plan qui lui correspond ; elle contient donc l'axe du faisceau de plans et chacun des points communs aux surfaces du second ordre. Une droite qui coupe l'axe du faisceau de plans a encore, outre ce point d'intersection, deux autres points communs avec la surface, quand elle n'est pas située tout entière sur elle. Nous allons montrer que la surface a en commun avec une droite quelconque g, qui n'est pas tout entière sur elle, au moins un point et au plus trois, et que par conséquent elle est du troisième ordre.

La droite g est coupée par le faisceau de plans suivant une ponctuelle projective à ce faisceau de plans et au faisceau de surfaces. Nous allons démontrer d'abord que :

Si une forme rectiligne g est rapportée projectivement à un faisceau ponctuel de F^2 et si l'on construit pour chaque point P de g son plan polaire par rapport à la surface π^2 qui lui correspond, tous ces plans polaires forment un faisceau de plans du second ordre projectif à g et c'est seulement dans des cas tout à fait particuliers qu'ils se coupent suivant une seule et même droite.

Nous construirons le plan polaire du point P de g par rapport à la
urface π^2 qui lui correspond en joignant la polaire de g par rapport à π^2
vec la droite qui est la conjuguée du point P par rapport au fais-
eau de surfaces. Mais les points de g ont pour conjugués les rayons
'un système réglé ou d'une surface conique du second ordre projective à
et les polaires de g forment elles-mêmes un second système réglé ou
ne seconde surface conique du second ordre projective au faisceau de
urfaces. Les deux formes de rayons, que nous obtenons ainsi, sont
rojectives, parce que la forme rectiligne et le faisceau de surfaces sont
rojectifs et elles engendrent (I, page 138) en général un faisceau de
lans du second ordre projectif à g, parce que, dans le premier cas,
hacun des système réglés est le système directeur de l'autre et parce
ue, dans le second cas, les deux surfaces coniques sont situées l'une
ur l'autre (II, page 171). Les plans polaires en question qui joignent
eux à deux les rayons correspondants ne passent par une seule et
ême droite que si, dans le dernier cas, les surfaces coniques du se-
ond ordre sont en situation involutive. Nous ne nous étendrons pas
avantage sur ce point, parce que le second cas ne peut se produire
ue pour une situation particulière de la droite g.

La ponctuelle g est perspective au faisceau de plans du second ordre
ue nous venons de trouver, ou bien il y a au moins un des points
e g et au plus trois qui sont situés dans les plans correspondants du
isceau (I, page 134) [1]. Chacun de ces points est conjugué à lui-même
ar rapport à la surface qui lui correspond dans le faisceau ponctuel
e F²; autrement dit :

Quand une forme rectiligne g *est rapportée projectivement à un
aisceau ponctuel de* F², *il y a au plus trois points et au moins un
oint de* g *qui sont situés sur les surfaces du second ordre qui leur
orrespondent, à moins que la forme rectiligne ne soit perspective au
aisceau de surfaces.*

La solution du problème posé plus haut peut s'énoncer sous la forme
u théorème suivant :

Un faisceau de surfaces du second ordre engendre avec un faisceau

---

1. Si deux surfaces coniques du second ordre en involution correspondent à la droite g,
ous arriverons au même résultat de la manière suivante. De l'axe d'involution des sur-
aces coniques nous projetterons la ponctuelle g suivant un faisceau de plans. Ce dernier
st projectif aux surfaces coniques et par conséquent au moins un et au plus trois de ses
lans passant par les rayons correspondants des surfaces.

de plans du premier ordre, qui lui est projectif, une surface du troi-
sième qui a au moins un point et au plus trois points communs avec
toute droite qui n'est pas située sur elle. Cette surface du troisième
ordre passe par tous les points communs aux surfaces du second
ordre et par l'axe a du faisceau de plans. Les plans de ce faisceau
la coupent suivant des coniques, qui déterminent elles-mêmes sur
l'axe a une ponctuelle involutive.

Si le faisceau de plans se compose des plans polaires d'un point
quelconque par rapport aux surfaces du second ordre du faisceau, on
en déduit que :

Les points de contact de toutes les tangentes que l'on peut mener
d'un point quelconque aux surfaces d'un faisceau ponctuel de F^2 sont
situés sur une surface du troisième ordre. Cette surface passe par le
point en question, par la droite a qui lui est conjuguée, et elle a en
commun avec tout plan mené par a soit cette droite seule, soit cette
droite et une conique ; elle passe en outre par tous les points communs
aux surfaces du second ordre.

VINGT ET UNIÈME LEÇON.

**Axes des coniques situées sur une surface du second ordre.
Normales de la surface du second ordre.**

Nous allons faire une nouvelle application des théorèmes de la dix-
huitième leçon relatifs au complexe tétraédral de rayons, en montrant
que les normales d'une surface du second ordre et les axes de toutes
les coniques contenues sur la surface constituent un complexe de ce
genre. Nous verrons ainsi que les théorèmes les plus importants que l'on
connaît jusqu'ici sur ces normales et ces axes se relient très simplement
les uns aux autres. Nous n'excluons dès à présent de notre étude que
le cas où la surface donnée du second ordre est une surface cylindrique.

La polaire d'une normale à la surface du second ordre, c'est-à-dire
d'une droite perpendiculaire à un plan tangent à la surface en son point
de contact, est située dans ce plan tangent et conséquemment est perpendiculaire à la normale. Si donc nous cherchons toutes les droites de
l'espace qui sont perpendiculaires à leurs polaires, les normales à la surface du second ordre seront comprises parmi elles. A ces droites
appartiennent aussi les axes de toutes les coniques situées sur la surface ;
en effet, un pareil axe est conjugué à toutes les droites qu'on peut lui
mener normalement dans le plan de la conique ; et comme le point à l'infini par lequel passent ces droites doit aussi être situé sur la polaire de
l'axe (II, page 44), cette polaire est encore perpendiculaire à l'axe, sans
cependant le couper. Réciproquement, toute droite de l'espace, qui est
normale à sa polaire, est l'axe d'une conique de la surface du second

ordre ou bien encore d'un système polaire plan qui fait partie du système
polaire de l'espace déterminé par la surface ; le plan de ce système
polaire passe par la droite et est parallèle à sa polaire. Si la droite est
coupée par sa polaire, toutes deux sont situées dans un plan tangent à
la surface du second degré et leur point d'intersection coïncide avec le
point de contact ; la conique, dont elles peuvent être considérées comme
les axes, se réduit au point de contact, ou encore à une ou à deux
droites de la surface du second ordre.

Les trois axes principaux de toute surface conique du second ordre,
circonscrite à la surface donnée du second ordre, font également partie
des droites que nous considérons ici. En effet, ces trois axes principaux
se coupant à angle droit et étant conjugués deux à deux, la polaire
de chacun d'eux est située dans le plan des deux autres et est perpendiculaire à l'axe auquel elle correspond.

Toute droite, qui est normale à sa polaire, peut être considérée
comme un axe principal d'un pareil cône circonscrit ou encore d'une
gerbe polaire, qui appartient au système polaire de l'espace déterminé par la surface du second ordre ; cette droite est coupée au centre
du cône ou de la gerbe par un plan qui lui est perpendiculaire et qui
passe par sa polaire.

En raison de ce qui précède, nous dirons que toute droite de l'espace
qui est normale à sa polaire est un *axe* de la surface du second ordre ;
nous pouvons résumer ce qui précède de la manière suivante :

*Les axes de toutes les coniques situées sur la surface du second
ordre, les axes principaux de toutes les surfaces coniques qui lui sont
circonscrites et toutes les normales à la surface du second ordre sont
des axes de cette surface, c'est-à-dire sont perpendiculaires à leurs
polaires respectives. Réciproquement, tout axe de la surface est à la
fois un axe d'un système polaire plan et d'une gerbe polaire qui appartiennent tous deux au système polaire déterminé par la surface du
second ordre. Les axes de la surface sont conjugués deux à deux dans
ce système polaire.*

Une surface du second ordre, qui n'est pas de révolution, a trois
plans de symétrie, qui se coupent normalement suivant les axes principaux (II, pages 49 et 51) et un centre ; ou bien, elle n'a que deux
plans de symétrie, qui se coupent normalement suivant un axe et c'est
un paraboloïde qui n'a pas de centre. Comme les droites, perpendiculaires à un plan de symétrie, sont en même temps perpendiculaires à

leurs polaires, puisque ces dernières sont situées dans le plan de symétrie, il s'ensuit que :

*Toute droite, qui est située dans un plan de symétrie ou qui lui est
perpendiculaire, est un axe de la surface du second ordre.*

Un diamètre quelconque de la surface du second ordre n'est pas en
général perpendiculaire au plan qui lui est conjugué; cependant, dans
chacun de ces plans, il y a des rayons perpendiculaires au diamètre
correspondant. Comme ces rayons sont en même temps conjugués au
diamètre, le plan mené par le diamètre parallèlement à ces rayons
coupe la surface du second ordre suivant une conique dont le diamètre
est un axe ; ou bien encore ce plan est le lieu d'un système polaire plan,
aux axes duquel le diamètre appartient. Donc :

*Tout diamètre de la surface du second ordre est aussi un de ses
axes.*

Quand la surface du second ordre a un centre, chacun de ses axes
principaux est perpendiculaire à un plan de symétrie; mais si la surface
est un paraboloïde elliptique ou hyperbolique, tous les diamètres sont
parallèles à son axe principal. Des deux derniers théorèmes, il résulte
donc que :

*Toute droite parallèle à un axe principal est un axe de la surface
du second ordre.*

Par tout point P de l'espace, il passe un nombre infini d'axes de la
surface du second ordre et l'un d'eux est la droite n qu'on peut amener
par P perpendiculairement à son plan polaire π. Soit n_1 la polaire de n
située dans π et cherchons d'abord tous les autres axes situés dans ce
même plan π. Chacun d'eux est perpendiculaire au plan polaire du point
où il est coupé par n_1 ; car ce plan polaire, en outre de n, contient aussi
la polaire de l'axe, c'est-à-dire deux droites perpendiculaires à cet axe.
Nous trouverons donc tous les axes contenus dans π en abaissant de
chaque point de la droite n_1 une perpendiculaire sur son plan polaire. Ces
plans polaires forment un faisceau n projectif à la ponctuelle n_1; il en
résulte alors que toutes ces perpendiculaires passent par un même
point ou enveloppent une parabole. En effet, nous pouvons rapporter
projectivement la ponctuelle à l'infini du plan π au faisceau de plans n
de telle sorte que chaque plan du faisceau soit perpendiculaire à la direction sur laquelle est situé le point correspondant à l'infini. Par ce moyen
la ponctuelle à l'infini est rapportée projectivement à la ponctuelle n_1
et elle engendre avec elle le système de perpendiculaires en question.

Ces dernières enveloppent en général une courbe du second ordre aux tangentes de laquelle appartiennent aussi n_1 et la droite à l'infini; c'est donc une parabole. Les axes qui passent par le point P sont les polaires des axes situés dans le plan π et comme ces derniers enveloppent une parabole, les premiers sont situés sur une surface conique du second ordre. En ayant égard à ce qui précède nous pouvons alors énoncer les théorèmes suivants :

Les axes, qui sont situés dans un plan π donné, enveloppent une parabole; cette courbe est tangente aux droites suivant lesquelles π coupe les plans de symétrie de la surface du second ordre.

Les axes, qui passent par un point P donné, forment une surface conique du second ordre; cette surface passe par les normales que l'on peut abaisser de P sur les plans de symétrie de la surface du second ordre et par un diamètre de cette surface.

La démonstration de ces théorèmes a fait pressentir que la parabole peut aussi se réduire à un point, de sorte qu'à la place de ses tangentes nous aurons dans ce cas un faisceau de rayons du premier ordre ; la surface conique P peut aussi se réduire à un faisceau de rayons du premier ordre. C'est ce qui devra arriver, par exemple, pour tout point P et tout plan π, quand la surface du second ordre est de révolution, parce qu'il existe alors une infinité de plans de symétrie qui se coupent suivant un axe principal h. D'après les théorèmes qui précèdent, dans ce cas, toute droite qui est dans un même plan avec l'axe de révolution h ou qui lui est perpendiculaire, est un axe. Dorénavant nous exclurons les surfaces de révolution de nos considérations.

Sur un axe quelconque, qui n'est ni un diamètre de la surface du second ordre, ni une perpendiculaire à un plan de symétrie, prenons deux points propres M et N qui ne soient pas situés dans des plans de symétrie. Les deux cônes d'axes, qui ont leurs sommets en M et N, se coupent suivant la droite $\overline{MN}$ et suivant une courbe gauche k^3 du troisième ordre. Cette courbe k^3 a trois points à l'infini, qui sont les pôles des plans de symétrie ou les points à l'infini des axes principaux ; en effet, les droites, issues de M et N, qui sont perpendiculaires aux plans de symétrie ou bien encore parallèles aux axes principaux, sont également des axes et se coupent deux à deux en ces trois points à l'infini. Quand la surface a un centre, ce point est aussi situé sur la courbe gauche du troisième ordre. Un troisième cône d'axes quelconque, dont le sommet O est situé sur la courbe k^3 doit passer par cette courbe, parce qu'il contient les cinq axes qui joignent O à M, à N et aux trois points de la courbe situés à l'infini. Donc :

Il y a une infinité de courbes gauches du troisième ordre, dont les tangentes et les cordes se composent uniquement d'axes de la surface du second ordre.

Toutes ces courbes ont en commun trois points à l'infini (les pôles des plans de symétrie et les points à l'infini des axes principaux) et le centre de la surface du second ordre, quand celle-ci en a un.

Étant données deux de ces courbes gauches du troisième ordre, et par suite aussi une infinité de cônes d'axes ne passant pas tous par une seule et même courbe gauche, les cônes d'axes engendrent une infinité d'autres courbes gauches du même genre. Ces dernières déterminent dans un plan arbitraire une infinité d'axes, et par conséquent aussi le faisceau du second ordre que constituent tous les axes contenus dans le plan ; tous les axes de la surface du second ordre sont donc complètement déterminés par ces deux courbes gauches du troisième ordre. Si les deux courbes sont situées sur un seul et même cône d'axes, on peut les regarder comme des courbes doubles d'un complexe de rayons engendré par deux systèmes collinéaires de l'espace. Mais d'après ce qui précède, ce complexe doit contenir tous les axes de la surface du second ordre et se compose de ces axes. Donc :

Les axes d'une surface du second ordre constituent un complexe de rayons qni peut aussi être engendré par deux systèmes collinéaires de l'espace. Si la surface a un centre, ce point et les trois points à l'infini sur les axes principaux forment le tétraèdre principal du complexe; si au contraire la surface du second ordre est un paraboloïde, le complexe de rayons n'a que trois points principaux (qui sont les pôles à l'infini des deux plans de symétrie et le point à l'infini de l'axe principal) et trois plans principaux (qui sont les plans de symétrie et le plan à l'infini).

Les théorèmes de la dix-huitième leçon sur le complexe de rayons du second ordre s'appliquent donc aussi au complexe des axes d'une surface du second ordre ; par exemple, ce théorème que les rayons du complexe qui passent par un point P ou sont situés dans un plan π ne constituent deux faisceaux de rayons du premier ordre que si P est situé dans un plan principal ou si π passe par un point principal.

Cependant, en raison de leur importance, nous allons démontrer encore une fois et directement les différents cas de ce théorème pour le complexe des axes d'une surface du second ordre.

Les axes qui sont contenus dans un plan diamétral de la surface du second ordre forment un faisceau de diamètres et un faisceau de rayons parallèles; et, réciproquement, tous les axes qui ont une direction donnée sont situés dans un plan diamétral de la surface du second ordre.

Supposons en effet que π soit un plan diamétral, son pôle B est situé à l'infini sur la direction de la corde conjuguée à π. Les parallèles, que l'on peut tracer dans π normalement à cette direction, sont des axes de la surface du second ordre et il en est de même pour leurs polaires qui passent par P et qui sont situées dans un deuxième plan diamétral. On voit, en passant, que :

Les axes qui passent par deux points arbitrairement choisis sur un diamètre, sont deux à deux parallèles; les deux surfaces coniques sur lesquelles ils se trouvent sont tangentes suivant ce diamètre et passent par la même conique à l'infini.

Les paraboles, qui sont enveloppées par tous les axes situés dans des plans parallèles, sont des sections d'une surface conique ou cylindrique, dont les rayons se composent de diamètres de la surface donnée du second ordre.

Quand un point P est situé dans un plan de symétrie γ de la surface du second ordre, tout rayon mené par P dans γ est un axe de la surface; la surface conique sur laquelle se trouvent tous les axes passant par P se décompose donc en deux faisceaux de rayons. L'un d'eux est contenu dans γ, l'autre passe par l'axe qui est normal en P au plan de symétrie γ. Donc :

Les axes passant par un point quelconque d'un plan de symétrie γ constituent deux faisceaux de rayons; l'un d'eux est contenu dans γ et l'autre dans un plan normal à γ.

On déduit de ce théorème que :

Si la droite n *est perpendiculaire au plan de symétrie γ, les axes qui sont coupés par* n *forment des surfaces coniques du second ordre dont les sommets sont situés sur* n *et qui ont en commun avec γ une seule et même hyperbole équilatère.*

En effet, une quelconque de ces surfaces coniques a en commun avec γ une hyperbole qui passe par le point d'intersection de *n* et de γ et par le centre de la surface du second ordre, quand celle-ci en a un, et dont les asymptotes sont l'une parallèle, l'autre perpendiculaire à un plan de symétrie différent de γ. D'après le théorème précédent, toute droite qui unit un point de l'hyperbole à un point de la droite est également un axe de la surface du second ordre. On en déduit aussi ce théorème :

Les axes, qui coupent un plan de symétrie γ suivant une droite g située dans ce plan, sont tangents à un cylindre prabolique perpendiculaire à γ; ou bien quand g est normale à un second plan de symétrie γ_1, elles coupent une droite g_1 contenue dans γ_1 et perpendiculaire à γ.

Dans le dernier cas, toutes les droites qui coupent g et g_1 appartiennent au complexe des axes. Si des points où un axe quelconque a de la surface du second ordre coupe les deux plans de symétrie γ et γ_1 on abaisse des perpendicaires sur l'axe principal $\overline{\gamma\gamma_1}$, on obtient deux droites correspondantes g et g_1. Si l'axe a décrit dans un plan diamétral un faisceau d'axes parallèles, ces deux perpendiculaires décrivent deux faisceaux de rayons parallèles projectifs dans γ et γ_1; les distances des droites g et g_1 au centre de la surface sont entre elles dans un rapport constant ; quand il n'y a pas de centre, g et g_1 sont à une distance constante l'une de l'autre. Donc :

Si des points où chacun des axes d'une surface du second ordre est coupé par deux plans de symétrie γ et γ_1, on abaisse des perpendiculaires sur l'axe principal $\overline{\gamma\gamma_1}$ par lequel passent γ et γ_1, dans le cas de l'ellipsoïde ou de l'hyperboloïde le rapport des distances de ces deux perpendiculaires au centre de la surface est constant ; dans le cas de paraboloïde, ces deux perpendiculaires déterminent sur l'axe principal $\overline{\gamma\gamma_1}$ un segment de longueur constante.

Ce théorème et cet autre précédemment démontré que les rayons d'un complexe tétraédral sont coupés par les faces du tétraèdre principal (ici ce sont les plans de symétrie et le plan à l'infini) suivant des ponctuelles projectives, nous donnent la proposition suivante :

Les segments déterminés sur les axes d'un ellipsoïde, d'un hyperboloïde ou d'un cône du second ordre par les trois plans de symétrie de la surface, sont entre eux dans un rapport constant.

Étant donnés les trois plans de symétrie et un axe quelconque a d'une surface du second ordre, on peut facilement construire tous les autres axes de la surface. Pour cela, nous cherchons les points d'intersection de a avec deux plans de symétrie γ et γ_1 et de ces points nous abaissons deux perpendiculaires g et g_1 sur l'axe principal $\overline{\gamma\gamma_1}$; toutes les droites qui coupent g et g_1 appartiennent aux axes de la surface.

Un plan diamétral quelconque δ contient toujours un de ces axes qui coupent les droites g et g_1 ; parmi les autres axes contenus dans δ, les uns sont parallèles à cet axe, les autres forment un faisceau de diamètres et par suite peuvent tous se construire. Or, comme chaque axe de la surface est situé dans un certain plan diamétral, on pourra toujours arriver à le construire de cette manière. Donc :

Le complexe des axes d'une surface du second ordre est complètement déterminé, quand on donne les plans de symétrie de la surface et un axe quelconque a, *qui n'est coplanaire avec aucun des axes principaux.*

Nous pouvons aller plus loin et démontrer maintenant le théorème important qui suit :

Étant donné un complexe d'axes, on peut construire une infinité de surfaces du second ordre, qui s'y rapportent; autrement dit, il existe une infinité de surfaces du second ordre qui ont les mêmes axes qu'une surface donnée.

Supposons le complexe d'axes défini par les plans de symétrie et un axe a pris arbitrairement, comme dans le théorème précédent. Nous menons par un point quelconque S de a un plan σ perpendiculaire à a et nous construisons une surface du second ordre qui ait pour plans de symétrie les plans donnés et qui soit tangente à σ au point S. La droite a étant une normale à cette surface, elle fait partie des axes de la surface de même que tout autre rayon du complexe d'axes donné. Comme le point S est pris sur a d'une manière tout à fait arbitraire et comme, pour cette construction, nous pouvons nous servir d'un autre axe quelconque du complexe, le théorème sera démontré du moment que nous aurons prouvé qu'il est possible de construire la surface en question.

S'il existe trois plans de symétrie, ils forment avec le plan à l'infini un tétraèdre polaire de la surface cherchée ; et cette dernière se trouve complètement déterminée comme surface double du système polaire de l'espace dans lequel, outre ce tétraèdre polaire, on donne encore le pôle S du plan σ (II, page 78). La surface du second ordre passe par les huit sommets du parallélipipède rectangle dont les faces sont parallèles aux plans de symétrie de la surface, dont les diagonales sont divisées en deux parties égales par le centre M de cette surface et dont le point S est un sommet. Les trois faces du parallélipipède qui passent par S coupent la surface suivant des courbes du second ordre dont on connaît quatre points et la tangente à l'un d'eux S, qui est située dans le plan σ. Ces courbes sont donc complètement déterminées et elles permettent de construire la conique commune à la surface et à un plan quelconque.

S'il n'y a que deux plans de symétrie et un axe principal, la surface cherchée est un paraboloïde elliptique ou hyperbolique. Chacun des deux plans que l'on peut mener par S parallèlement aux plans de symétrie coupe alors la surface suivant une parabole, dont l'axe est situé dans le second plan de symétrie et dont on connaît de plus le point S et sa tangente qui est située dans σ. On peut donc construire chacune de ces paraboles. Nous déterminons de plus un point S_1 de telle sorte que la droite SS_1 soit perpendiculaire à l'axe principal et bissectée par lui ; le point S_1 se trouve aussi sur la surface cherchée. Par S_1 et par les deux paraboles qui se coupent en S et au point à l'infini sur l'axe principal, on ne peut faire passer qu'une seule surface du second ordre (II, page 56). Cette surface satisfait à toutes les conditions et c'est un paraboloïde, puisqu'elle est tangente au plan à l'infini au point où l'axe principal le rencontre.

Par tout point S de l'espace, il passe une infinité de surfaces du second ordre qui ont en commun un complexe d'axes donné. En effet, chacun des axes passant par S est normal en S à l'une de ces surfaces, et, comme nous le savons, ces axes forment une surface conique du second ordre. Les plans tangents à toutes ces surfaces au point S enveloppent d'après cela une surface conique du second ordre.

Les pôles d'un plan quelconque ε, par rapport à toutes les surfaces du second ordre qui ont en commun un complexe d'axes donné, sont situés dans un plan diamétral perpendiculaire à ε. Les surfaces sont coupées par le plan ε suivant des courbes du second ordre dont les axes enveloppent une parabole et dont les centres sont situés sur une droite, la directrice de la parabole.

En effet, toute perpendiculaire abaissée sur le plan ε de l'un de ses pôles est un axe des surfaces du second ordre ; et comme toutes ces perpendiculaires sont parallèles entre elles, elles sont situées dans un même plan diamétral (II, page 186). Ce plan est conjugué à ε par rapport à toutes ces surfaces du second ordre et par conséquent sa droite d'intersection avec ε est le lieu des centres de toutes les coniques communes à ε et aux surfaces du second ordre. Comme les axes de toutes ces coniques se coupent rectangulairement en leurs centres et que de plus ils sont tangents à une parabole (II, page 184), la dernière partie du théorème découle immédiatement aussi de la propriété de la parabole (I, page 165) :

Deux tangentes à la parabole sont perpendiculaires l'une à l'autre, quand leur point d'intersection est situé sur la directrice.

VINGT-DEUXIÈME LEÇON.

Surfaces du second ordre, semblables, concentriques et semblablement placées. — Normales à ces surfaces.

Nous allons maintenant considérer quelques groupes simples de surfaces du second ordre auxquelles appartient un complexe d'axes donné. Nous énoncerons d'abord le théorème suivant :

Les plans de symétrie d'une surface du second ordre et un diamètre conjugué à un plan quelconque ε, qui n'est ni parallèle ni perpendiculaire à l'un quelconque des axes principaux, déterminent le complexe des axes de la surface ainsi que le centre et les axes de toute conique située sur cette surface.

Le pôle du plan ε est situé sur le diamètre qui lui est conjugué; et comme la perpendiculaire que l'on peut abaisser de ce pôle sur ε est un axe de la surface, toute droite perpendiculaire à ε et coupant ce diamètre doit être (II, page 186) un axe. Le complexe des axes se trouve complètement déterminé de la sorte (II, page 188). Les centres de toutes les courbes, suivant lesquelles la surface du second ordre est coupée par des plans parallèles, sont situés sur un même diamètre conjugué aux plans. Pour démontrer la dernière partie du théorème, il nous suffit donc de prouver que le diamètre conjugué à tout plan passant par un plan donné P est déterminé sans ambiguïté; car les deux axes d'un plan, qui se coupent sur le diamètre conjugué à ce plan, sont en même temps les axes de la conique, située sur la surface du second

ordre et dans ce plan ; et comme ce sont des rayons du complexe
d'axes, ils sont connus.

Chaque axe principal de la surface du second ordre est conjugué au
plan passant par P, qui est perpendiculaire à cet axe ; et tout plan mené
par P parallèlement à un plan de symétrie est conjugué au diamètre
normal à ce plan de symétrie (dans le cas du paraboloïde, ce diamètre est
situé à l'infini dans l'autre plan de symétrie). Nous connaissons aussi
le diamètre conjugué au plan mené par P parallèlement à ε ; par conséquent, nous avons les diamètres conjugués à quatre plans passant par
P, dont trois quelconques ne se coupent pas suivant une seule et même
droite. Or, comme on le sait, la gerbe de plans P se trouve rapportée
réciproquement à la gerbe de diamètres, lorsqu'on rapporte chaque
plan de P au diamètre qui lui est conjugué ; et comme nous connaissons déjà les diamètres conjugués à quatre plans passant par P, la
réciprocité des deux gerbes se trouve complètement établie. On
peut trouver effectivement le diamètre conjugué à un plan passant
par P, au moyen d'une construction linéaire, et le théorème est démontré.

Soient a et a_1 deux axes parallèles du complexe et supposons qu'ils
soient respectivement coupés en A et A_1 par un diamètre quelconque.
Nous pouvons construire deux surfaces du second ordre auxquelles appartient le complexe d'axes et qui soient respectivement normales en
A et A_1 aux axes a et a_1. Les plans tangents en A et A_1 sont alors parallèles et conjugués au même diamètre $\overline{AA_1}$. Mais, d'après ce que nous
venons de dire précédemment, deux diamètres qui sont conjugués à des
plans parallèles par rapport aux deux surfaces du second ordre, doivent se confondre. Nous dirons que les deux surfaces sont *semblables*,
concentriques et semblablement placées ou, pour abréger, qu'elles sont
coaxiales et homothétiques. La propriété que nous venons de reconnaître pour ces surfaces peut s'énoncer comme il suit :

*Les centres et les axes des coniques déterminées par un plan dans
des surfaces coaxiales et homothétiques coïncident. Aux points où un
diamètre quelconque coupe les surfaces, les plans tangents sont parallèles. Les points milieux des cordes parallèles des surfaces sont tous
situés dans un seul et même plan diamétral.*

Deux de ces cordes parallèles passent par A et A_1 et coupent à nouveau les surfaces du second ordre aux points B et B_1. Comme A, A_1 et
les milieux des cordes AB et A_1B_1 sont situés sur un diamètre, B et B_1

doivent aussi être sur un diamètre. Si les surfaces ont un centre M, la similitude des triangles AMB et A_1MB_1 nous donne la proportion

$$MA : MA_1 = MB : MB_1,$$

C'est-à-dire :

Les diamètres d'ellipsoïdes ou d'hyperboloïdes semblables, concentriques et semblablement placés, sont coupés par les surfaces en parties proportionnelles. Par conséquent, des hyperboloïdes coaxiaux et homothétiques ont le même cône asymptotique.

Si, au contraire, les surfaces sont des paraboloïdes, les diamètres AA_1 et BB_1 sont parallèles entre eux, et le quadrangle AA_1BB_1 est un parallélogramme; les segments AA_1 et BB_1 sont donc égaux et par suite :

Deux paraboloïdes coaxiaux et homothétiques peuvent être superposés en déplaçant l'un d'eux suivant la direction des diamètres (d'une quantité égale à AA_1).

Deux hyperboloïdes concentriques, dont les cônes asymptotiques coïncident, ont tous leurs axes communs et sont coupés par un plan quelconque suivant des courbes concentriques qui ont les mêmes axes. En effet, le cône asymptotique détermine le diamètre conjugué à un plan quelconque ε de l'espace et par suite le centre de ε et tous les axes normaux à ε.

Un hyperboloïde est complètement déterminé quand on donne son cône asymptotique et un point P de cet hyperboloïde, situé à son intérieur ou à son extérieur. En effet, tout plan passant par P et par le sommet et coupant le cône asymptotique suivant deux rayons a et b, a une hyperbole commune avec l'hyperboloïde; cette courbe passe par le point P et a les droites a et b pour asymptotes; il est donc facile de la tracer.

Si l'on construit toutes les surfaces coaxiales et homothétiques à une surface du second ordre, il passe une seule de ces surfaces par chaque point de l'espace, quand la surface donnée est un ellipsoïde ou un paraboloïde; si, au contraire, celle-ci est un hyperboloïde à une ou à deux nappes, partout extérieur ou intérieur au cône asymptotique, il passe une de ces deux surfaces. Dans ce dernier cas, nous considérons en outre tous les autres hyperboloïdes, ayant le même cône asymptotique que le premier, de sorte que nous aurons ainsi un système d'hyperboloïdes

semblables à une nappe et un système d'hyperboloïdes semblables à
deux nappes. Nous dirons que toutes les surfaces, ainsi construites par
rapport à une surface donnée et dont il ne passe qu'une seule par chaque
point propre de l'espace, forment *un faisceau de surfaces du second
ordre coaxiales et homothétiques.*

Un plan quelconque ne sera touché que par une seule de ces surfaces et le contact aura lieu au centre commun des coniques suivant lesquelles ce plan coupe toutes les autres surfaces ; car les pôles du plan
par rapport à toutes les surfaces du faisceau sont situés sur le diamètre
conjugué à ce plan. Les plans polaires d'un point par rapport à toutes
les surfaces du faisceau sont parallèles et conjugués à un seul et même
diamètre. Chaque axe est normal à l'une des surfaces en un point F, et
son pied F se construit en cherchant l'intersection de cet axe avec le
diamètre conjugué aux plans normaux à l'axe (II, pages 186 et 192).
D'après des théorèmes démontrés précédemment, les axes situés dans
un plan donné forment un faisceau parabolique du second ordre ou
deux faisceaux du premier ordre ; donc :

*Les normales que l'on peut mener dans un plan quelconque π à un
faisceau de surfaces coaxiales et homothétiques du second ordre sont
tangentes à une parabole ou forment un faisceau ordinaire et un faisceau de rayons parallèles. Leurs pieds sont situés sur une ligne
droite.*

Le théorème n'a plus lieu quand π est un plan de symétrie ; sa dernière partie peut être démontrée comme il suit. Tous les plans perpendiculaire aux axes contenus dans π sont parallèles aux plans d'un faisceau de plans du premier ordre ; leurs diamètres conjugués sont donc
situés dans un même plan et coupent le plan π suivant les points d'une
droite qui contient les pieds de toutes ces normales.

Comme une droite ne peut avoir plus de deux points communs avec
une surface du second ordre, sans être située entièrement sur elle,
s'ensuit que :

*Dans un plan quelconque π, il n'y a en général et au plus que deux
normales d'une surface du second ordre.*

Il n'y a d'exception que pour les plans de symétrie et, dans les surfaces coniques du second ordre, pour les plans normaux qui coupent
suivant des rayons les plans tangents correspondants. Si l'on cherche
le plan diamétral conjugué aux droites qui sont perpendiculaires au
plan π et si l'on détermine son intersection avec le plan π, cette droite

l'intersection passe par les pieds des normales menées dans le plan π à
a surface du second degré. Ces points sont d'après cela faciles à construire.

Les normales que l'on peut mener d'un point quelconque P à un fais-
ceau de surfaces du second degré, semblables, concentriques et sem-
blablement placées, forment une surface conique du second ordre
(II, page 184), quand P n'est ni à l'infini, ni dans un plan de symé-
trie ; leurs pieds constituent une courbe gauche du troisième ordre,
qui passe par P et par les trois points à l'infini, c'est-à-dire par les
pôles des plans de symétrie et les points à l'infini sur les axes princi-
paux; elle contient aussi le centre des surfaces du second ordre, quand
elles en ont un.

La seconde partie de ce théorème s'obtient de la manière suivante :

Les plans perpendiculaires aux rayons de la surface conique P sont
parallèles aux plans tangents d'une seconde surface conique du second
ordre; en effet, si du point P comme centre on décrit une sphère,
chaque rayon de P a pour conjugué le plan diamétral de cette sphère
qui lui est perpendiculaire ; et comme la gerbe P de diamètres est une
gerbe polaire, la surface conique P doit avoir pour conjugué un faisceau projectif de plans du second ordre, qui enveloppe la seconde surface conique. Les diamètres des surfaces du second ordre semblables
et semblablement placées, qui sont conjugués aux plans de ce faisceau du second ordre, forment donc également un cône ou un cylindre
du second ordre M, qui engendre avec le cône P des normales la courbe
du troisième ordre dont il est question dans le théorème. Car les surfaces coniques M et P ont en commun le diamètre $\overline{MP}$ qui passe par le
point P; en effet, tous les axes du faisceau de surfaces qui sont perpendiculaires à un plan conjugué à $\overline{MP}$ coupent le diamètre $\overline{MP}$ et par
conséquent l'un d'eux appartient à la surface conique P. Comme toute
normale n est rencontrée en son pied par le diamètre qui est conjugué
à tous les plans normaux à n, les pieds de toutes les normales passant
par P sont situés sur la courbe du troisième ordre, qui est, avec le diamètre $\overline{MP}$, le lieu des éléments communs aux deux surfaces coniques
M et P. Ces deux cônes passent par les trois points à l'infini mentionnés
dans le théorème; il en est donc de même pour leur courbe d'intersection.

Une surface isolée quelconque du faisceau a au plus six points communs avec la courbe gauche du troisième ordre (II, page 166) et dans

le cas d'un paraboloïde, le point à l'infini sur l'axe principal est l'un de
ces six points; donc :

*D'un point quelconque on ne peut pas mener plus de six normales à
une surface du second ordre ; dans le cas du paraboloïde, l'une de ces
normales est un diamètre et son pied est le point à l'infini du paraboloïde.*

Quelques-uns des théorèmes de la dernière leçon nous donnent les
propositions suivantes sur les normales des surfaces du second ordre :

*Les plans de symétrie et une normale quelconque d'un faisceau de
surfaces coaxiales et homothétiques du second ordre déterminent
toutes les normales de ces surfaces. Les normales, qui coupent une
droite g, sont tellement disposées que toutes celles qui passent par un
point P quelconque de g forment une surface conique du second ordre
et que toutes celles qui sont contenues dans un plan π quelconque
passant par g enveloppent une parabole. Si P est à l'infini ou dans
l'un des plans de symétrie, la surface conique du second ordre se décompose en deux faisceaux de rayons du premier ordre et, de même,
si π est un plan diamétral de la surface ou est perpendiculaire à un
plan de symétrie, nous avons à la place des tangentes d'une parabole
deux faisceaux de rayons du premier ordre. Les pieds de toutes les
normales, qui coupent la droite g, forment une surface conique ou
une surface réglée du second ordre, suivant que g elle-même est ou
n'est pas normale à l'une des surfaces du faisceau ; si cependant g est
à l'infini, ces pieds sont tous dans un plan diamétral, et si g est dans
un plan de symétrie, ils sont en partie dans ce plan et en partie dans
un plan perpendiculaire au plan de symétrie.*

La dernière partie du théorème découle de ce que le lieu géométrique des pieds des normales a une droite commune avec tout plan π
mené par *g* et une courbe gauche du troisième ordre commune avec tout
cône d'axes P, dont le sommet est situé sur *g*. Nous laissons au lecteur
le soin de trouver la démonstration de cette proposition.

VINGT-TROISIÈME LEÇON.

Pieds des axes d'une surface du second ordre. — Surfaces homofocales du second ordre.

Les surfaces du second ordre, qui ont le même complexe d'axes, peuvent être groupées en certains systèmes de surfaces qui sont encore bien plus intéressants que celui des surfaces semblables, concentriques et semblablement placées. Les recherches qui suivent nous conduisent à ces groupes et à leurs propriétés les plus importantes ; nous en excluons à l'avance les surfaces de révolution et les surfaces coniques du second ordre.

A tout axe a est conjugué par rapport à une surface donnée du second ordre un seul plan qui lui est perpendiculaire ; seuls les axes principaux de la surface font exception, puisqu'ils sont perpendiculaires à chacun des plans qui leur sont conjugués. Le point où un axe a est coupé normalement par le plan qui lui est conjugué mérite tout particulièrement de fixer l'attention. Si, par exemple, l'axe a est une normale de la surface du second ordre, ce point se confond avec le pied de cette normale ; à cause de cette propriété, nous dirons aussi, dans tous les autres cas, que le point en question est le *pied* de l'axe a. Nous l'obtenons aussi en projetant la polaire de l'axe a sur un plan quelconque ε mené par a et en cherchant le point où cette projection coupe l'axe a ; en effet, le plan projetant est perpendiculaire à a, parce que, en outre de la polaire, il renferme encore d'autres droites perpendiculaires à a, qui sont normales au plan ε et coupent la polaire. La projection de la polaire fait aussi avec a un angle droit.

*Tout point de l'espace est le pied 'de trois axes perpendiculaires
entre eux.*

Ce sont les axes principaux d'une surface conique circonscrite à la
surface du second ordre, ou bien encore les axes principaux d'une
gerbe polaire, qui appartient au système polaire déterminé par la surface du second ordre.

*Les pieds de tous les axes perpendiculaires à un plan de symétrie
sont situés dans ce plan; tout point d'un axe principal peut être considéré comme le pied de cet axe; le pied d'un diamètre quelconque est
à l'infini.*

Tout ceci découle de la définition du pied d'un axe.

*Les pieds de tous les axes, que l'on peut mener suivant une direc-
tion donnée, et qui, par conséquent, sont contenus dans un plan diamétral δ, sont situés en général sur une hyperbole équilatère dont le
centre coïncide avec celui de la surface; ils ne sont sur une droite que
si la surface du second ordre est un paraboloïde.*

En effet, les polaires de ces axes forment un deuxième faisceau de
rayons parallèles projectif au premier, et nous obtenons le pied de
chaque axe en cherchant son intersection avec la projection rectangulaire de sa polaire sur le plan diamétral δ. Les pieds des axes parallèles
sont donc la forme engendrée par deux faisceaux de rayons parallèles
projectifs et perpendiculaires entre eux; c'est seulement dans le cas
du paraboloïde qu'ils ont leur rayon à l'infini comme élément correspondant commun et qu'ils sont perspectifs; dans tous les autres cas, ils
engendrent une courbe du second ordre ayant deux points à l'infini,
c'est l'hyperbole équilatère en question.

*Les pieds de tous les axes, qui sont coupés par un plan de symétrie
γ en un point donné P et qui par suite sont contenus dans un plan
perpendiculaire à γ sont situés sur un cercle passant par P, dont le
centre est sur γ et dont le plan est perpendiculaire à γ.*

Cette courbe est engendrée par le faisceau P des axes et par le faisceau de rayons projectif à P suivant lequel les polaires de ces axes
sont projetées perpendiculairement sur le plan du faisceau P. Si un
deuxième plan de symétrie γ_1 est coupé par l'un quelconque des axes
du faisceau P au point P_1, les pieds de tous les autres axes qui sont
coupés par γ_1 en P_1 sont situés sur un cercle symétriquement placé
par rapport à γ_1; ce dernier se réduit au point P_1, si P_1 est le point de
rencontre du plan de symétrie γ_1 avec le cercle formé par les pieds des

axes du faisceau P. En faisant abstraction de ce cas particulier, nous pouvons dire :

Si deux plans de symétrie γ *et* γ₁ *sont respectivement coupés aux points P et P₁ par un axe quelconque, et si* g *et* g₁ *sont les perpendiculaires respectivement abaissées de P et P₁ sur l'axe principal commun à* γ *et* γ₁, *toute droite de l'espace qui réunit un point de* g *à un point de* g₁ *est un axe* (II, page 187). *Les pieds de tous ces axes forment une surface passant par* g *et* g₁, *dont* γ *et* γ₁ *sont deux plans de symétrie et qui est coupée par tout plan mené par* g *ou* g₁ *suivant cette droite et suivant un cercle* [1]. *Cette surface est donc complètement déterminée et facile à construire, du moment qu'on en connaît un point et les droites* g *et* g₁.

Tous les axes situés dans un plan quelconque π forment un faisceau de rayons du second ordre et leurs polaires une surface conique du second ordre ; et comme un rayon de cette dernière est perpendiculaire à π, les projections des polaires sur le plan π forment un faisceau de rayons du premier ordre projectif au faisceau du second ordre et qui engendre avec lui le lieu des pieds de tous les axes contenus dans π. Le centre du faisceau du premier ordre est le pied de deux de ces axes. Donc (I, page 157) :

Les pieds de tous les axes contenus dans un plan quelconque sont situés sur une courbe du troisième ordre, qui a un point double.

Les pieds de tous les axes passant par un point quelconque P sont situés sur une courbe gauche, qui est projetée de P suivant une surface conique du second ordre. Cette courbe doit passer trois fois par le point P, parce que ce point est le pied de trois axes rectangulaires entre eux ; elle est tangente à ces trois axes en P. Un quatrième axe quelconque passant par P contient un point de la courbe différent de P. On peut démontrer que cette courbe ne peut avoir plus de cinq points

---

1. Si l'on rapporte cette surface à un système d'axes coordonnés rectangulaires, dont l'axe des X soit la droite d'intersection des plans de symétrie γ et γ₁, dont l'axe des Y coïncide avec g et dont par suite l'axe des Z contenu dans γ₁ soit parallèle à g_1, cette surface a pour équation

$$(x^2 + z^2 - dx)(x - k) + xy^2 = 0.$$

Ici k est la distance de la droite g_1 à l'axe des Z et d le diamètre du cercle suivant lequel le plan $\overline{XZ}$ ou γ₁ rencontre la surface. Tout plan normal à l'axe des X et par suite parallèle aux droites g et g_1 a aussi une conique commune avec cette surface.

communs avec un plan quelconque et que, par suite, elle est du cin
quième ordre. Pour n'être pas entraînés trop loin, nous n'indiquons pas
cette démonstration ici.

Étant donnés un complexe d'axes et le pied F d'un axe quelconque a,
*qui n'est pas perpendiculaire à un plan de symétrie et ne coupe pas
un axe principal, le pied d'un axe quelconque se trouve par là même
entièrement déterminé.*

Nous construisons deux droites g et g_1 qui coupent l'axe a et qui soient
situées chacune dans l'un des deux plans de symétrie γ et γ_1 et perpendiculaires entre elles. Toute droite qui est rencontrée par g et g_1 est un
axe et son pied se trouve sur une surface, facile à construire, qui passe
par g, g_1 et F (II, page 199); il est donc complètement déterminé par
cette surface. Tout plan diamétral contient l'un de ces axes et son pied
détermine l'hyperbole équilatère sur laquelle sont situés en général les
pieds de tous les axes contenus dans le plan diamétral, parce que les
asymptotes de cette hyperbole sont respectivement parallèles et perpendiculaires à ces axes et parce qu'elles passent par le centre du complexe d'axes. Dans le cas où il existe un centre, nous pourrons construire
de cette manière le pied de chaque axe, en menant un plan diamétral
par cet axe. Si au contraire il n'y a pas de centre et si, par conséquent, les pieds de tous les axes contenus dans un plan diamétral
sont situés sur une droite, il faut que nous construisions un second
point de cette droite. Nous nous servons pour cela des deux axes b et c
qui passent par F, qui sont perpendiculaires entre eux et à a et qui,
de même que a, nous fournissent les pieds d'une infinité de nouveaux
axes, puisque leur propre pied F est connu. Donc, dans ce cas aussi,
on peut construire le pied de chaque axe et le théorème est démontré
d'une manière générale.

Parmi les surfaces du second ordre auxquelles appartient un complexe d'axes donné, il y en a une infinité pour lesquelles tous les axes
ont les mêmes pieds; nous leur donnerons le nom de *surfaces homofocales du second ordre.* Chaque axe a est normal en son pied à une de
ces surfaces homofocales, et cette dernière se trouve complètement
déterminée par cet axe, son pied et les plans de symétrie (II, page 188).

*Dans le système de surfaces homofocales du second ordre que nous
obtenons de la sorte, il y a trois surfaces qui passent par chaque point
P de l'espace; ces trois surfaces se coupent rectangulairement entre
elles en ce point.*

En effet P est le pied de trois axes rectangulaires entre eux; chacun d'eux est normal à l'une de ces trois surfaces et conséquemment doit être tangent aux deux autres. Nous pouvons dire aussi que :

Deux surfaces homofocales du second ordre se coupent rectangulairement en chacun de leurs points communs.

Les normales aux surfaces et les tangentes aux courbes d'intersection en P sont les trois axes rectangulaires entre eux, qui ont le point P pour pied. La courbe d'intersection est symétrique par rapport à chaque plan de symétrie γ de la surface; ce plan γ ne la rencontrera pas du tout, ou la coupera normalement, parce qu'il est normal aux surfaces en chaque point où il les rencontre. Remarquons en passant que la ligne d'intersection de deux surfaces homofocales est projetée du pôle de chacun des plans de symétrie suivant une surface cylindrique du second ordre et du centre, suivant une surface conique du second ordre (II, page 165); en effet, ces points sont les points principaux du faisceau ponctuel de F^2 dont les deux surfaces homofocales font partie. Nous pouvons d'après cela énoncer ce théorème :

Si l'on projette la ligne d'intersection de deux surfaces homofocales perpendiculairement à l'un de leurs plans de symétrie, on obtient une conique dont les axes sont situés dans les deux autres plans de symétrie.

Tout axe a a pour conjugué, par rapport aux surfaces homofocales, le plan π qui lui est perpendiculaire et qui passe par son pied. Réciproquement, à tout plan est conjugué un axe qui lui est normal; et nous obtenons ce dernier en abaissant de l'un des pôles du plan une perpendiculaire sur ce plan. Donc :

Les polaires d'un axe quelconque a par rapport à un système de surfaces homofocales du second ordre sont situées dans un plan perpendiculaire à a et enveloppent une parabole, puisqu'elles sont également des axes. Les pôles d'un plan quelconque sont situés sur l'axe qui lui est perpendiculaire et au pied duquel le plan est tangent à l'une des surfaces homofocales.

Le complexe de rayons, que les surfaces homofocales déterminent deux à deux, se compose des axes des surfaces, puisque les polaires de chaque axe se coupent; on voit ainsi que (II, page 163) :

Le système de surfaces homofocales du second ordre est un cas particulier du faisceau tangentiel de Φ^2.

Tous les théorèmes trouvés pour les faisceaux tangentiels de Φ^2 sub-

sistent donc aussi pour les systèmes de surfaces homofocales. Par
exemple, les plans polaires d'un point par rapport aux surfaces homofocales forment un faisceau de plans du troisième ordre.

Puisque les pôles d'un plan par rapport aux surfaces homofocales du
second ordre sont tous situés sur un axe normal au plan, il s'ensuit que :

*Lorsque deux plans rectangulaires sont conjugués par rapport à
une surface quelconque F^2 du second ordre, ils sont aussi conjugués
par rapport à toutes les surfaces homofocales avec F^2.*

Nous donnerons le nom d'*axe focal* de F^2 à l'axe de tout faisceau de
plans dans lequel deux plans perpendiculaires entre eux sont conjugués
par rapport à F^2. On déduit immédiatement du dernier théorème que :

*Tout axe focal d'une surface F^2 du second ordre est un axe focal
commun à toutes les surfaces du second ordre homofocales avec F_2.*

Par tout point P passent deux axes focaux réels des surfaces homofocales; ce sont les axes focaux du cône ayant son sommet en P et
circonscrit à l'une des surfaces homofocales. Ces deux axes ne se confondent que lorsque le cône est de révolution (I, page 190).

*Les cônes issus d'un même point P que l'on peut circonscrire à des
surfaces homofocales du second ordre sont donc homofocaux, c'est-à-
dire ont leurs axes focaux communs.*

Le plan π de ces deux axes focaux f et f', est normal à l'axe principal
du cône qui lui est conjugué et est tangent en P à l'une des surfaces
homofocales F^2. Par rapport à cette surface, le pôle de tout autre plan
ε mené par f se trouve d'une part dans π, d'autre part dans le plan du
faisceau f qui est normal à ε; il est donc situé sur l'axe focal f lui-même;
par conséquent, la surface est tangente en des points de f à tous les
plans passant par f et par suite elle passe elle-même par f. On voit
d'autre part que toute droite située sur l'une des surfaces homofocales
F^2 est un axe focal de cette surface, parce que les plans perpendiculaires deux à deux, qui se coupent suivant la droite en question, sont
conjugués par rapport à cette surface. Donc :

*Les axes focaux d'un système de surfaces homofocales du second
ordre sont identiques avec les droites qui sont situées sur ces surfaces;
par un point quelconque P, il passe toujours une surface réglée du
système. Les axes focaux réels, qui coupent un axe focal, forment un
système réglé et sont situés sur l'une des surfaces homofocales.*

Un plan quelconque ε n'a, par rapport à une surface du second ordre
F^2, qu'un seul *rayon conjugué normal*, qui passe par le pôle de ε et qui

est normal à ce plan ; c'est aussi le rayon conjugué normal de ε par rapport à toutes les surfaces homofocales avec F². Si l'on cherche les intersections de ε et de e avec un plan de symétrie, intersections qui sont respectivement la droite p et le point P, les rayons conjugués normaux de tous les plans passant par p se rencontrent au point P. En effet, projetons d'une part les pôles de ces plans à partir du point P et abaissons d'autre part des normales de P sur ces plans, nous obtenons deux faisceaux P de rayons projectifs au faisceau de plans p, qui ont trois rayons correspondants communs (ce sont e et les deux rayons respectivement normaux à γ et p) et qui par conséquent sont identiques. De plus p et P sont deux éléments conjugués d'un système polaire plan situé dans le plan de symétrie γ. En effet, le rayon conjugué normal de de tout plan $\overline{e\,q}$ passant par e est situé dans ε et coupe γ en un point Q de q ; si donc une droite q pivote autour de P dans γ, le point Q qui lui est conjugué décrit la droite p. Donc :

Si un plan de symétrie γ des surfaces homofocales coupe chaque plan et le rayon normal qui lui est conjugué, on obtient des éléments conjugués d'un système polaire plan situé dans γ et dont chaque axe principal des surfaces contenu dans γ est un axe. Les trois axes principaux de tout cône circonscrit aux surfaces coupent le plan de symétrie suivant un triangle polaire de ce système polaire. Nous donnerons à la courbe double de ce système le nom de CONIQUE FOCALE *et à chacun de ses points le nom de* POINT FOCAL *des surfaces homofocales.*

Si les surfaces homofocales sont des paraboloïdes, la droite à l'infini du plan de symétrie γ est conjuguée au point à l'infini sur l'axe principal.

Les points focaux de paraboloïdes homofocaux sont donc situés sur deux paraboles dont les axes coïncident avec l'axe principal des paraboloïdes.

Si au contraire les surfaces homofocales ont un centre, leurs trois plans de symétrie et le plan à l'infini divisent l'espace infini en huit régions. Il n'y a qu'une seule R de ces régions que ne coupe pas le plan arbitraire ε ; R sera rencontrée au contraire par le rayon normal e conjugué à ε, puisque les éléments à l'infini de ε et e sont séparés les uns des autres par les trois plans de symétrie. En outre de son point à l'infini, la droite e a encore un point propre commun avec la limite de l'espace R, et le plan de symétrie dans lequel se trouve ce point ne renferme pas de conique focale, tandis que les coniques focales sont réelles dans les deux autres plans de symétrie (II, page 74). Donc :

Les surfaces homofocales du second ordre ont deux coniques focales réelles et n'en ont que deux.

Tout point focal F d'un plan de symétrie est situé sur la droite *f* qui lui est conjuguée et les plans menés par *f* sont coupés normalement au point focal F par leurs rayons conjugués normaux. Toute tangente *f* d'une conique focale est donc un axe focal des surfaces homofocales et :

Les cônes, ayant pour sommets un point focal F et circonscrits aux surfaces homofocales, sont des cônes de révolution,
puisqu'ils ont une infinité d'axes principaux normaux à *f*.

Les sommets de tous les cônes de révolution circonscrits aux surfaces homofocales sont des points focaux de ces surfaces, parce qu'ils sont chacun les pieds d'un faisceau d'axes et par suite doivent être situés dans l'un ou l'autre des plans de symétrie et sur les droites qui leur sont conjuguées.

Les coniques focales font aussi partie du système de surfaces homofocales à titre de surfaces singulières de deuxième classe.

En effet, à chaque plan ε nous pouvons rapporter comme pôle, par rapport à l'une de ces coniques, le point par la polaire duquel il passe ; la perpendiculaire abaissée de ce pôle sur ε est un axe des surfaces homofocales et son point d'intersection avec ε en est le pied. Le complexe d'axes et les pieds de tous les axes sont donc déterminés d'une manière aussi complète par la conique focale que par une autre quelconque des surfaces homofocales. — Chacune des deux coniques focales est projetée d'un point quelconque de l'autre suivant un cône de révolution. L'une est donc une ellipse, quand l'autre est une hyperbole et réciproquement ; car par une ellipse on peut faire passer deux cylindres de révolution, tandis que par une hyperbole on n'en peut mener aucun.

Soit *g* une droite quelconque et soient g_1 et g_2 ses polaires par rapport à deux quelconques des surfaces homofocales. A tout plan π mené par *g* correspond un pôle de ce plan situé sur g_1 et sur g_2 et la droite *a* qui réunit ces deux pôles contient tous les autres pôles de π par rapport à toutes les surfaces homofocales. Si le plan π tourne autour de *g*, la droite *a* qui lui est conjuguée décrit un faisceau de rayons du second ordre ou un système réglé, suivant que g_1 et g_2 se coupent ou ne se rencontrent pas et *a* passe une fois à l'infini, quand π coïncide avec un plan diamétral. Le faisceau de plans *g* est projectif à la forme de rayons décrite par a et engendre avec elle une courbe gauche ou plane du troisième ordre. Donc :

Les pôles par rapport à un système de surfaces homofocales du second ordre de tous les plans qui passent par une droite arbitraire g sont situés sur un paraboloïde hyperbolique, qui contient les polaires g_1 et g_2 de la droite g, ou (si g est un axe) sur les tangentes d'une parabole. Chacun des plans du faisceau g est tangent à une des surfaces homofocales; dans le premier cas, les points de contact sont situés sur une courbe gauche du troisième ordre; dans le second, au contraire, ils se trouvent sur une courbe plane du troisième ordre.

Si la droite g est un axe, elle est perpendiculaire au plan de la parabole et est rencontrée par deux tangentes de cette courbe; si g n'est pas un axe, elle coupe le paraboloïde hyperbolique en deux points, ou bien elle a tous ses points communs avec cette surface et coïncide avec l'une de ses polaires. La droite g est donc alors tangente à deux surfaces homofocales au plus, ou bien elle est située sur l'une de ces surfaces, et tout plan mené par g est tangent à l'une de ces surfaces en un point situé sur g.

Supposons encore que π soit un plan du faisceau g et que le point où il est tangent à l'une des surfaces homofocales soit en dehors de la droite g. Nous pouvons alors mener encore par g un second plan π_1 tangent à cette surface. Les plans bissecteurs μ et ν du dièdre formé par les plans π et π_1 sont perpendiculaires l'un à l'autre et conjugués par rapport à la surface du second ordre; l'axe qui est conjugué et normal à l'un μ de ces plans bissecteurs doit être contenu dans l'autre ν et par conséquent est coupé normalement en son pied par la droite g. Donc :

Une droite quelconque g, qui n'est située sur aucune des surfaces homofocales du second ordre, est tangente à deux de ces surfaces. Les plans tangents μ et ν de ces deux surfaces sont perpendiculaires entre eux et bissectent tout angle dièdre $\pi\pi_1$ dont l'arête est la droite g et qui est circonscrit à l'une quelconque des surfaces homofocales.

Le faisceau de plans g est d'après cela en involution symétrique avec les plans doubles μ et ν, quand on fait correspondre entre eux deux à deux les plans qui sont tangents à l'une des surfaces homofocales.

Nous sommes conduits à une autre série de théorèmes intéressants, en remarquant que des surfaces homofocales du second ordre ont le même complexe d'axes et que les pieds des axes sont les mêmes pour toutes ces surfaces. Par exemple :

Les normales que l'on peut mener dans un plan quelconque π à un système de surfaces homofocales du second ordre enveloppent en général une parabole; leurs pieds sont situés sur une courbe du troisième ordre à point double et les plans tangents auxquels elles sont perpendiculaires forment un faisceau de plans du premier ordre (II, page 199). *Ces normales sont en même temps les axes des coniques communes au plan π et aux surfaces homofocales; les centres de ces coniques sont situés sur la directrice de la parabole* (II, pages 189-190).

Ce théorème comporte une exception, c'est quand π est un plan diamétral ou est perpendiculaire à un plan de symétrie.

Si le plan π est perpendiculaire à un plan de symétrie γ, *toutes les normales aux surfaces homofocales qui sont renfermées dans ce plan forment un faisceau de rayons dont le centre* P *est contenu dans le plan de symétrie* γ; *leurs pieds sont situés sur un cercle passant par* P *et dont le centre est sur* γ.

Si π *est un plan diamétral, toutes les normales qu'il renferme forment un faisceau de rayons parallèles; leurs pieds sont sur une hyperbole équilatère (dont le centre coïncide avec celui des surfaces homofocales) ou sur une droite (quand ces surfaces n'ont pas de centre).*

Nous pouvons tirer de là des conclusions relativement aux normales que l'on peut mener aux surfaces homofocales parallèlement à une droite donnée ou par un point P d'un plan de symétrie γ.

Toutes les normales que l'on peut mener d'un point quelconque P *aux surfaces homofocales sont en général situées sur une surface conique du second ordre; leurs pieds sont situés sur une courbe gauche du cinquième ordre, qui a le point* P *pour point triple.*

On peut, d'une manière analogue, étendre aux normales d'un système de surfaces homofocales et à leurs pieds tous les autres théorèmes qu'on a démontrés pour les pieds des rayons d'un complexe d'axes. Comme exemple, nous citerons la proposition suivante qui se déduit de la réunion de deux des précédentes.

Les normales aux surfaces homofocales qui sont coupées par un plan de symétrie γ *suivant les points d'un diamètre* d, *sont parallèles à un plan* ε *perpendiculaire à* γ. *Leurs pieds sont sur une surface passant par* d *et dont* γ *est un plan de symétrie. Cette surface est coupée par tout plan parallèle à* ε *suivant un cercle et une droite à l'infini et par tout plan passant par* d, *suivant ce diamètre et une hy-*

perbole équilatère, dont le centre coïncide avec le centre des surfaces homofocales et dont l'une des asymptotes est parallèles à ε. Quand les surfaces n'ont pas de centre, nous avons à la place de l'hyperbole une droite propre et une droite à l'infini; dans ce cas, la surface, lieu des pieds des normales, se compose d'une surface réglée du second ordre et du plan à l'infini.

VINGT-QUATRIÈME LEÇON.

**Surfaces du troisième ordre ; représentation de ces surfaces
sur un plan ; courbes gauches du troisième qui s'y rattachent.**

Lorsque dans l'espace trois gerbes non concentriques S, S_1, S_2 sont
rapportées collinéairement les unes aux autres, mais ne sont pas perspectives, trois plans correspondants quelconques de ces gerbes se coupent en un point et exceptionnellement seulement suivant une même
droite. Les points d'intersection des plans homologues constituent une
surface F^3 à l'étude de laquelle nous allons consacrer la présente
leçon.

Déterminons d'abord l'ordre de la surface F^3, c'est-à-dire le nombre
de points qui sont communs à F^3 et à une droite g. Si deux rayons
homologues des gerbes S et S_1 se coupent en un point P de g, ce
point P est situé sur la surface F^3 ; en effet, aux faisceaux de plan $\overline{SP}$
et $\overline{S_1P}$ correspond dans la gerbe S_2 un troisième faisceau de plans dont
un plan passe par le point P, en sorte que P se présente alors comme
point d'intersection de trois plans homologues des gerbes S, S_1 et S_2.
En passant, nous déduisons de là :

*La surface F^3 passe par les trois courbes gauches du troisième
ordre dont les systèmes de cordes sont engendrés par les trois gerbes
collinéaires S, S_1 et S_2 prises deux à deux.*

Si deux plans correspondants des gerbes S et S_1 se coupent suivant
g, la droite g a au plus deux points communs avec l'une des trois
courbes gauches ; et de plus elle est coupée par le plan correspondant
de la gerbe S_2 en un point de la surface F^3. Si ce cas ne se produit

pas, projetons g de S suivant un faisceau de rayons et cherchons le faisceau de rayons correspondant dans S_1. Ce dernier est projectif à g et engendre en général avec cette ponctuelle un faisceau de plans du second ordre, dont les différents plans sont coupés chacun par les plans correspondants de la gerbe S en un point de g. Au faisceau de plans du second ordre correspond dans S_2 un faisceau de plans du second ordre, également projectif à g, dont trois points au plus et un au moins passent par les points correspondants de g (I, page 134), quand chaque point de g n'est pas contenu dans le plan qui lui correspond dans S_2. Chaque point de cette espèce sur g est l'intersection de trois plans homologues des gerbes S, S_1, S_2 et par conséquent est situé sur la surface F^3. Si deux rayons homologues des gerbes S et S_1 se coupent en un point P de g, au lieu des faisceaux de plans du second ordre, nous avons trois faisceaux de plans du premier ordre projectifs à g. Deux de ces faisceaux sont perspectifs à la ponctuelle g ; le troisième, relatif à S_2, est également perspectif à g, autrement dit, il passe au plus deux de ses plans par les points de g qui leur correspondent, en sorte que, dans ce cas encore, la droite g a au plus deux points différents de P qui lui soient communs avec la surface F^3. De tout ceci il résulte que :

Toute droite g, qui n'est pas entièrement située sur la surface F^3, a en commun avec elle trois points au plus et un point au moins. Trois gerbes collinéaires non concentriques, S, S_1, S_2 engendrent donc une surface du troisième ordre à laquelle appartiennent les points d'intersection des plans homologues trois à trois.

Ce théorème subit une modification, quand les gerbes collinéaires engendrent un seul et même système de rayons du premier ordre. Ce cas a déjà été traité dans la douzième leçon ; nous l'exclurons à l'avenir de nos considérations.

Nous pouvons décrire une surface du troisième ordre par le mouvement d'un point en vertu du théorème suivant :

Si les quatre faces d'un tétraèdre variable pivotent autour de quatre points fixes et si trois de ses sommets se meuvent sur trois droites fixes concourantes, le quatrième sommet décrit une surface du troisième ordre.

En effet, on voit aisément que les quatre faces décrivent autour des points fixes quatre gerbes collinéaires, dont trois sont perspectives à la quatrième et engendrent la surface.

Nous arrivons, de la manière la plus simple, à un grand nombre de

propriétés importantes de la surface F³ du troisième ordre, en rapportant comme il suit la surface à un système plan Σ, ou en la *représentant* sur le plan Σ. Pour cela, nous rapportons réciproquement le
système plan aux trois gerbes collinéaires S, S₁ et S₂; à tout point de Σ
correspondent alors trois plans homologues des gerbes et, en même
temps, leur point d'intersection situé sur F⁵. Réciproquement, étant
donné un point quelconque P de F⁵, on peut trouver le point de Σ qui
lui correspond au moyen des trois plans correspondants des gerbes,
lesquels se coupent en P. A toute forme rectiligne de Σ correspondent
dans S, S₁, S₂ trois faisceaux projectifs de plans, et par conséquent sur
F⁵ une courbe gauche du troisième ordre engendrée par ces faisceaux
de plans (II, page 103). En d'autres termes :

*La surface F⁵ du troisième ordre est rapportée au système plan Σ
de telle manière qu'à tout point de F⁵ correspond un point de Σ, à
toute courbe cubique gauche de F⁵, engendrée par trois faisceaux homologues de plans de S, S₁, S₂, une forme rectiligne de Σ, qui lui est
projective; et, d'une manière générale, à l'ensemble des courbes
gauches du troisième ordre de F⁵, ainsi engendrées, correspondent les
différentes droites de Σ.*

Nous désignerons sous le nom de *premier système de courbes de
la surface du troisième ordre* toutes ces courbes gauches du troisième
ordre situées sur F⁵ et qui correspondent aux droites de Σ. Nous verrons qu'il existe encore sur la surface un second système de courbes
gauches du troisième ordre dont la génération est toute différente. Ce
premier système de courbes donne lieu aux théorèmes suivants :

*Deux courbes gauches de ce premier système ont toujours un point
commun;*
en effet, les droites correspondantes de Σ doivent se couper.

*Deux points quelconques de la surface gauche du troisième ordre
peuvent être réunis par une courbe gauche unique du premier
système;*
car par les deux points correspondants de Σ on ne peut faire passer
qu'une seule droite.

A toutes les droites de Σ, qui passent par un point donné, correspondent sur F⁵ toutes les courbes du premier système qui passent par
le point correspondant; nous leur donnerons le nom de *faisceau de
courbes.* Un faisceau de rayons du système plan Σ rapporte perspectivement entre elles toutes les formes rectilignes de Σ qui ne passent pas

par le centre du faisceau; et comme chacune d'elles est projective à la courbe gauche du troisième ordre qui lui correspond, il s'ensuit que :

Un faisceau de courbes du premier système de F^3 rapporte projectivement entre elles toutes les autres courbes gauches de ce système.

Nous dirons que quatre courbes du faisceau sont *quatre courbes gauches harmoniques* du premier système, quand elles sont coupées en quatre points harmoniques par une courbe quelconque et conséquemment par toutes les courbes l^3 du système qui n'appartient pas au faisceau. Chacune de ces courbes l^3 se présente donc comme une section du faisceau de courbes et se trouve rapportée projectivement à ce faisceau. De la même manière, le faisceau de courbes est rapporté projectivement au faisceau de rayons qui lui correspond dans Σ, parce que quatre courbes harmoniques du premier faisceau ont pour correspondantes quatre droites harmoniques du second. D'une manière générale, nous pouvons, en vertu de la définition générale de la projectivité, rapporter projectivement ces faisceaux de courbes entre eux et à des formes élémentaires quelconques.

La surface du troisième ordre est coupée par un plan quelconque suivant une courbe du troisième ordre; et toute courbe gauche du premier système a en commun avec le plan, et par suite avec la courbe d'intersection, un point au moins et trois au plus; donc :

A toute courbe plane du troisième ordre de la surface F^3 correspond dans Σ une courbe du troisième ordre, qui a en commun avec une droite quelconque un point au moins et trois points au plus.

Nous pouvons rapporter projectivement la surface F^3 à Σ de la manière qu'on a indiquée, en prenant sur F^3 quatre points quelconques, dont trois ne sont pas contenus sur une courbe du premier système, et en leur faisant correspondre les sommets d'un quadrangle arbitrairement choisi dans Σ. En effet, Σ se trouve ainsi rapporté réciproquement aux gerbes collinéaires S, S_1 et S_2 et par suite aussi est rapporté projectivement à F^3.

Comme nous l'avons déjà annoncé, la surface du troisième ordre possède encore un *second système de courbes gauches du troisième ordre*. Nous rattachons tout d'abord à ce système les trois courbes gauches dont les systèmes de cordes sont engendrés par les gerbes collinéaires prises deux à deux. Nous désignerons par k_1^3 et k_2^3 les deux courbes gauches du troisième ordre, passant par le point S, que la gerbe S engendre respectivement avec les gerbes S_1 et S_2. La courbe k_1^3 détermine complètement la collinéation des gerbes S et S_1, puisque toute corde de k_1^3 est projetée par deux plans homologues de S et S_1. D'autre part, le système de cordes de k_1^3 est rapporté projectivement à la gerbe S_2 par le moyen des gerbes S et S_1, de telle sorte que toute corde de k_1^3 correspond à un plan de S_2 et est coupée par lui en un point de la surface F^3. La surface F^3 est donc engendrée aussi par le système de cordes d'une courbe gauche k_1^3 du troisième ordre et par la gerbe S_2 qui lui est projective. Mais comme le système de cordes est projeté de tout point de sa courbe double k_1^3 suivant une gerbe collinéaire à S et S_1, et conséquemment aussi à S_2, nous pouvons remplacer le centre de la gerbe S par un autre point quelconque de k_1^3. La courbe cubique gauche k_2^3 engendrée par les gerbes S et S_2, change alors de position sur la surface F^3. Je dis que :

Lorsque le point S parcourt la courbe gauche k_1^3, la courbe k_2^3, engendrée par les gerbes S et S_2, décrit le deuxième système de courbes de la surface entière du troisième ordre et passe une fois par chaque point P de cette surface.

Nous devons d'abord prouver que pour une position déterminée du point S, la courbe k_2^3 passe par le point P. En P se coupent trois plans homologues α, α_1, α_2 des gerbes collinéaires S, S_1, S_2; au rayon $\overline{S_2P}$ ou b_2 de S_2 correspond d'après cela dans S_1 un rayon b_1 qui est contenu dans un même plan α_1 avec la corde $\overline{\alpha\alpha_1}$ de la courbe gauche k_1^3, corde qui passe par P. Au faisceau de plans b_2 de S_2 correspond de plus dans le système de cordes de k_1^3 un système réglé ou une surface conique du second ordre, dont tous les rayons sont coupés par b_1 et à laquelle $\overline{\alpha\alpha_1}$ appartient. Soit b la directrice de ce système réglé ou le rayon de la surface conique du second ordre qui passe par le point P. Ce rayon coupe (II, pages 101-102) la courbe gauche k_1^3 en un point qui, dans le cas de la surface conique du second ordre, est différent du sommet de cette surface. Choisissons ce point d'intersection de b et k_1^3 pour centre de la gerbe S, cette gerbe engendrera avec S_2 la courbe cubique gauche k_2^3 qui passe par P. En effet, au faisceau de plans b_2 de S_2 correspond dans la gerbe S le faisceau de plans suivant lequel le système réglé ou la surface conique du second ordre est projetée de S, ou (ce qui est la même chose) de la droite b; les droites b_2 et b se correspondent donc de telle sorte que leur point P d'intersection est réellement situé sur k_2^3.

Nous pouvons remplacer le centre de la gerbe S_2 par un autre point quelconque de la courbe k_2^3, par exemple par P; nous pouvons donc aussi prendre pour ce sommet un point complètement arbitraire de la surface du troisième ordre. En d'autres termes :

Un point quelconque de la surface du troisième ordre peut être pris comme centre de l'une des trois gerbes collinéaires qui engendrent la surface.

Il résulte immédiatement de là que les trois centres primitivement choisis ne sont pas des points remarquables de la surface et que les théorèmes que l'on a démontrés à leur endroit s'appliquent aussi à tout autre point de la surface. Par exemple, comme les centres des gerbes S et S_1 sont réunis par une courbe cubique gauche k_1^3, qui appartient au second système de courbes de la surface, on voit que :

Deux points quelconques de la surface F^3 du troisième ordre peuvent être réunis par une courbe gauche du second système.

La courbe gauche k_1^3 engendrée par S et S_1 peut être considérée comme une courbe entièrement arbitraire du second système. De cette remarque on peut déduire que :

Toute courbe gauche l^3 du premier système est située avec chacune des courbes k_1^3 du second système sur une surface réglée ou conique du second ordre; dans le cas d'une surface réglée, l'un des systèmes réglés se compose de cordes de l'une de ces courbes gauches du troisième ordre et l'autre système est formé de cordes de l'autre courbe.

En effet, la courbe gauche l^3 est engendrée par trois faisceaux correspondants de plans a, a_1, a_2 des gerbes S, S_1, S_2; elle est donc située avec k_1^3 sur la surface du second ordre qui contient toutes les cordes de k_1^3 engendrées par les deux faisceaux de plans a et a_1. Cette même surface du second ordre contient aussi les axes des deux faisceaux de plans, et ces axes sont des cordes de l^3 (II, pages 103-104).

Réciproquement, toute surface réglée du second ordre que l'on peut mener par une courbe gauche c^3 de l'un des systèmes, est coupée en outre par la surface du troisième ordre suivant une courbe gauche c_1^3 de l'autre système.

En effet, comme une droite quelconque de la surface du second ordre a au plus deux points communs avec la courbe gauche c^3 tandis qu'en général elle en a trois avec la surface F^3 du troisième ordre, il existe encore en dehors de la courbe c^3 des points situés à la fois sur F^3 et sur la surface du second ordre. Soient P et Q deux quelconques d'entre eux et c_1^3 la courbe gauche du troisième ordre passant par P et Q qui appartient à l'un des deux systèmes de courbes, mais pas au même système que c^5. On peut alors mener par c^5 et c_1^5 une surface réglée du second ordre qui a en commun avec la précédente la courbe gauche c^5 et les deux cordes de c^5 passant par P et Q, et qui par conséquent doit coïncider avec elle.

Par chaque point S de la surface du troisième ordre passe un faisceau de courbes gauches du second système et les courbes k_1^5 et k_2^5 qui établissent la collinéation des gerbes, S, S_1 et S_2 peuvent être considérées comme deux courbes entièrement arbitraires de ce faisceau. Chaque plan de S projette une corde de k_1^5 et de k_2^5 qui lui correspond ; et ces deux cordes, qui se coupent en un point de la surface F^5, lui sont communes avec les deux plans qui lui correspondent dans S_1 et S_2. On déduit de là la *construction suivante très simple de la surface du troisième ordre*, au moyen des courbes gauches k_1^5 et k_2^5 du second système :

Par le point S, commun aux courbes k_1^5 et k_2^5, nous menons des plans et, dans chacun d'eux, nous déterminons les deux cordes de k_1^5 et de k_2^5 qui ne passent pas par S ; ces deux cordes se coupent en un point de la surface du troisième ordre.

Par exemple, si nous donnons au plan passant par S une position telle qu'il soit coupé par k_1^5 et k_2^5 en deux points différents de S, les deux cordes ne sont autres que les droites qui réunissent ces couples de points ; elles sont donc faciles à construire. C'est seulement quand un plan est tangent au point S à la courbe k_1^5 ou k_2^5 que la corde correspondante passe par le point S.

Cette construction peut nous donner un point quelconque P de la surface du troisième ordre. Comme k_1^3 et k_2^3 sont des courbes gauches entièrement arbitraires du second système, qui passent par S, il s'ensuit que :

Si l'on considère toutes les courbes gauches du troisième ordre qui appartiennent au deuxième système de courbes et qui passent par un point arbitraire S, et si d'un autre point quelconque P de la surface du troisième ordre on leur mène des cordes, toutes ces cordes sont situées dans un même plan α passant par $\overline{SP}$.

Ce plan α est coupé au point P par les plans $α_1$ et $α_2$ qui lui correspondent dans les gerbes S_1 et S_2 ; et toute courbe gauche du premier système passant P est engendrée par trois faisceaux de plans de S, S_1, S_2, dont les axes sont respectivement contenus dans α, $α_1$ et $α_2$. Mais ces axes sont aussi en même temps des cordes de cette courbe gauche passant par P ; on a donc ce théorème :

Si l'on considère toutes les courbes gauches du troisième ordre qui appartiennent au premier système de courbes et qui passent par le point arbitraire P; et si du point S de la surface du troisième ordre on leur mène des cordes, toutes ces cordes sont contenues dans le même plan α, passant par $\overline{SP}$, que celui dont il a été question dans le théorème précédent.

Comme le point S peut être choisi arbitrairement sur la surface du troisième ordre, ces deux derniers théorèmes expriment une propriété commune aux deux systèmes de courbes. En vertu du dernier théorème, nous pouvons tout aussi bien construire la surface du troisième ordre au moyen de deux courbes gauches l_1^3, l_2^3 du premier système qu'à l'aide des courbes k_1^3 et k_2^3 du second système. Cette construction permet d'établir immédiatement une collinéation entre trois gerbes P, P_1, P_2 de telle sorte que P engendre avec P_1 et P_2 les systèmes de cordes respectifs de l_1^3 et l_2^3, c'est-à-dire de deux courbes du *premier* système, et que trois faisceaux de plans qui se correspondent dans P, P_1 et P_2 engendrent une courbe gauche du *second* système. La surface du troisième ordre est bien encore engendrée par les gerbes collinéaires P, P_1, P_2, mais les deux systèmes de courbes ont échangé leurs rôles en ce qui regarde leur génération et leurs relations réciproques. Il suit de là que :

Toutes les propriétés de l'un des systèmes de courbes gauches du troisième ordre conviennent également à l'autre système.

Ainsi, par exemple, deux courbes quelconques du second système doivent avoir un point commun, parce que les courbes du premier système jouissent de cette propriété. Un faisceau de courbes du second système coupe projectivement toutes les autres courbes de ce système.

La surface du troisième ordre peut aussi être représentée sur un plan de telle sorte que toute courbe du second système ait pour correspondante une ligne droite et tout faisceau de courbes de ce système un faisceau de rayons qui lui est projectif; les courbes du premier système sont alors représentées par des courbes planes du cinquième ordre, parce qu'elles peuvent avoir au plus cinq points communs avec celles du second système. Les théorèmes que nous avons démontrés jusqu'ici pour les faisceaux de courbes du premier système s'appliquent aussi aux faisceaux de courbes du second.

Si à toute courbe gauche du troisième ordre, appartenant à un faisceau P de courbes du premier système, on fait correspondre l'axe du *faisceau de plans de S, qui engendre la courbe avec les faisceaux correspondants de plans des gerbes S_1 et S_2, ou bien, en d'autres termes, la corde que l'on peut mener du point S à la courbe gauche, le faisceau S de rayons, que forment ces axes ou ces cordes, est rapporté projectivement au faisceau de courbes P.*

Soit, en effet, l^3 une courbe gauche quelconque du troisième ordre qui fait partie du premier système de courbes, mais qui n'appartient pas au faisceau de courbes P. Elle sera rapportée projectivement au faisceau de courbes si l'on fait correspondre chaque courbe du faisceau au point de l^3 par lequel elle passe (II, page 211). Mais, en même temps, le faisceau de plans de S, qui engendre la courbe gauche l^3 avec les faisceaux de plans correspondants de S_1 et S_2, est perspectif aussi bien à l^3 qu'au faisceau S de cordes dont il est question dans le théorème; l^3 est donc aussi projective à ce dernier. Le faisceau de courbes P et le faisceau de cordes S sont donc tous deux projectifs à la courbe gauche l^3 et par conséquent ils sont aussi projectifs entre eux.

Ce théorème subsiste encore dans le cas où le centre du faisceau de courbes coïncide avec le point S. Le faisceau de cordes est alors contenu dans le plan σ de S qui réunit l'une à l'autre les tangentes aux courbes gauches k_1^3 et k_2^3 du second système qui passent par S. En effet, ce plan σ est coupé au point S par les plans correspondants σ_1 et σ_2 des gerbes S_1 et S_2, parce que, par exemple, la tangente à k_1^3 au point S a pour élément correspondant le rayon $\overline{S_1S}$ de la gerbe S_1 et parce que le plan σ_1 doit passer par $\overline{S_1S}$. Soit maintenant l_1^3 une courbe quelconque du faisceau S de courbes appartenant au premier système et a la corde qui lui correspond dans σ; un plan quelconque mené par a a encore avec la courbe gauche l_1^3 un point commun extérieur à a, qui s'approche indéfiniment du point S, quand ce plan se rapproche indéfiniment du plan σ. Par conséquent σ contient aussi la tangente à l_1^3 au point S; donc :

Si en un point quelconque S d'une surface du troisième ordre on mène les tangentes à toutes les courbes gauches des deux systèmes qui passent par S, toutes ces tangentes sont contenues dans un seul et même plan σ, qu'on appelle le plan tangent au point S.

Il faut encore remarquer que la courbe gauche l_1^3 est en général tangente à σ, qu'elle est en outre coupée par ce plan en un point L différent de S et que sa corde a réunit entre eux les points S et L et par conséquent est une corde propre de l_1^3. La droite a ne coïncide avec la tangente de l_1^5 que si le plan σ est osculateur à la courbe l_1^5 au point S.

Nous saisissons cette occasion pour faire mention de certains points remarquables qui peuvent, dans certains cas, se trouver sur la surface du troisième ordre et pour lesquels les théorèmes précédents ne sont plus applicables. En effet, il peut arriver que les courbes gauches k_1^5 et k_2^5 du troisième ordre, engendrées par la gerbe S et les gerbes collinéaires S_1 et S_2, aient encore, en outre du point S, des points communs (au nombre de quatre au plus), ou bien encore qu'elles soient tangentes en S. Trois rayons homologues des gerbes se coupent alors en chacun de ces points, et éventuellement aussi en S; il en résulte qu'un pareil point doit être situé sur chaque courbe cubique gauche du premier aussi bien que du second système de courbes. Les centres de *deux* des trois gerbes collinéaires S, S_1, S_2 peuvent être transportés en un pareil point double de la surface, en sorte que cette dernière peut être engendrée par trois gerbes collinéaires, dont deux sont concentriques. Nous ne nous étendrons pas davantage sur ces cas particuliers, mais nous admettrons que les courbes gauches k_1^5 et k_2^5, que l'on doit considérer comme deux courbes absolument quelconques du second système, n'ont qu'un seul point S commun et qu'elles s'y coupent. Deux courbes gauches quelconques du premier système n'ont donc aussi qu'un seul point commun et elles se coupent en ce point.

Si nous réunissons par une surface du second ordre chacune des courbes l^5 du premier système avec une courbe quelconque donnée k^5 du second système, nous obtenons une *gerbe de surfaces du second ordre* qui se coupent toutes suivant k^5. A toute courbe du premier système correspond une surface de la gerbe k^5, passant par elle; à tout faisceau P de courbes correspond au contraire un faisceau ponctuel de F^2, dont les différentes surfaces ont en commun la courbe gauche k^5 et une corde de k^5 passant par le point P. Supposons le centre de la gerbe S placé en dehors de la courbe gauche k^5; à tout rayon a de S correspond alors une courbe déterminée l^5 du premier système, engendrée par le faisceau de plans a et les faisceaux de plans homologues des gerbes S_1 et S_2, et a est une corde de cette courbe gauche l^5.

Le rayon a a, d'après cela, pour correspondants une surface $k^5 l^5$ de la gerbe de surfaces k^5 et un plan déterminé α, qui est le plan polaire du point S par rapport à cette surface. Le plan α passe par le point S^1 qui est conjugué au point S par rapport à la courbe gauche k^5; il est en outre coupé par le rayon a en un point qui est le conjugué de S par rapport à la courbe gauche l^5 (II, pages 119-120).

Si le rayon a pivote autour du point S, la courbe l^5 change de position sur la surface du troisième ordre et la surface du second ordre $k^5 l^5$ varie aussi dans la gerbe k^5; et en même temps, le plan polaire α de S doit pivoter autour du point S^1. Si a décrit un faisceau ordinaire de rayons, l^5 décrit un faisceau de courbes qui lui est projectif; la surface $k^5 l^5$ doit par conséquent décrire un faisceau ponctuel de F^2 et le plan α un faisceau de plans du premier ordre, projectif à ce faisceau de surfaces. Par suite, à tout rayon de S correspond un plan de la gerbe S^1 et à tout faisceau de rayons du premier ordre de S et à son plan correspondent dans S^1 un faisceau de plans du premier ordre et son axe. Il résulte de là que les gerbes S et S^1 sont rapportées réciproquement l'une à l'autre et conséquemment engendrent une surface du second ordre; donc :

Si d'un point quelconque S de la surface du troisième ordre on mène une corde a à chaque courbe gauche l^3 du premier système, et si l'on détermine le point de a conjugué à S par rapport à la courbe l^3, tous les points ainsi trouvés constituent une surface du second ordre passant par S. Cette surface contient aussi tous les points S^1 conjugués à S par rapport aux courbes gauches k^3 du second système.

Si un rayon quelconque de la gerbe S coupe la surface du troisième ordre en deux points A et A_1, différents de S, et s'il est par suite une corde de la courbe du premier système qui passe par A et A_1, le point de cette corde qui est conjugué à S est harmoniquement séparé de S par A et A_1. Faisons mouvoir le rayon $\overline{SAA_1}$ de manière que les deux points A et A_1 se rapprochent indéfiniment l'un de l'autre et que $\overline{SAA_1}$ devienne une tangente à la surface du troisième ordre; le point conjugué à S doit aussi venir se réunir au point de contact, puisqu'il est harmoniquement séparé de S par A et A_1. On voit de même que le point conjugué à S vient se confondre avec lui, quand l'un des points A et A_1 coïncide avec S et quand, par conséquent, le rayon $\overline{SAA_1}$ se rapproche indéfiniment d'une tangente menée à la surface au point S. Donc :

La surface du second ordre, dont il vient d'être question, contient tous les points qui sont harmoniquement séparés de S par deux autres points A, A_1 de la surface F^3 du troisième ordre, ainsi que les points de contact de toutes les tangentes que l'on peut mener de S à la sur-

face. Elle a de plus son plan tangent en S commun avec F^5 et peut être
appelée la polaire du point S.

Comme tout faisceau de courbes du premier système a pour correspondant dans S un faisceau de rayons qui lui est projectif, nous pouvons dire aussi que le premier système de courbes est *projectivement
rapporté* au faisceau de rayons S. Mais la gerbe S est rapportée réciproquement à la gerbe S^1 et d'autre part à quatre plans harmoniques
de S^1 il correspond toujours quatre surfaces harmoniques de la gerbe
de surfaces k^5, en sorte que cette dernière est aussi projective à la
gerbe S^1. Nous déduisons de là que :

*Si à chaque courbe du premier système on fait correspondre la
surface de la gerbe k^5 qui passe par elle, le système de courbes est
rapporté projectivement à la gerbe de surfaces k^5; et chaque faisceau
de courbes du système a pour correspondant dans k^5 le faisceau
ponctuel de F^2 qui lui est projectif.*

A l'aide de ce théorème, nous pouvons facilement trouver la position
respective des points qui sont harmoniquement séparés par deux points
de la surface F^5 d'un point donné P extérieur à cette surface ou, pour
nous exprimer d'une manière plus générale, qui sont conjugués à P par
rapport à chacune des courbes l^5 du premier système. Joignons l^5 par
des surfaces du second ordre à trois courbes quelconques k^5, k_1^5, k_2^5 du
second système, les trois plans polaires du point P par rapport à ces
surfaces se coupent au point qui est le conjugué de P par rapport à l^5.
Si maintenant l^5 décrit le premier système de courbes tout entier, les
surfaces $k^5 l^5$, $k_1^5 l^5$, $k_2^5 l^5$ décrivent les trois gerbes de surfaces k^5, k_1^5 et k_2^5
qui sont projectives au système de courbes et par suite projectives
entre elles; et les trois plans polaires du point P décrivent trois gerbes
P^1, P_1^1, P_2^1 qui sont projectives aux gerbes de surfaces et au système
de courbes, qui par suite sont collinéaires entre elles et dont les centres
sont conjugués à P par rapport aux trois courbes gauches k^5, k_1^5, k_2^5.
Ces gerbes collinéaires P^1, P_1^1, P_2^1 engendrent une surface du troisième
ordre; donc :

*Les différents points, qui sont harmoniquement séparés par deux
points de la surface F^5 du troisième ordre d'un point P situé en dehors
de F^5, sont contenus sur une deuxième surface du troisième ordre.
Cette dernière passe aussi par les points de contact de toutes les tangentes que l'on peut mener de P à la surface F^5 et elle est également
tangente à ces tangentes.*

Toute droite menée par P et ayant avec F^3 trois points A, A_1, A_2 communs est aussi coupée par la deuxième surface du troisième ordre en trois points B, B_1, B_2. Si maintenant le rayon $\overline{PA}$ pivote autour de P de manière à devenir une tangente à la surface F^3, et par conséquent de manière que deux des points A, A_1, A_2 se réunissent au point de contact, l'un des points B, B_1, B_2 vient coïncider avec eux, tandis qu'en même temps les deux autres se réunissent ; car chacun des points B, B_1, B_2 est harmoniquement séparé de P par deux des points A, A_1, A_2. La dernière partie de notre théorème se trouve ainsi démontrée.

VINGT-CINQUIÈME LEÇON.

Courbes planes du troisième ordre.

L'étude des courbes planes situées sur la surface F^3 du troisième ordre nous conduit à d'autres propriétés importantes de cette surface. Un plan quelconque Σ la coupe suivant une courbe C_3 du troisième ordre, c'est-à-dire qui a en commun avec toute droite de ce plan, non située sur F^3, trois points au plus et un point au moins. La surface F^3 est engendrée par trois gerbes collinéaires S, S_1, S_2; d'après cela la courbe C_3 se présente à nous comme la forme engendrée par trois systèmes collinéaires situés sur Σ, qui sont des sections de ces gerbes, et elle peut être définie, indépendamment de la surface du troisième ordre, ainsi qu'il suit :

Trois systèmes collinéaires, contenus dans le même plan Σ, engendrent une courbe C_3 du troisième ordre, suivant les points de laquelle les rayons homologues des systèmes se coupent trois à trois. Par aucun point situé en dehors de C_3 il ne passe plus de deux rayons correspondants des systèmes.

Projetons les trois systèmes collinéaires de trois points quelconques de l'espace par des gerbes, ces dernières engendrent une surface du troisième ordre passant par C_3. Cette surface dégénère en une surface conique du troisième ordre, quand les centres des trois gerbes coïncident.

La surface F^3 du troisième ordre, dont nous considérons la courbe plane C_3 comme une section, peut être représentée sur un système plan Σ' au moyen des gerbes collinéaires S, S_1, S_2; comme nous l'avons vu, nous n'avons qu'à rapporter réciproquement ces gerbes à Σ'. Comme représentation de C_5, nous aurons alors une courbe C'_5 qui est également du troisième ordre. Les systèmes plans Σ et Σ' sont rapportés réciproquement l'un à l'autre d'une triple manière par le moyen des gerbes S, S_1, S_2; et tout point P' de C'_5 se distingue des autres points de Σ' en ce que les trois rayons de Σ qui lui correspondent ne forment pas un triangle, mais passent par un seul et même point P de C_5. Réciproquement, au point P de C_5 correspondent dans Σ' trois rayons qui se coupent en un seul et même point de C'_5. Nous avons déjà vu précédemment (II, pages 210-211), et démontré d'une autre manière, que C'_5 a en commun avec toute droite de Σ' trois points au plus et un point au moins.

Toute section plane C_5 de la surface F^3 du troisième ordre est engendrée par trois faisceaux de plans du troisième ordre de S, S_1, S_2.

Une propriété importante de la courbe C_5 découle des théorèmes précédemment démontrés (II, page 218). C'est la suivante :

Soit S un point quelconque de la courbe plane C_5 du troisième ordre, tous les points qui sont harmoniquement séparés de S par deux autres points de la courbe sont situés sur une conique passant par S. Cette conique est tangente en S à la courbe C_5 et contient les points de contact de toutes les tangentes que l'on peut mener du point S à C_5. Dans des cas particuliers, cette conique dégénère en deux droites.

Par exemple, la conique doit toujours se composer de deux droites, quand C_5 se décompose en trois droites a, b, c. On voit immédiatement que ce cas est possible, car on peut rapporter collinéairement entre eux trois systèmes plans de manière qu'ils aient un triangle a b c correspondant commun. Si C_5 contient une courbe du second ordre α et si S est intérieur ou extérieur à α, la conique dont il est question dans le théorème se réduit également à deux droites, dont l'une est identique avec la polaire de S par rapport à α. L'autre droite passe par S, et elle doit appartenir tout entière à la ligne C_5; car s'il en était autrement, il serait impossible que chacun de ses points fût harmoniquement séparé de S par deux points de la ligne C_5. Il suit de là que:

Si la courbe C_5 du troisième ordre contient une conique α, elle se décompose en cette conique et en une droite.

Nous allons réunir les uns aux autres les centres des trois gerbes S, S_1, S_2 par une conique $\varkappa^2$ et démontrer que $\varkappa^2$ est contenue tout entière sur la surface F^3 ou qu'elle a encore au plus trois autres points communs avec F⁵. Projetons de S la conique $\varkappa^2$ par un faisceau de rayons et cherchons le faisceau de rayons qui lui correspond dans la gerbe S_1; ce dernier est également projectif à $\varkappa^2$ et engendre avec $\varkappa^2$ un faisceau de plans du premier ou du second ordre. Tout plan de ce faisceau a un point de $\varkappa^2$ commun avec le plan correspondant de S; à ce faisceau de plans correspond aussi dans S_2 un faisceau de plans projectif à $\varkappa^2$, dont tous les plans passent par les points correspondants de $\varkappa^2$ ou dont trois au plus jouissent de cette propriété (I, pages 135-136). Le théorème est donc démontré; et comme S, S_1, S_2 peuvent être considérés comme trois points absolument quelconques de la surface F⁵, on voit que :

La surface F⁵ *du troisième ordre et chacune de ses sections planes ont au plus six points communs avec une conique qui n'est pas entièrement située sur la surface.*

Si donc une courbe plane C_3 du troisième ordre a plus de six points communs avec une conique, elle se décompose en cette conique et en une droite. On voit de plus que :

Une surface du second ordre a en général une courbe gauche du sixième ordre commune avec la surface du troisième ordre.

En effet, un plan quelconque coupe la surface du second ordre suivant une conique qui, en général, a tout au plus six points (situés sur la courbe gauche) communs avec la surface du troisième ordre.

Trois faisceaux de plans du second ordre projectifs, mais non concentriques, engendrent en général une courbe gauche γ du sixième ordre, par laquelle on peut faire passer une surface du troisième ordre.

En effet, les trois gerbes S, S_1, S_2 auxquelles appartiennent les faisceaux du second ordre sont rapportées collinéairement entre elles par le moyen de ces faisceaux et engendrent une surface F⁵ du troisième ordre. Représentons F⁵ sur un plan Σ'; aux faisceaux de plans du second ordre et à la courbe γ qu'ils engendrent correspond dans Σ' une conique γ' et à toute courbe plane d'intersection C_3 de F⁵ correspond dans Σ' une courbe C'_3 du troisième ordre. Comme γ' a au plus six points communs avec C'_3, γ sera aussi coupé par la courbe C_3 et par son plan en six points au plus. Il n'y a d'exception que si γ' fait partie de la courbe C'_3.

Si une conique a six points communs avec une courbe C_3 du troisième ordre et si elle change de forme et de position d'une manière continue, de telle sorte que deux de ces six points se rapprochent indéfiniment l'un de l'autre, ces deux points se réunissent finalement pour former un point de contact commun en dehors duquel les deux courbes n'ont plus que quatre points communs l'une avec l'autre.

Mais les points de contact des tangentes que l'on peut mener à une courbe C_3 d'un point S de cette courbe sont situés sur une conique tangente à la courbe C_3 en S ; donc :

Par un point quelconque S *de la courbe* C_3 *du troisième ordre, on ne peut, en outre de la tangente en* S, *mener au plus que quatre tangentes à* C_3.

Par le point S de la courbe C_3 passent une infinité de rayons qui coupent chacun la courbe en deux points différents de S. Chacun de ces couples de points peut être réuni par une courbe gauche du troisième ordre, qui appartient au premier système de courbes de la surface F^3 du troisième ordre ; et il résulte des théorèmes précédents (II, pages 214-215) que toutes les courbes gauches ainsi déterminées se coupent en un même point P de C_3. Nous avons aussi démontré déjà que le faisceau de courbes P du premier système est rapporté projectivement au faisceau de rayons S, quand à chaque courbe de P on fait correspondre sa corde qui passe par S. Le faisceau de courbes P peut être réuni à une courbe gauche quelconque k^3 du second système par un faisceau ponctuel de F^2, dont les surfaces se coupent suivant k^3 et suivant la corde de k^3, qui passe par P. Ce faisceau de surfaces est lui-même projectif (II, page 219) au faisceau de courbes P et au faisceau de rayons S ; et les points qui sont communs à un rayon quelconque de S, à la courbe correspondante du faisceau P et à la surface correspondante du second ordre sont situés sous la courbe C_3. Le faisceau de surfaces est coupé par le plan du faisceau de rayons S suivant un faisceau de coniques qui lui est projectif, et dont les coniques passent par le point P et par les points communs au plan et à la courbe gauche k^3. Or, comme k^3 peut être choisie arbitrairement dans le second système de courbes, il s'ensuit que :

La courbe plane C_3 *du troisième ordre peut être engendrée d'une infinité de manières au moyen d'un faisceau de rayons* S *et d'un faisceau de coniques qui lui est projectif, de telle sorte que les points d'intersection d'un rayon de* S *et de la conique correspondante soient situés sur* C_3.

Parmi les quatre points qui sont communs aux coniques, nous pouvons en choisir deux, O et Q, d'une manière absolument arbitraire sur C_3 puisque, par deux points quelconques de la surface F^3, on peut faire passer une courbe k_3 du second système ; le troisième R se trouve également sur k^3. Le quatrième point P ne dépend qu'en apparence du choix du point S ; car nous allons montrer de suite que l'on peut attribuer à chacun des trois points O, Q, R le rôle que jouait le point P dans la recherche précédente et que, par suite, P peut être échangé avec un point quelconque de C_3. Au contraire, chacun des quatre points est déterminé par les trois autres et par le point S. En effet, si O, P, Q et S sont donnés, nous trouverons R, en joignant par une conique O, R et Q avec deux points quelconques de C_3 situés sur une même droite avec S et en cherchant le sixième point d'intersection de cette conique avec C_3.

On peut échanger le point P avec le point O ; cela résulte de la démonstration du théorème suivant :

Par chaque courbe engendrée au moyen d'un faisceau de rayons S et d'un faisceau de coniques (OPQR) projectif à S, et conséquemment par le centre de S et les quatre points O, P, Q, R communs aux coniques, on peut faire passer une surface du troisième ordre ; ou autrement dit, la courbe est du troisième ordre.

Nous joignons trois des quatre derniers points, par exemple P, Q et R par une courbe gauche k^3 du troisième ordre, nous prenons arbitrairement sur cette dernière les centres de deux gerbes S_1 et S_2 et nous rapportons ces gerbes collinéairement entre elles de telle manière qu'elles engendrent le système de cordes de k^3. Par O passe une corde de k^3 suivant laquelle se coupent deux plans homologues α_1 et α_2 des gerbes. Soient s_1 et s_2 deux rayons homologues des gerbes, respectivement contenus dans α_1 et α_2 ; ils coupent le plan $\overline{OPQR}$ en deux points qui appartiennent à une seule et même conique du faisceau (OPQR) ; en effet, les faisceaux projectifs de plans s_1 et s_2 engendrent une surface du second ordre passant par k^3 et par le point O et sur laquelle sont aussi situés les rayons s_1 et s_2. Les deux faisceaux de rayons de s_1 et s_2, situés dans α_1 et α_2 et qui se correspondent, seront donc coupés par le plan $\overline{OPQR}$ suivant deux ponctuelles perspectives au faisceau de coniques (OPQR) (II, page 178) ; elles sont donc aussi projectives au faisceau de rayons S. Rapportons maintenant la gerbe S collinéairement à S_1 et S_2, de manière que ces trois faisceaux projectifs de rayons se correspondent, les trois gerbes engendrent une surface du troisième ordre, dont la courbe plane donnée est une section. La collinéation en question peut être établie d'une infinité de manières (II, page 7).

Le rôle du point P peut donc aussi être attribué effectivement à tout autre point quelconque O de la courbe C₃ du troisième ordre ; il en résulte alors d'une manière générale que :

Si l'on prend arbitrairement quatre points S,P,Q,R sur une courbe plane C₃ du troisième ordre, et si l'on réunit par une conique les points P, Q et R à deux autres points de C₃ situés sur une même droite avec S, toutes ces coniques constituent un faisceau de coniques projectif au faisceau de rayons S, et le quatrième point O commun aux coniques est aussi situé sur C₃.

On voit immédiatement que la réciproque suivante de ce théorème est exacte :

Si par quatre points quelconques O,P,Q,R d'une courbe plane C₃ du troisième ordre on fait passer des coniques qui aient encore chacune deux autres points communs avec C₃, les droites qui réunissent ces couples de points se coupent en un seul et même point S de C₃. Le faisceau (OPQR) de coniques est rapporté projectivement au faisceau de rayons S, quand on fait correspondre à chaque conique le rayon de S obtenu de cette manière.

Pour que le théorème ait un sens, il faut que, parmi les quatre points O, P, Q, R, il n'y en ait pas trois sur une même droite. Au contraire, deux quelconques d'entre eux peuvent se rapprocher indéfiniment l'un de l'autre, en sorte que le théorème subsiste encore quand les coniques coupent C₃ en deux points et lui sont tangentes en un troisième, ou bien quand elles sont tangentes entre elles et à la courbe C₃ en deux points différents, etc.

Le point S a reçu le nom de *point opposé* au quadrilatère OPQR.

Le dernier théorème constitue une des propriétés fondamentales des courbes planes du troisième ordre ; et nous pouvons en déduire un grand nombre d'autres propositions, et tout d'abord la suivante :

Par huit points arbitraires O, P, Q, R, A, B, C, D du plan on peut faire passer une infinité de courbes du troisième ordre ; par un neuvième point arbitraire E, il ne passe qu'une seule de ces courbes ; c'est seulement quand E a une position particulière, complètement déterminée par les huit premiers points, que toutes ces courbes du troisième ordre passent par ce dernier point.

Parmi les points donnés nous en choisissons quatre quelconques, O, P, Q, R, dont trois ne soient pas en ligne droite ; nous faisons passer par eux un faisceau de coniques et nous désignons par α, β, γ, δ, ε les cinq coniques de ce faisceau (OPQR) qui passent respectivement par A, B, C, D, E. Nous pouvons rapporter le faisceau de rayons D à (OPQR) de telle sorte que les rayons $\overline{DA}$, $\overline{DB}$, $\overline{DC}$ correspondent respectivement aux coniques α, β, γ; ceci fait, nous pouvons construire aussi les rayons $\overline{DD_1}$ et $\overline{DE_1}$ du faisceau D qui correspondent aux coniques δ et ε. A présent, nous imaginons qu'on ait tracé par A, B, C et D une conique $\varkappa$ tangente en D au rayon $\overline{DD_1}$; elle est coupée par le rayon $\overline{DE_1}$ en un point E_1 et est rapportée par le faisceau D projectivement au faisceau de coniques (OPQR), de telle sorte que les coniques α, β, γ, δ, ε correspondent respectivement aux points A, B, C, D, E_1 de $\varkappa$. Tout faisceau de rayons S, perspectif à la conique $\varkappa$, engendre avec le faisceau de coniques (OPQR) une courbe du troisième ordre qui passe par les huit points O, P, Q, R, A, B, C, D. Si maintenant nous déterminons sur $\varkappa$ le centre du faisceau de rayons S, de manière que le point E_1 en soit projeté par le rayon $\overline{SE}$, la courbe du troisième ordre passe aussi par le neuvième point E. Pour une position quelconque du point S, la courbe du troisième ordre a en commun avec la conique les cinq points S, A, B, C, D et conséquemment elle en a encore au plus un sixième T. Ce point T de $\varkappa$ est situé de même que A, B, C et D sur la conique du faisceau (OPQR) qui lui correspond et, par conséquent se trouve contenu sur chacune des courbes du troisième ordre qui passent par O, P, Q, R, A, B, C, D; c'est seulement quand E coïncide avec T que toutes ces courbes passent par E.

Il est à remarquer que nous n'avons nullement besoin de tracer la conique $\varkappa$, mais que nous pouvons trouver les points E_1 et S par des constructions linéaires, par exemple, au moyen du théorème de Pascal. Nous pouvons de même construire le deuxième point A_1 où le rayon $\overline{SA}$ coupe la conique α; et comme A_1 appartient aussi à la courbe du troisième ordre cherchée, nous aurons résolu ainsi le problème suivant:

Une courbe plane C_3 du troisième ordre étant donnée par neuf points, construire son dixième point A_1, qui est sur une même conique α avec cinq quelconques des points donnés.

Le faisceau de coniques (OPQR) contient aussi les trois couples de côtés opposés du quadrangle OPQR. Cherchons le rayon du faisceau S qui correspond à l'un d'eux, par exemple à $\overline{OP}$, $\overline{QR}$, nous résoudrons ainsi ce problème:

Une droite $\overline{OP}$ réunit deux des neuf points donnés; construire *son troisième point d'intersection avec la courbe C_3 du troisième ordre.*

Soit l un rayon quelconque du faisceau S et λ la conique qui lui correspond dans le faisceau (OPQR). Lorsque l se rapproche indéfiniment du rayon $\overline{SO}$, l'un des deux points d'intersection de l et de λ s'approche indéfiniment du point O et la droite qui réunit O à ce point d'intersection devient la tangente à la courbe C_3 au point O ; en même temps, la conique λ change de forme de telle manière qu'elle est également tangente à cette droite au point O. Si donc nous déterminons la tangente au point O à la conique qui correspond au rayon $\overline{SO}$, nous résolvons par là même ce problème :

Mener une tangente à la courbe C_3 du troisième ordre, en l'un des neuf points donnés, en O par exemple.

A l'aide de ces remarques, on peut aussi traiter facilement les problèmes suivants : *Construire une courbe du troisième ordre dont on donne huit points et une tangente, ou bien sept, six, cinq points et les tangentes respectives en deux, trois ou quatre d'entre eux.* Nous ne nous arrêterons pas à en donner la solution.

On a démontré qu'en général huit points du plan peuvent être réunis à un neuvième par une courbe du troisième ordre ; de cette démonstration il résulte que :

Deux courbes planes du troisième ordre ont au plus neuf points communs O, P, Q, R, A, B, C, D, T ; ces points peuvent être réunis à un dixième point E quelconque du plan par une courbe du troisième ordre.

Si par quatre des neuf points, par exemple, par O, P, Q, R, nous faisons passer un faisceau de coniques et par les cinq autres une conique $\varkappa$, cette dernière peut être rapportée projectivement au faisceau de telle manière qu'aux cinq points A, B, C, D, T de $\varkappa$ correspondent respectivement les coniques du faisceau (OPQR) qui passent par eux. La conique $\varkappa$ contient aussi le point S opposé au quadrilatère OPQR par rapport à toutes les courbes du troisième ordre passant par les neuf points.

Il peut arriver que six des neuf points soient situés sur une conique. Soit K un septième point quelconque de cette conique, on peut aussi réunir K aux neuf points par une courbe du troisième ordre ; et comme cette dernière a sept points communs avec la conique, elle se décompose en cette conique et en une droite. Donc :

Si, parmi les neuf points d'intersection de deux courbes du troi-

sième ordre six sont situés sur une conique, les trois autres sont sur une même ligne droite.

Ce théorème et sa démonstration subsistent encore quand la conique dégénère en deux droites. Nous en déduisons que :

Si une courbe C_3 du troisième ordre est coupée par trois droites a, b, c en groupes de trois points tels que six de ces neuf points soient situés sur une courbe du second ordre ou encore sur deux nouvelles droites k et l, les trois autres points d'intersection sont sur une même droite m.

Car les trois droites a, b, c constituent une seconde ligne du troisième ordre et, par les neuf points d'intersection, on peut faire passer une infinité de courbes du troisième ordre. Les six points communs à une courbe C_3 du troisième ordre et à une conique quelconque peuvent être réunis deux à deux par 15 droites qui coupent C_3 en 15 points P ; ces quinze points P sont trois à trois sur 15 droites g et ces 15 droites g se coupent trois à trois en ces 15 points P.

Dans le théorème précédent, nous pouvons prendre arbitrairement les droites k et l et, par leurs six points d'intersection avec C_3, faire passer les trois droites a, b, c. Si k et l se rapprochent indéfiniment l'une de l'autre, a, b, c deviennent trois tangentes de la courbe du troisième ordre et l'on voit que :

Si l'on mène des tangentes à la courbe C_3 du troisième ordre aux trois points qui lui sont communs avec une droite k, ces tangentes coupent la courbe en trois nouveaux points, qui sont situés sur une deuxième droite m.

Nous avons déjà vu que la courbe plane C_3 du troisième ordre peut se décomposer en une droite et une conique, mais nous n'avons pas encore démontré qu'il *doit* toujours en être ainsi quand la courbe C_3 contient une droite g. Par le fait, cette décomposition n'est pas toujours nécessairement celle qu'on indique, car on peut se représenter le cas où la courbe du troisième ordre se réduit tout entière à la droite g, ou bien où elle n'a qu'un seul point en dehors de g. Mais si C_3, outre g, se compose d'autres points, trois d'entre eux ne sont pas en général situés sur une même droite l; car s'il en était ainsi, l aurait encore avec C_3 le point lg commun ; elle aurait alors quatre points communs avec C_3, appartiendrait par suite dans son entier à la courbe C_3, et cette courbe C_3 devrait se décomposer en trois droites, dont la troisième pourrait se confondre avec l ou g. Nous pouvons d'après cela réunir cinq points quelconques extérieurs à g par une courbe x^2 du second ordre qui constitue aussi avec g une courbe du troisième ordre. Ces cinq points, joints aux trois points de la droite g, constituent un système de huit points qui, avec un neuvième point quelconque du plan, déterminent en général une seule courbe du troisième ordre. Si maintenant nous choisissons aussi le neuvième point sur la droite g, cette courbe du troisième ordre se confond évidemment avec C_3 et en même temps aussi avec la courbe du troisième ordre qui se compose de g et de la conique x^2. Donc :

Si une courbe C_3 du troisième ordre renferme une droite g, elle se décompose généralement en cette droite et une conique ; dans des cas particuliers, elle peut se composer de g et de deux autres droites, quand elle ne se réduit pas à g et à un point isolé, ou même à g toute seule.

On peut facilement conclure de là que, parmi les neuf points d'intersection de deux courbes du troisième ordre, six doivent être situés sur une conique ou sur deux droites, quand les trois autres sont sur une même ligne droite.

Le théorème suivant peut encore trouver place ici, en terminant :

La courbe de base d'un faisceau de surfaces du second ordre est projetée de chacun de ses points suivant une surface conique du troisième ordre.

Soient S et T deux points quelconques de la courbe de base ; nous pouvons rapporter la gerbe S réciproquement à la gerbe T d'une triple manière, de manière qu'elle engendre avec T trois surfaces quelconques du faisceau ponctuel de F^2. Le point S se présente alors comme centre de trois gerbes collinéaires, et ces dernières engendrent (II, page 221) une surface conique du troisième ordre dont les rayons projettent chacun un point de la courbe gauche du quatrième ordre. Nous en concluons que :

Une surface conique du troisième ordre et une surface réglée du second ordre, qui ont deux rayons a et b communs, se coupent suivant une courbe gauche du quatrième ordre par laquelle on peut faire passer un faisceau de surfaces du second ordre.

Pour le démontrer, joignons par une nouvelle surface du second ordre le point ab avec sept points quelconques, extérieurs à a et b et appartenant à la courbe d'intersection de la surface réglée et de la surface conique du troisième ordre. Cette nouvelle surface sera coupée par la surface réglée suivant une courbe gauche du quatrième ordre qui doit aussi être située sur la surface conique du troisième ordre ; car elle sera projetée au point ab suivant une surface conique du troisième ordre qui a en commun avec la surface conique donnée sept rayons, en outre de a et b, et qui par suite est identique avec elle. On démontre de même que :

Une surface conique du troisième ordre et une surface conique du second ordre, non concentriques mais tangentes le long d'un rayon, se coupent suivant une courbe gauche du quatrième ordre par laquelle on peut faire passer un faisceau de surfaces du second ordre.

Réunissons brièvement les résultats principaux acquis dans cette leçon et nous avons pour les surfaces du troisième ordre le théorème suivant :

La surface du troisième ordre est coupée par un plan quelconque suivant une courbe C_3 du troisième ordre, déterminée par neuf points arbitrairement choisis sur elle. Cette courbe se décompose en une conique et une droite, quand elle a plus de trois points communs avec une droite ou plus de six points communs avec une conique ; elle peut aussi se réduire à trois droites ou à moins de trois droites. La courbe C_3 du troisième ordre a au plus neuf points communs avec une autre courbe quelconque du troisième ordre ; huit de ces points déterminent le neuvième ; d'après cela, deux surfaces du troisième ordre se coupent en général suivant une courbe gauche du neuvième ordre. Une surface du second ordre et une surface du troisième ordre se coupent en général suivant une courbe gauche du sixième ordre.

VINGT-SIXIÈME LEÇON.

Les vingt-sept droites de la surface du troisième ordre et les coniques contenues sur la surface.

Étant donnée une surface du troisième ordre engendrée par trois gerbes collinéaires S, S_1, S_2, si nous la représentons sur un système plan Σ en rapportant réciproquement Σ à S, S_1, S_2, à tout point de F^3 correspond un point unique de Σ. Il peut au contraire exister dans Σ certains *points principaux* auxquels correspondent plusieurs des points de F^3, par exemple, tous les points d'une droite. A un point quelconque de Σ correspondent, en effet, les trois plans homologues de S, S_1, S_2, et leur point d'intersection situé sur F^3; mais si ces plans ont plus d'un point commun, et par conséquent ont une droite commune, le point correspondant de Σ est un point principal. Nous donnerons à la droite qui correspond au point principal le nom de *rayon principal* de la surface F^3; elle est une corde commune aux trois courbes gauches du troisième ordre engendrées par les gerbes S, S_1, S_2 prises deux à deux. Comme ces courbes gauches peuvent être considérées comme trois courbes quelconques du second système de courbes de F^3, les points principaux de Σ peuvent aussi être définis de la manière suivante :

Les points principaux du plan Σ ont pour éléments correspondants sur la surface F^3 du troisième ordre les cordes communes au deuxième système de courbes de F^3; nous donnons à chacune de ces cordes le nom de rayon principal de la surface du troisième ordre.

Les points principaux de Σ sont donc les points doubles des courbes du cinquième ordre qui correspondent aux courbes gauches du second système de F^3.

Un plan quelconque coupe la surface F³ suivant une courbe plane C₃, qui a un point commun avec toute droite située sur F³. Nous en concluons que :

Les courbes du troisième ordre de Σ, *qui correspondent aux sections planes de la surface* F³, *passent par tous les points principaux de* Σ.

Par une droite quelconque *g*, qui a les trois points P, Q, R communs avec F³, menons deux plans quelconques ; ils coupent la surface F³ suivant deux courbes C₃ et C₃¹ qui passent par les points P, Q, R. En outre des trois points qui correspondent à ces trois derniers, les courbes qui représentent C₃ et C₃¹ ont encore au plus six points communs et chacun d'eux doit être un point principal de Σ, parce qu'il a pour correspondant un point de C₃ aussi bien qu'un point de C₃¹. Ces six points principaux ne sont pas contenus sur une même conique ; car sans cela, les trois autres points devraient être situés sur une même droite, ce qui est impossible, puisqu'une droite de Σ a pour correspondante sur F³ une courbe gauche du troisième ordre qui a au plus deux points communs avec la droite *arbitraire g*. Donc :

Le plan Σ *renferme au plus six points principaux qui ne sont pas situés sur une seule et même conique ; et la surface* F³ *renferme au plus six rayons principaux ou cordes communes du deuxième système de courbes. Étant données trois gerbes collinéaires quelconques de l'espace, il existe en général six droites au plus suivant lesquelles les plans homologues des gerbes se coupent trois à trois.*

Lorsque deux cordes d'une courbe gauche du troisième ordre sont situées dans un même plan, elles se coupent, comme on le sait, en un point de la courbe. Or, comme les courbes gauches du deuxième système ne doivent pas toutes passer par un seul et même point, il s'ensuit que :

Deux rayons principaux de la surface F³ *ne sont jamais dans un même plan.*

Une droite quelconque *g* de Σ a pour correspondante sur la surface F³ une courbe gauche γ³ du premier système ; mais

Si une droite g *de* Σ *contient un point principal* U, *la courbe gauche* γ³ *du troisième ordre, qui lui correspond, se décompose dans le rayon principal* u, *correspondant à* U, *et en une conique, qui a un point commun avec* u.

A la ponctuelle *g* correspondent dans les gerbes S, S₁, S₂ trois fais-

ceaux de plans, dont les axes coupent le rayon principal u et le faisceau
de plans de S engendre avec ceux de S_1 et de S_2 deux surfaces réglées
du second ordre qui ont en commun l'axe du premier faisceau et le
rayon principal u. Réunissons maintenant par un plan trois autres quelconques des points communs aux deux surfaces; ce plan coupe les deux
surfaces du second ordre suivant deux coniques qui sont identiques,
car, en outre des trois points précédents, elles ont encore en commun
un point situé sur u et un autre situé sur l'axe du premier faisceau de
plans. Les points de cette conique correspondent projectivement à ceux
de la droite g.

Le plan de la conique a encore une droite commune avec la surface ;
cette droite jointe à la conique constitue une courbe plane du troisième
ordre. La courbe qui la représente doit se décomposer en la droite g et
en une conique ; et cette dernière doit passer par tous les points principaux du plan Σ, différents de U. Donc :

*Une conique qui réunit cinq quelconques des points principaux
de Σ a pour correspondante sur la surface F^5 une droite qui rencontre
les cinq rayons principaux correspondants ; par cette droite passent
les plans de toutes les coniques de F^5 qui correspondent aux rayons
de Σ menés par le sixième point principal.*

Si une forme rectiligne g réunit entre eux deux points principaux
U et V de Σ, elle a pour correspondants dans les gerbes S, S_1, S_2 trois
faisceaux de plans dont les axes coupent les rayons principaux correspondants u et v de F^5. Le faisceau de plans de la gerbe S engendre avec
ceux de S_1 et S_2 deux surfaces réglées qui ont en commun l'axe de ce
faisceau et les rayons principaux u et v. Soit maintenant P un point de
la courbe d'intersection de ces surfaces réglées, qui soit extérieur aux
trois droites précédentes ; les surfaces passent encore par une quatrième
droite qui contient le point P et qui coupe les droites u et v ; cette
quatrième droite doit correspondre à la droite g ; donc :

*Toute droite qui joint deux points principaux U et V de Σ a pour
correspondante sur F^5 une droite qui coupe les deux rayons principaux correspondants u et v.*

On voit en même temps que :

*Trois points principaux du plan Σ ne sont jamais sur une même
droite.*

En effet, si une forme rectiligne contenait trois points principaux,
les faisceaux de plans qui lui correspondent dans S, S_1, S_2 seraient

perspectifs au système réglé auquel appartiennent les trois rayons principaux correspondants de F⁵. La surface F⁵ se décomposerait alors en une surface réglée et un plan. Il y a une exception à ce théorème, c'est quand F⁵ possède un point double; mais ce cas a déjà été exclu précédemment (II, page 217).

Joignons la droite de F⁵, qui correspond à la droite réunissant deux points principaux U et V, avec un point quelconque P de F⁵ par un plan. Ce plan coupe la surface F⁵ suivant une courbe du troisième ordre C_3, qui se compose de la droite en question et d'une conique passant par P. La courbe qui représente C_3 sur Σ se décompose en la droite $\overline{UV}$ et en une conique qui contient le point correspondant à P et tous les autres points principaux différents de U et V. Comme P a été pris arbitrairement sur F⁵, le point qui lui correspond peut être considéré comme un point absolument quelconque de Σ. Nous déduisons de là que :

Les coniques, que l'on peut mener par quatre points principaux de Σ, *ont aussi des coniques pour correspondantes sur* F⁵; *les plans de ces dernières courbes se coupent suivant la droite qui correspond à la droite joignant les deux autres points principaux.*

Ce théorème éprouve naturellement une modification quand il y a moins de six points principaux.

Nous allons d'abord examiner le cas le plus particulièrement intéressant, celui où le plan Σ contient six points principaux réels. On peut considérer ces points comme les sommets d'un hexagone complet, auquel on ne peut pas circonscrire de conique. De ce qui précède, il découle que :

A chacun des six sommets et des quinze côtés de cet hexagone principal de Σ *correspond une droite de la surface; de même à chacune des six coniques que l'on peut mener par cinq de ses sommets correspond également une droite. La surface* F⁵ *du troisième ordre renferme donc vingt-sept droites.*

Quatre quelconques des droites situées sur la surface ne peuvent appartenir à un seul et même système réglé du second ordre; car, si ce cas se produisait, chacune des directrices de ce système réglé aurait quatre points communs avec la surface F⁵ *et par conséquent serait située tout entière sur* F⁵, *en sorte que cette surface se décomposerait en une surface réglée du second ordre et un plan.*

On peut facilement se faire une idée de la situation réciproque des vingt-sept droites au moyen de l'hexagone complet. Nous désignerons tout d'abord par 1, 2, 3, 4, 5, 6 les six points principaux du plan Σ, par μ, ν deux quelconques d'entre eux et par (μ) la conique qui passe par les cinq points principaux différents de μ. On peut alors représenter par a_μ le rayon principal de la surface F^3 qui correspond au point principal μ, par b_μ la droite qui correspond à. la conique (μ) ; enfin le côté $\overline{\mu\nu}$ de l'hexagone aura pour correspondante la droite $c_{\mu\nu}$ ou $c_{\nu\mu}$ de F^3. Les vingt-sept droites sont alors représentées comme il suit :

$$
\begin{array}{cccccc}
a_1 & a_2 & a_3 & a_4 & a_5 & a_6 \\
b_1 & b_2 & b_3 & b_4 & b_5 & b_6 \\
& c_{12} & c_{13} & c_{14} & c_{15} & c_{16} \\
& & c_{23} & c_{24} & c_{25} & c_{26} \\
& & & c_{34} & c_{35} & c_{36} \\
& & & & c_{45} & c_{46} \\
& & & & & c_{56}
\end{array}
$$

En vertu des théorèmes précédents et de la représentation des vingt-sept droites sur le plan Σ, on reconnaît immédiatement que :

La droite a$_\mu$ *n'est coupée que par dix des vingt-six autres droites; ce sont toutes les droites* b, *à l'exception de* b$_\mu$, *et toutes les droites* c *qui ont l'indice* μ. *De même,* b$_\mu$ *est rencontrée par dix des autres droites; ce sont toutes les droites* a, *à l'exception de* a$_\mu$, *et toutes les droites* c *qui ont l'indice* μ. *La droite* c$_{\mu\nu}$ *est coupée par les droites* a$_\mu$, a$_\nu$, b$_\mu$, b$_\nu$ *et par les six droites* c *qui n'ont ni l'indice* μ, *ni l'indice* ν.

Par exemple, la droite c_{12} est rencontrée par les droites a_1, a_2, b_1, b_2, c_{34}, c_{35}..... etc., parce que sa ligne représentative $\overline{12}$ passe par les points 1, 2 et. a en commun avec les représentations (1), (2), $\overline{34}$, $\overline{35}$,.... etc., de chacune des autres droites en question un point qui n'est pas un point principal.

Chacune des 27 droites est donc rencontrée par dix des autres droites et forme avec elles cinq triangles; en sorte que les 27 droites se coupent en 135 points δ *et forment 45 triangles* Δ.

Par exemple, les dix droites, qui coupent a_1, forment avec elle les triangles :

$$a_1 b_2 c_{12}, \quad a_1 b_3 c_{13}, \quad a_1 b_4 c_{14}, \quad a_1 b_5 c_{15}, \quad a_1 b_6 c_{16}.$$

de même b_1 est la droite d'intersection des plans des cinq triangles :

$$b_1 a_2 c_{12}, \quad b_1 a_3 c_{13}, \quad b_1 a_4 c_{14}, \quad b_1 a_5 c_{15}, \quad b_1 a_6 c_{16}$$

et les dix droites, qui coupent c_{12}, forment avec elle les triangles :

$$c_{12}a_1b_2, \quad c_{12}a_2b_1, \quad c_{12}c_{34}c_{56}, \quad c_{12}c_{35}c_{46}, \quad c_{12}c_{36}c_{45}.$$

Les droites a et b ont une situation relative bien remarquable. Les droites a sont coupées cinq à cinq par une des droites b et par conséquent elles sont rencontrées quatre à quatre par deux des droites b; la surface réglée, qui contient trois droites a, a encore trois droites b communes avec la surface F^3 du troisième ordre. Or, comme deux droites a ne sont jamais dans un même plan, il s'ensuit que :

Deux droites b *ne sont jamais dans un même plan; les droites* b *prises cinq à cinq, quatre à quatre, trois à trois, deux à deux, une à une sont respectivement coupées par une, deux, trois, quatre, cinq droites* a; *les droites* b *ont donc par rapport aux droites* a *la même situation que ces dernières par rapport aux premières.*

Avec M. Schläfli nous donnerons à un groupe de deux fois six droites qui ont entre elles la situation relative des droites a et b, le nom de *double sixain*. Un double sixain comme :

$$
\begin{array}{cccccc}
a_1 & a_2 & a_3 & a_4 & a_5 & a_6 \\
b_1 & b_2 & b_3 & b_4 & b_5 & b_6
\end{array}
$$

est donc caractérisé par cette propriété que l'une quelconque de ses douze droites ne rencontre que les cinq des onze droites restantes qui ne sont ni sur la même ligne horizontale, ni sur la même colonne verticale qu'elle. Nous distinguerons deux moitiés dans un double sixain; dans celui qui précède, une des moitiés est constituée par les droites a et l'autre par les droites b. Nous pouvons prouver facilement que les 27 droites de la surface du troisième ordre ne forment pas entre elles moins de 56 doubles sixains de ce genre; mais auparavant démontrons le théorème suivant :

La droites b_μ *n'est rencontrée que par celles des droites* c *qui ont l'indice* μ. *Deux droites* c, *ayant un indice commun* μ, *ne peuvent pas être situées dans un même plan.*

Par exemple, si b_1 était coupé par c_{23}, les quatre rayons c_{23}, a_4, a_5, a_6 appartiendraient à la surface réglée dont b_1, b_2, b_3 sont trois directrices; ce qui est impossible. Et si, par exemple, c_{12} et c_{13} étaient dans un même plan, ce plan devrait contenir aussi les droites c_{45}, c_{46}, c_{56}, parce que ces dernières coupent c_{12} et c_{13} en des points différents;

la surface F^3 du troisième ordre aurait donc cinq droites communes avec le plan, ce qui est également impossible.

Du double sixain donné plus haut, nous pouvons déduire, entre autres, les deux suivants :

$$
\begin{array}{cccccc}
c_{12} & c_{13} & c_{14} & c_{15} & a_6 & b_6 \\
c_{62} & c_{63} & c_{64} & c_{63} & a_1 & b_1
\end{array}
\quad \text{et} \quad
\begin{array}{cccccc}
c_{23} & c_{31} & c_{12} & a_4 & a_5 & a_6 \\
b_1 & b_2 & b_3 & c_{36} & c_{64} & c_{45}
\end{array}
$$

Les droites c_{12}, c_{13}, c_{14}, c_{15} du premier double sixain sont représentées sur le plan Σ par quatre droites réunissant le point 1 à quatre autres points principaux 2, 3, 4, 5; et comme nous pouvons échanger chacun des points principaux avec un autre, ce premier double sixain nous en donne par analogie 15 en tout. Les droites c_{12}, c_{23}, c_{31} du second double sixain correspondent aux côtés du triangle 123 de Σ; les six points principaux forment entre eux vingt triangles; le second tableau ci-dessus ne peut donc pas donner naissance à moins de vingt doubles sixains.

Les 27 droites de la surface du troisième ordre forment donc en tout $1 + 15 + 20 = 36$ *doubles sixains et chaque droite entre dans seize de ces doubles sixains.*

La considération de l'hexagone de Σ, qui, joint aux six coniques (μ), donne la représentation des 27 droites, nous fournit immédiatement la proposition suivante :

Quatre quelconques des droites de la surface F^3, *qui ne se coupent pas deux à deux, déterminent un double sixain et ces quatre droites appartiennent à l'une des moitiés de ce dernier.*

La surface du troisième ordre ne peut pas contenir une vingt-huitième droite g. Supposons, en effet, qu'une pareille droite existe, elle ne pourra jamais couper trois des rayons principaux a, parce que ceux-ci sont déjà rencontrés par trois des rayons b et que quatre droites de la surface ne peuvent jamais appartenir à un seul et même système réglé. La droite g sera de plus représentée dans le plan Σ par une droite ou une conique; car les plans de la gerbe S, qui ont chacun en commun avec les plans homologues de S_1 un point de la droite g, forment (II, page 209) un faisceau de plans du premier ou du second ordre. Il résulte de là que la représentation de la conique de F^3, qui est dans un même plan avec g, doit être une conique ou une droite, et qu'elle passe par quatre au moins des points principaux de Σ. Cette représentation ne peut être une droite, parce qu'une pareille droite contient au plus deux points principaux, elle ne peut être non plus une des six coniques (μ), parce que ces dernières correspondent aux droites b; et si elle était une conique contenant seulement quatre points principaux, g devrait être identique avec l'une des droites c, puisque sa représentation coïnciderait avec la droite joignant les deux derniers points principaux. L'hypothèse d'une vingt-huitième droite g est donc inadmissible. Nous pouvons aussi énoncer ce résultat comme il suit :

Le plan de toute conique située sur la surface du troisième ordre passe par l'une des 27 droites de cette surface.

Nous représenterons un double sixain quelconque contenu sur la surface F^3 par

$$\begin{array}{cccccc} d_1 & d_2 & d_3 & d_4 & d_5 & d_6 \\ e_1 & e_2 & e_3 & e_4 & e_5 & e_6; \end{array}$$

nous allons démontrer à présent que :

Cinq rayons, $d_1\,d_2$, d_3, d_4, d_5, qui appartiennent à une moitié d'un pareil double sixain, déterminent complètement les vingt-sept droites de la surface du troisième ordre et la surface elle-même.

La droite e_6 coupe les cinq rayons donnés d et les autres droites e les rencontrent quatre à quatre. On peut donc construire facilement les droites e (I, pages 179-180) et, par leur moyen, nous trouvons la droite d_6 qui coupe les cinq premières droites e. Les deux plans $\overline{d\ e_\nu}$ et $\overline{d\ e_\mu}$ se coupent de plus suivant l'une $f_{\mu\nu}$ des quinze autres droites de la surface F^3; car la droite d'intersection $f_{\mu\nu}$ a en commun avec la surface quatre points respectivement situés sur d_μ, d_ν, e_μ, e_ν, et par conséquent elle est contenue tout entière sur la surface. Du moment qu'on a trouvé les 27 droites de cette manière, on peut construire une section plane quelconque de la surface au moyen des points où le plan sécant rencontre ces 27 droites.

Pour construire un double sixain dans l'espace, nous pouvons prendre arbitrairement un rayon e_6 de l'une des moitiés et le couper par cinq rayons quelconques d_1, d_2, d_3, d_4, d_5 qui doivent appartenir à l'autre moitié. Il faut seulement que, parmi ces cinq rayons d, il n'y en ait pas deux dans un même plan ni quatre sur une même surface réglée.

Par quatre rayons d_1, d_2, d_3, d_4 et trois points arbitraires S, S_1, S_2 de l'espace, on ne peut faire passer qu'une seule surface du troisième ordre ; cette surface est engendrée par les trois gerbes S, S_1, S_2 qui sont rapportées collinéairement entre elles de telle sorte que leurs plans homologues se coupent trois à trois suivant d_1, d_2, d_3, d_4. En effet, si par d_1, d_2, d_3, d_4, S, S_1 et S_2 il passait deux surfaces du troisième ordre, elles devraient contenir aussi les droites e_5 et e_6, parce que ces dernières ont avec les surfaces quatre points communs situés sur d_1, d_2, d_3, d_4. Ces surfaces seraient de plus coupées par le plan $\overline{SS_1S_2}$, suivant une seule et même courbe du troisième ordre ; car par les six points d'intersection situés sur d_1, d_2, d_3, d_4, e_5, e_6 et par les trois points S, S_1, S_2 donnés *arbitrairement*, on ne peut faire passer qu'une seule courbe C_3 du troisième ordre. Enfin un nouveau plan quelconque, ayant avec C_3 trois points A, B, C communs, devrait également couper les deux surfaces du troisième ordre suivant une seule et même courbe C_3^1 du troisième ordre réunissant les points A, B, C et les six points situés sur d_1, d_2, d_3, d_4, e_5, e_6. En effet, s'il passait plus d'une courbe du troisième ordre par ces neuf points, les six derniers points devraient être situés sur une même conique, puisque A, B, C sont contenus sur une seule et même droite ; or ceci est impossible, puisque d_1, d_2, d_3, d_4 n'appartiennent pas à un seul et même système réglé. Les deux surfaces du troisième ordre auraient donc une infinité de sections planes communes, ce qui est impossible, à moins qu'elles ne se confondent.

Choisissons maintenant les trois points S, S_1, S_2 arbitrairement sur la surface F^3 du troisième ordre donnée primitivement ; la surface du troisième ordre menée par d_1, d_2, d_3, d_4 et S, S_1, S_2 coïncide avec F^3. Les quatre rayons d_1, d_2, d_3, d_4 deviennent des rayons principaux de la surface ; par suite, il en est aussi de même pour d_5 et d_6, parce que les six rayons principaux constituent une moitié d'un double sixain et parce qu'un double sixain est complètement déterminé par quatre rayons de l'une de ses moitiés. Il résulte de là que :

La surface F^3 du troisième ordre peut être engendrée de 72 manières différentes par trois gerbes collinéaires S, S_1, S_2, dont les centres sont pris arbitrairement sur F^3. On peut en effet rapporter les gerbes entre elles de telle sorte que leurs plans homologues se coupent trois à trois suivant chacune des six droites d_1, d_2, d_3, d_4, d_5, d_6, qui constituent une moitié de l'un des 36 doubles sixains, et l'on obtient ainsi un des 72 modes de génération ; les rayons d jouent ici par conséquent le rôle de rayons principaux. Il existe, d'après cela, sur la

surface 72 *systèmes de courbes gauches du troisième ordre, ou plutôt*
36 *couples de pareils systèmes de courbes ; et en effet, les deux systèmes*
de courbes qui proviennent des deux moitiés d'un même double sixain
ont les mêmes relations réciproques que le premier et le second système
de courbes considérés précédemment.

Parmi les 45 triangles Δ, formés par les 27 droites de la surface F^3 du
troisième ordre, nous en choisissons deux qui n'aient aucune des 27
droites communes ; leurs plans se coupent suivant une droite, et, comme
celle-ci a au plus trois points communs avec la surface, les côtés des
deux triangles se coupent deux à deux sur elle en trois points δ. Les plans
qui réunissent ces couples de côtés forment un trièdre T_1 (ou trièdre de
Steiner) et coupent la surface suivant trois nouvelles droites qui, pour la
même raison que ci-dessus, sont également situées dans un même plan
et forment un nouveau triangle Δ. Et le plan de ce dernier triangle forme
avec les plans des deux triangles Δ choisis dans le principe un deuxième trièdre T qui est dit *conjugué* au premier T_1. *Chacun des deux*
trièdres conjugués est coupé par les plans de l'autre suivant trois
triangles Δ. Par exemple, nous pouvons représenter trois couples de
trièdres conjugués de ce genre par les groupes suivants qui contiennent
neuf droites chacun :

$$
\begin{array}{ccc}
a_1 \; b_2 \; c_{12} & a_4 \; b_5 \; c_{45} & c_{14} \; c_{25} \; c_{36} \\
b_3 \; c_{23} \; a_2 & b_6 \; c_{56} \; a_5 & c_{35} \; c_{16} \; c_{24} \\
c_{13} \; a_3 \; b_1 & c_{46} \; a_6 \; b_4 & c_{26} \; c_{34} \; c_{15}
\end{array}
$$

Les trois droites d'un même groupe, qui font partie d'une même
ligne ou d'une même colonne, sont situées dans un même plan.

Les colonnes représentent ainsi les plans de l'un des trièdres T et les
lignes ceux du trièdre conjugué T_1. Les trois groupes de trièdres conjugués ci-dessus renferment toutes les 27 droites de la surface du troisième ordre.

Chaque triangle Δ *fait partie de* 16 *trièdres différents, en sorte que*
son plan renferme les sommets des 16 *trièdres.*

En effet, le triangle a l'un de ses côtés commun avec 12 des 44 autres
triangles, puisque par chacune des 27 droites passent les plans de
cinq triangles. Il reste donc 32 triangles dont chacun détermine un
trièdre avec le triangle donné. Mais comme le troisième plan du trièdre passe par l'un de ces 32 triangles, le triangle donné ne figure plus

dans 32, mais seulement dans 16 trièdres différents. Il résulte de là
que :

Les plans des 45 triangles Δ *forment en tout* $\dfrac{16 \times 45}{3} = 240$ *de ces*
trièdres ou 120 *couples de trièdres conjugués* T *et* T_1.

Ces couples se rangent trois à trois en 40 *groupes et chacun de ces*
groupes contient toutes les 27 *droites de la surface.*

Nous avons démontré l'existence des 27 droites et tous les théorèmes
précédents qui s'y rattachent en admettant que le plan Σ, sur lequel
la surface du troisième ordre avait été représentée, ne contenait pas
moins de six points principaux.

Nous allons maintenant nous passer de cette hypothèse et établir
toutes les propriétés de la surface en supposant qu'elle renferme au
moins une droite g.

Les plans du faisceau g coupent en général la surface F^3 non seulement suivant g, mais encore suivant des coniques ; désignons deux
quelconques de ces courbes par α^2 et β^2. Choisissons ensuite sur F^3
quatre points quelconques O,P,Q,R extérieurs à g, α^2, β^2 et qui ne
soient pas tous situés sur un même plan ; nous pourrons les réunir
à α^2 par une seule surface du second ordre. Car on peut réunir O,P,Q,R
à cinq points quelconques de α^2 par une surface du second ordre
(II, pages 168-169) qui contient alors tous les points de la conique α^2.
Cette surface sera coupée par celle qui joint les points O,P,Q,R et β^2
suivant une courbe gauche du quatrième ordre k^4, qui passe par O,P,Q
et R. Soit maintenant N le point où la surface F^3 est coupée pour la
troisième fois par la droite $\overline{OP}$; nous pouvons rapporter projectivement le faisceau de surfaces du second ordre qui se coupent suivant
k^4 au faisceau de plans g, de telle manière qu'aux plans passant par
α^2, β^2, N correspondent les surfaces passant par α^2, β^2, N. Les deux
faisceaux engendrent une surface F_1^3, qui passe par k^4 et qui a en
commun avec F^3 la droite g, les coniques α^2 et β^2 ainsi que les points
N,O,P,Q,R... Il est facile de démontrer que les deux surfaces F^3 et F_1^3 sont
identiques.

Le mode de génération de la surface F_1^3 montre tout d'abord qu'un
plan quelconque la coupe suivant une courbe du troisième ordre (II,
page 223). Le plan $\overline{NOPQ}$ coupe les surfaces F^3 et F_1^3 suivant deux
courbes du troisième ordre qui, en outre des points N,O,P,Q ont encore
cinq autres points communs, ce sont deux points de α^2, deux de β^2 et un

de g (*). Comme O,P,Q ont été choisis d'une manière absolument arbitraire sur la surface F^3, ces deux courbes C_3 du troisième ordre doivent
coïncider. De même le plan $\overline{NOPR}$ a en commun avec les surfaces F^3
et F_1^3 une seule et même courbe C_3^1 du troisième ordre. Enfin, si nous
prenons arbitrairement un troisième plan, qui coupe C_3 et C_3^1 chacune
en trois points et qui ait en commun avec chacune des coniques α^2 et β^2
deux points communs, il rencontrera les deux surfaces F^3 et F_1^3 suivant
une seule et même courbe du troisième ordre dont on connaît onze
points. Il résulte de là que les deux surfaces F^3 et F_1^3 sont identiques,
et l'on a en même temps ce théorème :

*Si par une conique quelconque α^2 d'une surface F^3 du troisième ordre
on mène une surface du second ordre, cette surface coupe encore F^3 suivant une courbe gauche k^4 du quatrième ordre, par laquelle on peut faire
passer un faisceau ponctuel de F^2. Les surfaces de ce faisceau coupent
F^3 suivant k^4 et suivant des coniques dont les plans passent par une
même droite g de la surface F^3. Le faisceau ponctuel de F^2 est rapporté projectivement au faisceau de plans g par le moyen de ces coniques, de telle sorte qu'ils engendrent ensemble la surface du troisième
ordre. Quatre points quelconques O,P,Q,R de la surface F^3, non situés
dans le même plan, peuvent être réunis par autant de courbes gauches
k^4 du quatrième ordre qu'il y a de droites sur la surface F^3.*

Si, dans le faisceau ponctuel de F^2, il y a une surface quelconque
qui n'ait aucun point commun avec le plan correspondant du faisceau
g, la surface ne renferme de droites réelles que celles qui sont rencontrées par g. Cette remarque peut servir de point de départ pour une
étude des surfaces du troisième ordre qui contiennent moins de
27 droites réelles.

Nous avons déjà étudié précédemment la génération de la surface F^3
du troisième ordre au moyen d'un faisceau ponctuel de F^2 et d'un faisceau de plans (II, pages 179-180) ; des théorèmes démontrés à cet
endroit, nous déduisons que :

*Les coniques de F^3, dont les plans ont une droite g commune avec
la surface, coupent cette droite suivant une ponctuelle involutive.*

Le plan d'une quelconque de ces coniques est tangent à la surface F^3
aux deux points, communs à la conique et la droite g, qui sont conju-

---

(*) On peut évidemment toujours choisir α^2 et β^2 de manière qu'elles aient chacune
deux points communs avec le plan $\overline{OPQ}$.

gués l'un à l'autre sur g. Si la conique se réduit à deux droites formant avec g un triangle Δ, son plan est triplement tangent ; la surface du troisième ordre possède donc au plus 45 plans triplement tangents.

Soient g, g_1, g_2 les côtés d'un triangle Δ situé sur F^5, et $\alpha, \alpha_1, \alpha_2$ trois coniques quelconques de F^5 dont les plans passent respectivement par g, g_1, g_2 et sont tellement choisis que les coniques prises deux à deux aient deux points communs. Joignons par une surface du second ordre α avec quatre points quelconques O, P, Q, R dont trois soient situés sur α_1 et un sur α_2 ; cette surface passe aussi par α_1, parce qu'elle a cinq points communs avec α_1 ; elle passe également par α_2 pour la même raison. La courbe gauche k^4 du quatrième ordre, dont il a été question ci-dessus, se décompose alors, en raison de ce choix des quatre points O, P, Q, R, en les deux coniques α_1 et α_2, et toute conique β de la surface F^5, qui est dans un même plan avec g, peut être réunie à α_1 et α_2 par une surface du second ordre. De même, toute conique β_1 de F^5 dont le plan passe par g_1, peut être réunie avec β et α_2 par une surface du second ordre ; autrement dit :

Trois coniques quelconques de F^5, dont les plans passent respectivement par les côtés d'un triangle Δ situé sur F^5, peuvent toujours être réunies par une même surface du second ordre.

La réciproque suivante de ce théorème se démontre facilement :

Si une surface du second ordre a trois coniques communes avec une surface F^5 du troisième ordre, les plans de ces coniques passent toujours par les trois côtés d'un triangle Δ de F^5.

Pour tout triangle Δ on peut construire un système entier de surfaces de second ordre de ce genre et ces surfaces coupent chacun des côtés du triangle suivant une ponctuelle involutive dans laquelle les deux sommets situés sur le côté sont conjugués l'un à l'autre. Or, une surface du second ordre sépare un seul des sommets du triangle des deux autres ou n'en sépare aucun ; il s'ensuit que :

Il n'y a qu'un seul côté du triangle Δ par lequel passent deux plans ayant en commun avec F^5 une conique tangente à ce côté, ou bien chaque côté du triangle jouit de cette propriété.

Une surface réglée du second ordre, qui a en commun avec F^5 deux droites a, b ne se rencontrant pas, coupe en outre F^5 suivant une courbe gauche du quatrième ordre de *seconde espèce*. Elle se distingue de celles de *première espèce*, par lesquelles passent des faisceaux de surfaces du second ordre, en ce qu'il ne passe par elle qu'une seule surface du second ordre, qu'elle n'a que trois points communs avec les rayons de l'un des systèmes réglés de cette surface, lequel passe par *a* et *b*, et qu'elle n'en a qu'un seul commun avec les rayons de l'autre système réglé. Quand deux faisceaux de plans du premier ordre sont rapportés projectivement à un faisceau de plans du second ordre, ils engendrent en général avec ce dernier une courbe gauche du quatrième ordre et de seconde espèce.

En outre de la surface générale du troisième ordre à l'étude de laquelle nous nous sommes bornés ici, il y a encore des surfaces qui ont un, deux, trois ou quatre points doubles; il existe également une surface réglée du troisième ordre. Cette dernière surface F^5 est engendrée par trois gerbes collinéaires tellement placées que trois faisceaux homologues quelconques de ces gerbes sont perspectifs à une seule et même forme rectiligne *u*. Elle passe deux fois par la droite *u* et est encore coupée par tout plan du faisceau suivant une autre droite. Nous avons déjà parlé de cette surface dans l'appendice à la première partie de cet ouvrage.

VINGT-SEPTIÈME LEÇON.

Gerbes de surfaces du second ordre.

Trois surfaces du second ordre, qui ne font pas partie d'un même faisceau de F^2, déterminent *une gerbe de F^2*, c'est-à-dire, une gerbe de surfaces du second ordre. Toute surface du second ordre, qui est située dans un même faisceau de F^2 avec deux des surfaces données, détermine avec la troisième un nouveau faisceau de F^2, dont nous considérons toutes les surfaces comme appartenant à la gerbe de F^2. Nous allons montrer que cette gerbe contient tout faisceau de F^2 qui réunit deux quelconques de ses surfaces, et qu'elle est complètement déterminée par trois quelconques de ses surfaces ne faisant pas partie d'un même faisceau de F^2.

Les plans polaires d'un point quelconque P par rapport aux surfaces d'un faisceau de F^2 se coupent suivant une même droite et cette dernière a un point P' commun avec le plan polaire de P par rapport à une autre surface du second ordre. Les points P et P' sont par conséquent conjugués par rapport à toute surface F^2 qui est située dans un nouveau faisceau de F^2 avec la dernière surface et une surface quelconque du faisceau de F^2. Donc :

Un point P a pour conjugué par rapport à une gerbe de F^2 un point P' ; autrement dit, les plans polaires d'un point P par rapport à toutes les surfaces de la gerbe passent par un même point P'.

On peut construire ce point conjugué à P, quand on connaît trois surfaces de la gerbe, non situées dans un même faisceau de F^2. Si les trois surfaces ont un point qui leur soit commun, il est conjugué à lui-même et situé sur toutes les surfaces de la gerbe. D'après cela, toutes les surfaces du second ordre, qui passent par sept points donnés ou pour une cubique gauche, forment une gerbe de F^2. En général les surfaces d'une gerbe de F^2 ont au plus huit points communs et chacun d'eux est déterminé sans ambiguïté par les sept autres (II, page 166) ; on leur donne le nombre de *points doubles* ou *points de base* de la gerbe de F^2. Une cubique gauche est la *ligne double* d'une gerbe particulière de F^2.

Les points d'une droite u *ont en général pour conjugués par rapport à une gerbe de F^2 les points d'une cubique gauche ; les polaires de la droite par rapport aux surfaces de la gerbe sont des cordes de cette courbe gauche.*

En effet, si un point P décrit la droite u, ses plans polaires par rapport à trois surfaces quelconques de la gerbe décrivent trois faisceaux de plans projectifs à u et leur point d'intersection P', conjugué à P, décrit une cubique gauche, qui ne se décompose en une conique et une droite que pour une position particulière de u. Les axes des trois faisceaux de plans (II, page 103) sont des cordes de la courbe gauche et ce sont en même temps les polaires de u par rapport aux trois surfaces de la gerbe. Si P et Q sont deux points quelconques de u, leurs plans polaires par rapport à une surface quelconque de la gerbe se coupent suivant la polaire de u et conséquemment suivant une corde de la courbe gauche ; ils réunissent cette corde aux deux points P' et Q' de la courbe gauche qui sont conjugués à P et à Q. Comme le système de cordes d'une cubique gauche est projeté de deux points quelconques de cette courbe suivant des gerbes collinéaires, on voit que :

Les plans polaires de points quelconques P,Q,R..... *par rapport aux surfaces individuelles de la gerbe de F^2 sont des plans homologues de gerbes collinéaires* P',Q',R'......

Si la collinéation de ces gerbes est établie, par exemple par le moyen de deux faisceaux de F^2 contenus dans la gerbe de F^2, nous pourrons construire linéairement les plans de Q',R',..... qui correspondent à chaque plan de P'. La surface de la gerbe de F^2, par rapport à laquelle un plan quelconque π, passant par P', est le plan polaire du point P, est donc complètement déterminée, puisque l'on peut construire le plan polaire de tout autre point Q par rapport à cette surface ; elle décrit un faisceau de F^2 quand le plan π décrit un faisceau ordinaire de plans. On voit qu'en général

La gerbe de F^2 est projective à la gerbe de rayons P' *quand on fait correspondre à chacune de ses surfaces le plan polaire de* P *par rap-*

port à cette surface; et effectivement à tout plan de P' correspond une
surface de la gerbe de F^2 et à tout faisceau de plans du premier
ordre de P' un faisceau de F^2 de la gerbe. La gerbe de F^2 renferme
donc chaque faisceau F^2 qui réunit deux quelconques de ses surfaces.

Comme deux faisceaux ordinaires de plans de P' ont toujours un plan
commun, il s'ensuit de plus que :

*Deux faisceaux de F^2 contenus dans une gerbe de F^2 ont toujours
une surface commune, c'est la surface double réelle ou imaginaire d'un
système polaire réel de l'espace. Une gerbe de F^2 est déterminée par trois
quelconques de ses surfaces, qui ne sont pas contenues dans un même
faisceau de F^2.*

Les plans polaires du point P par rapport à toutes les surfaces d'une
gerbe de F^2, qui passent par P, forment un faisceau de plans $\overline{PP'}$.
Donc :

*Par un point arbitraire P, auquel est conjugué un autre point P',
passent une infinité de surfaces de la gerbe de F^2; ces surfaces forment un faisceau de F^2 dont la courbe de base est tangente à $\overline{PP'}$ en P.*

Par un point Q non situé sur la courbe de base, il ne passe qu'une
seule surface de ce faisceau de F^2; elle contient la droite $\overline{PP'}$ quand Q
est situé sur $\overline{PP'}$. Donc :

*Deux points quelconques P, Q peuvent en général être réunis par une
seule et unique surface de la gerbe de F^2. Par toute droite qui réunit
deux points conjugués P, P', il passe une surface de la gerbe.*

Si, dans la gerbe de F^2, on réunit une surface arbitraire F_1^2 avec
chacune des surfaces d'un faisceau de F^2 qui ne passe pas par F_1^2, on
obtient tous les faisceaux de F^2 contenus dans la gerbe, qui passent par
F_1^2. La surface F_1^2 est donc coupée par les autres surfaces de la gerbe
non pas suivant une gerbe, mais suivant un faisceau de courbes gauches
du quatrième ordre et, pour ce qui concerne les droites situées sur F_1^2,
on voit que (voir II, page 175)

*Les surfaces d'une gerbe de F^2 coupent une droite quelconque située
sur l'une d'elles suivant les couples de points d'une ponctuelle involutive; les points doubles de cette ponctuelle sont conjugués par rapport
à la gerbe de F^2.*

Puisque toutes les surfaces de la gerbe qui passent par un point P
constituent un faisceau de F^2, les droites appartenant à ces surfaces et
passant par P doivent être des cordes de la courbe de base de ce faisceau. Réciproquement, toute corde de cette courbe est située sur une

surface du faisceau (II, page 164) ; et comme la courbe est projetée de
P suivant une surface conique du troisième ordre (II, page 230), il s'ensuit que :

*Les droites de toutes les surfaces de la gerbe de F² forment un com-
plexe de rayons du troisième ordre ; les rayons qui passent par tous
les points doubles de cette gerbe appartiennent à ce complexe.*

*Les droites qui réunissent les points doubles sont des rayons dou-
bles de ce même complexe.*

Un plan quelconque coupe la gerbe de F² suivant un réseau de coniques dont les couples de rayons sont situés sur les surfaces de la gerbe
tangentes au plan. Comme on le sait, les points de contact sont situés
sur une courbe du troisième ordre C_3, tandis que les couples de rayons
enveloppent une courbe de troisième classe (I, pages 246-247).

*Les points d'un plan φ ont pour conjugués, par rapport à une gerbe
de F², les points d'une surface F³ du troisième ordre. Cette surface F³
contient aussi les pôles de φ par rapport à toutes les surfaces de la
gerbe, ainsi que les sommets de toutes les surfaces coniques contenues
dans cette gerbe.*

En effet, si l'on cherche pour chaque point de φ ses plans polaires par
rapport à trois surfaces quelconques de la gerbe, on obtient trois gerbes
de rayons réciproques à φ et conséquemment collinéaires entre elles,
qui engendrent la surface F³. Les centres des gerbes sont les pôles de φ
et sont situés sur F³ ; quand les trois surfaces sont des cônes, ces centres
coïncident avec les sommets de ces cônes. En ses points d'intersection
avec F³, le plan φ est tangent à une infinité de surfaces de la gerbe
de F² ; les points de contact sont situés sur une courbe C_3 du troisième
ordre et conjugués deux à deux par rapport à la gerbe. Les points d'une
droite de φ ont pour conjugués ceux d'une cubique gauche de F³ ; les
courbes gauches du troisième ordre, qui correspondent de cette manière
aux droites de φ, constituent le premier système de courbes de la surface F³. Les pôles de φ par rapport à toutes les surfaces de la gerbe qui
appartiennent à une gerbe de F² sont situés sur une cubique gauche du
second système de courbes de F³. Les centres de toutes les surfaces
de la gerbe de F², étant les pôles du plan à l'infini, sont également situés
sur une surface du troisième ordre.

*Les sommets de toutes les surfaces coniques du second ordre conte-
nues dans une gerbe de F² sont en général situés sur une courbe gauche
C^6 du sixième ordre qu'on peut appeler la* courbe nodale de la gerbe.

En effet, les points de deux plans quelconques φ et γ ont pour conjugués par rapport à la gerbe de F^2 les points de deux surfaces F^3 et G^3 du troisième ordre qui ont en commun tous ces sommets et tous les points conjugués aux points d'intersection de φ et γ. Ces derniers sont situés sur une courbe gauche du troisième ordre ; or, la ligne d'intersection de F^3 et G^3 est une courbe gauche du neuvième ordre (II, page 231) et elle se décompose en cette cubique gauche et la courbe gauche C^6 du sixième ordre, dont il est question dans le théorème. Quand F^3 et G^3 sont tangentes le long d'une ligne, cette dernière courbe se réduit à une courbe d'ordre moindre. Chacun de ses points est conjugué en même temps à un point de φ et à un autre point de γ et par conséquent à la droite qui joint ces deux points ; il en résulte que :

Tout point K de la courbe nodale C^6 a pour éléments conjugués, par rapport à la gerbe de F^2, tous les points d'une droite k ; *et quand un point K a pour conjuguée une droite k, il est situé sur la courbe nodale.*

Si un point P se meut sur cette droite *k*, ses plans polaires par rapport à trois surfaces quelconques de la gerbe décrivent trois faisceaux de plans projectifs dont les axes passent par K. En général, P peut donc se trouver trois fois dans une position telle que ses plans polaires passent par une seule et même droite (I, page 154), c'est-à-dire qu'il y a en général sur *k* trois points de C^6 et que leurs droites conjuguées passent par K. Nous donnerons à la droite *k* le nom de *corde double* de C^6 ; nous avons alors ce théorème :

Par rapport à la gerbe de F^2, tout point de la courbe nodale C^6 a pour élément conjugué une corde double de cette courbe. Sur chaque corde double, il y a en général trois points de C^6, et par chaque point de C^6 il passe en général trois cordes doubles de cette courbe gauche.

La courbe C^6 contient chaque point dont les plans polaires par rapport à deux surfaces de la gerbe de F^2 coïncident ; en effet, si l'on ajoute une troisième surface quelconque du faisceau, on voit immédiatement que le point est conjugué à tous les points d'une droite.

D'après cela, le tétraèdre polaire commun à deux quelconques des surfaces de la gerbe de F^2 est inscrit à la courbe nodale C^6.

Comme un faisceau de F^2 renferme au plus quatre surfaces coniques (II, page 171), il s'ensuit que

Les plans polaires d'un point quelconque P par rapport à toutes les

surfaces coniques d'une gerbe de F² enveloppent une surface conique de quatrième classe.

C'est là, soit dit en passant, la surface conique générale de quatrième classe.

Parmi les gerbes particulières de F², celle dont les surfaces se coupent suivant une même droite *g* présente un intérêt spécial. Étant données trois surfaces quelconques de cette gerbe, chacune d'elles rencontre les deux autres suivant *g* et suivant deux cubiques gauches, qui ont *g* pour corde commune et qui ont en général, outre *g*, au plus quatre points G communs. (II, pages 104-105.) On en conclut que :

La gerbe particulière de F², dont les surfaces passent par une droite g, a au plus, en outre de g, quatre points doubles G situés sur toutes ses surfaces.

Comme en général deux points arbitraires ne peuvent être réunis que par une seule surface de la gerbe de F², et comme, d'autre part, par neuf points, dont trois sont situés sur *g*, on peut en général faire passer une surface du second ordre (contenant la droite *g*) et une seule, il s'ensuit que :

Toutes les surfaces du second ordre, qui réunissent une droite g avec quatre points quelconques G pris en dehors de g, forment une gerbe particulière de F² ; cette dernière contient quatre couples de plans.

Chacun de ces quatre couples de plans se compose d'un plan réunissant trois des quatre points G et de celui qui passe par *g* et le quatrième point G. La courbe nodale de cette gerbe particulière se décompose en les quatre droites d'intersection ou droites doubles de ces quatre couples de plans et en la droite *g*. Tout point de *g* est le sommet d'une surface conique de la gerbe.

VINGT-HUITIÈME LEÇON.

Réseau de surfaces du second ordre; ses relations projectives avec un système de l'espace et la surface de Steiner du quatrième ordre.

Quatre surfaces du second ordre, non situées dans une gerbe de F^2, déterminent un réseau de surfaces du second ordre, ou *réseau de F^2*. Deux surfaces quelconques du second ordre, qui sont situées dans une même gerbe de F^2 avec trois des surfaces données, déterminent avec la quatrième une nouvelle gerbe de F^2 dont nous rattachons toutes les surfaces au réseau de F^2. Chacune de ces gerbes de F^2 passant par la quatrième surface a donc avec la gerbe de F^2 déterminée par les trois autres surfaces un faisceau de F^2 commun, et ce dernier a une surface commune (II, page 248) avec tout faisceau de F^2 situé dans l'une ou l'autre gerbe. La gerbe de F^2, que la quatrième surface donnée détermine avec deux quelconques des surfaces du réseau de F^2, contient aussi par conséquent des surfaces de la gerbe de F^2 déterminée par les trois autres surfaces données et appartient par suite au réseau de F^2. Il découle de là que :

Le réseau de F^2 contient tous les faisceaux de F^2, qui réunissent deux quelconques de ses surfaces et toutes les gerbes de F^2 déterminées par trois quelconques de ses surfaces; il est donc aussi bien déterminé par quatre quelconques de ses surfaces, non situées dans une même gerbe de F^2, que par les quatre premières surfaces prises en commençant. Un faisceau de F^2 et une gerbe de F^2 appartenant tous deux au réseau ont toujours une surface de ce réseau qui leur est commune.

Quand deux points sont conjugués par rapport aux quatre premières surfaces du second ordre, ils le sont aussi par rapport au réseau de F², c'est-à-dire par rapport à toutes les surfaces de ce réseau (II, page 246). Si en particulier un point est situé sur l'une des quatre premières surfaces et par conséquent est conjugué à lui-même, toutes les surfaces du réseau passent par lui. Par exemple, toutes les surfaces du second ordre passant par six points arbitraires constituent un réseau particulier de F². Nous excluons de nos considérations le réseau encore plus spécial de F² par rapport auquel chaque point de l'espace est conjugué à un des autres points ou à lui-même.

Les plans polaires de points quelconques P, Q, R... par rapport aux surfaces individuelles du réseau de F² sont des plans homologues de systèmes collinéaires de l'espace,

en supposant qu'aucun de ces points ne soit conjugué à lui-même ou à un des autres points par rapport au réseau. En effet, si une surface du réseau décrit un faisceau ou une gerbe, les plans polaires de P et Q par rapport à elle décrivent deux faisceaux de plans ou deux gerbes homologues des espaces collinéaires mentionnés dans le théorème (voir II, page 247).

Si, à chaque surface du réseau de F², on rapporte comme élément correspondant le plan polaire de P par rapport à cette surface, il s'ensuit que :

Le réseau de F² est projectivement rapporté à un système Σ_1 de l'espace de telle manière qu'à chacune de ses surfaces correspond un plan de Σ_1 et à chacun de ses faisceaux de F² un faisceau de plans du premier ordre de Σ_1 projectif au faisceau de surfaces. A toute courbe gauche du quatrième ordre, suivant laquelle se coupent deux surfaces du réseau, correspond dans Σ_1 une droite qui est l'intersection des deux plans correspondants ; tout groupe de huit points, suivant lequel se coupent trois surfaces quelconques du réseau et que nous nommerons groupe de points associés, a pour correspondant dans Σ_1 le point d'intersection des trois plans correspondants.

Réciproquement, en général, une droite quelconque de Σ_1 a pour correspondante une courbe gauche du quatrième ordre du réseau de F² et un point quelconque de Σ_1 un groupe de huit points associés ; toutefois ces huit points d'intersection de trois surfaces de la gerbe et cette courbe gauche ne sont pas toujours réels. Les surfaces du réseau qui correspondent aux plans de Σ_1 peuvent être séparées en partie par des systèmes polaires de l'espace n'ayant pas de surface double réelle. (Voir II, pages 247-248),

Par un point quelconque passent une infinité de surfaces du réseau, et, entre autres, une de chaque faisceau de F^2 du réseau ; toutes ces surfaces constituent une gerbe de F^2 et elles ont pour éléments correspondants dans l'espace Σ_1 les plans d'une gerbe. Donc :

A un point pris d'une manière arbitraire dans le réseau de F^2 et à ses points associés correspond toujours un seul et même point de l'espace Σ_1. Deux groupes de points associés peuvent être réunis par une courbe gauche du quatrième ordre, puisque les points de Σ_1 qui leur correspondent sont sur une même droite ; de même trois groupes de points associés sont toujours contenus sur une même surface du réseau. Trois points quelconques peuvent en général être réunis par une surface unique de ce réseau ; elle a pour élément correspondant le plan qui réunit les trois points correspondants de Σ_1.

Quand un point A parcourt une droite u, ses plans polaires par rapport à quatre surfaces quelconques du réseau de F^2 décrivent quatre faisceaux projectifs de plans ; le point se trouve donc en général quatre fois au plus dans une position telle que ses quatre plans polaires se coupent en un seul et même point A' (II, page 105). Quand un point quelconque a une droite pour élément conjugué par rapport à une gerbe de F^2 contenue dans le réseau, il a pour conjugué dans le réseau un point de cette droite. Donc :

Les points qui sont conjugués deux à deux par rapport au réseau de F^2 sont situés sur une surface K^4 du quatrième ordre. Cette surface contient les courbes nodales de toutes les gerbes de F^2 contenues dans le réseau, (II, page 249) et les sommets de toutes les surfaces coniques qui font partie de ce réseau. On la nomme, d'après Jacob Steiner, la surface nodale *du réseau.*

Comme un faisceau de F^2 contient en général quatre surfaces coniques au plus, les plans polaires d'un point quelconque P par rapport à toutes les surfaces coniques du réseau de F^2 enveloppent une surface de quatrième classe ; autrement dit :

Aux surfaces coniques du réseau de F^2 correspondent dans l'espace Σ_1 les plans tangents d'une surface Φ^4 de quatrième classe ; cette surface est rapportée sans ambiguïté à la surface nodale K^4, puisque chacun des plans tangents de Φ^4 a pour correspondant sur K^4 le sommet M de la surface conique correspondante.

Nous pouvons montrer maintenant que Φ^4 touche chacun de ses plans tangents au point M_1 de l'espace Σ_1 qui correspond au point M du réseau de F^2 et que par conséquent chaque point de la surface nodale K^4 a pour correspondant, non seulement un plan tangent de Φ^4, mais encore le point de contact de ce plan. En effet, à une droite quelconque g_1 du plan tangent correspond sur la surface conique correspondante du réseau une courbe gauche du quatrième ordre; cette dernière a le point M pour point double et coupe deux fois la surface nodale K^4 en ce point, si g_1 passe par M_1. Dans ce cas, g_1 a ainsi en commun avec la surface de Σ_1, qui correspond à la surface nodale, deux points qui se réunissent en M_1, et elle lui est tangente en M_1; en d'autres termes, cette surface de Σ_1 a les mêmes plans tangents que Φ^4. On a ainsi démontré ce théorème :

Les points de la surface nodale K^4 ont pour correspondants, dans le système Σ_1 de l'espace, les points d'une surface Φ^4 de quatrième classe.

Nous donnerons le nom de *rayon principal* à toute droite s qui réunit deux points associés du réseau de F^2. Aux deux points associés correspond dans l'espace Σ_1 un seul et même point P_1, à un troisième point quelconque de s un point Q_1, et la droite s_1 de Σ_1 qui réunit P_1 et Q_1 a pour correspondante dans le réseau de F^2 une courbe gauche du quatrième ordre, qui a trois points communs avec s et qui par conséquent se décompose en s et en une courbe gauche du troisième ordre. Donc :

A tout rayon principal s du réseau de F^2 est associée une courbe gauche du troisième ordre, dont il est une corde; il passe par lui un faisceau de surfaces du réseau et il a pour correspondant dans Σ_1 une droite s_1.

Un faisceau quelconque de plans de Σ_1, dont l'axe n'a aucun point commun avec s_1, a pour correspondant un faisceau de F^2 du réseau; ce dernier sera coupé par s suivant une ponctuelle involutive dont les couples de points correspondent aux points individuels de s_1. De là résulte que :

Les rayons principaux du réseau de F^2 sont les lieux de ponctuelles involutives dont les couples de points se composent chacun de deux points associés; ils sont justement coupés par les surfaces du réseau suivant ces couples de points. Les deux points doubles, associés à eux-mêmes, d'une pareille ponctuelle involutive sont conjugués par *rapport au réseau de* F^2 *et conséqùemment sont situés sur la surface nodale* K^4. *Toutes les surfaces du réseau, qui passent par un point associé à lui-même, sont tangentes en ce point au rayon principal* s *qui réunit ce point à son point conjugué.*

Dans le cas particulier que nous étudierons plus tard, dans lequel toutes les surfaces du réseau ont un point commun, les rayons principaux qui passent par ce point forment une exception au théorème. De la démonstration précédente, il résulte encore que :

Toute droite s, *à laquelle correspond une droite* s_1 *dans* Σ_1, *est un rayon principal du réseau de* F^2.

Aux plans de Σ_1 qui passent par s_1 correspondent les surfaces du réseau de F^2 passant par s qui se coupent suivant le rayon principal s et les courbes gauches du troisième ordre qui lui sont associées. Comme s est une corde de ces courbes gauches, parmi les surfaces il y a en général deux surfaces coniques ; elles ont pour éléments correspondants deux plans tangents de la surface Φ^4, qui passent par s_1 et dont les deux points de contact sont situés sur s_1, puisqu'ils correspondent aux sommets des surfaces coniques situés s (II, page 254). Donc :

A tout rayon principal s *du réseau de* F^2 *correspond dans* Σ_1 *une tangente double de la surface* Φ^4 *de quatrième classe.*

Ce théorème admet une réciproque, si l'on définit les tangentes de Φ^4 comme droites d'intersection de plans infiniment voisins, tangents à la surface.

Huit points associés du réseau de F^2 peuvent être réunis deux à deux par 28 rayons principaux ; il leur correspond 28 tangentes doubles de la surface Φ^4 qui passent par un même point. Par un point M_1, situé sur Φ^4, il passe au plus 22 tangentes doubles de cette surface, parce que deux des huit points associés correspondants coïncident en un point M associé à lui-même ; six de ces 22 tangentes doubles sont situées dans le plan tangent à la surface Φ^4 en M_1 et doivent être considérées comme six couples de tangentes doubles infiniment voisines.

Les tangentes doubles de la surface Φ^4 *forment donc un système de rayons du* 28e *ordre* (12e *classe*) *et, d'après la dénomination de Kummer,* Φ^4 *est la surface focale de ce système, c'est-à-dire le lieu de tous les points et de tous les plans pour lesquels deux rayons du système coïncident.*

Par un point quelconque du réseau de F^2 il passe au plus sept rayons principaux, parce que ce point a au plus sept points associés.

Toute droite l *du réseau de* F^2 *qui ne joint pas de points associés a pour correspondante dans* Σ_1 *une conique* λ_1 *projective à* l.

En effet, par trois points A_1, B_1, C_1 de Σ_1, dont les correspondants A, B, C sont situés sur l, faisons passer un plan; il a pour correspondant une surface du réseau passant par l et à cette droite l correspond une certaine ligne λ_1 située dans ce plan. Considérons à présent deux faisceaux de plans, dont les axes sont menés d'une manière quelconque par A_1 et B_1 et rapportons-les l'un à l'autre de manière que deux de leurs plans homologues se coupent en un troisième point C_1 de λ_1; ils seront projectifs, parce que les gerbes de F^2 du réseau qui leur correspondent sont ainsi rapportées perspectivement à la ponctuelle l (II, page 178). Donc λ_1 est une conique projective à l. Elle ne peut jamais se décomposer en deux droites (II, page 256).

La conique λ_1 *de* Σ_1, *qui correspond à une droite* l, *est en général tangente à la surface* Φ^4 *en quatre points* M_1, *qui correspondent aux points* M *communs à la surface nodale* K^4 *et à la droite* l.

En effet, si par l'un de ces points M on mène une surface quelconque du réseau de F^2, elle coupe la droite l en M et en un autre point N et elle a pour correspondant dans Σ_1 un plan qui a deux points M_1 et N_1 communs avec la conique λ_1; mais si cette surface est une surface conique ayant son sommet en M, M et N se confondent et le plan tangent à Φ^4, qui lui correspond, est par conséquent tangent à la conique λ_1 en son point de contact M_1. — D'une manière analogue, une ligne quelconque $\varkappa$ contenue dans le réseau de F^2 et coupant la surface nodale en n points a pour correspondante dans Σ_1 une ligne $\varkappa_1$ tangente à la surface Φ^4 aux n points correspondants; il faut compter $\varkappa_1$ deux fois, trois fois, etc., quand les points de la ligne $\varkappa$ sont associés deux à deux, trois à trois, etc.; ainsi, par exemple, à chaque rayon principal s du réseau de F^2 correspond une ligne double s_1.

Quand une surface de la gerbe de F^2 se décompose en deux plans, la droite d'intersection ou ligne double de ce couple de plans est située sur la surface nodale K^4. Car chaque point de cette ligne double est le sommet M d'une surface conique de la gerbe, qui se décompose en deux plans. En vertu d'une remarque faite précédemment (II, pages 254-255), on voit de suite que:

A tout couple de plans du réseau de F^2 *correspond dans* Σ_1 *un plan tangent singulier de la surface* Φ^4; *ce plan est tangent à* Φ^4 *en tous les points de la conique qui correspond à la ligne double du couple de plans.*

Nous allons maintenant nous occuper de la surface du quatrième ordre et de troisième classe découverte par Steiner, et qui est intimement liée à la relation projective qui existe entre le réseau de F^2 et le système de l'espace Σ_1. Quand un point se meut d'une manière continue dans le réseau de F^2 et décrit une courbe ou une surface quelconque, le point qui lui correspond dans Σ_1 se meut d'une manière continue et décrit la courbe ou la surface correspondante de Σ_1.

Un plan quelconque φ arbitrairement choisi dans le réseau de F^2 a pour correspondant dans Σ_1 une surface de Steiner F_1^4 du quatrième ordre, qui contient un nombre doublement infini de coniques; elle est rapportée d'une manière uniforme, sans ambiguïté, au plan φ de telle sorte qu'à tout point de φ correspond un seul point de F_1^4 et que, réciproquement, à un point quelconque de F_1^4 correspond en général un point de φ et rien qu'un.

La surface F_1^4 a au plus quatre points communs avec une droite quelconque de Σ_1, parce que la courbe gauche du quatrième ordre qui correspond à la droite a au plus quatre points communs avec le plan φ. A une droite quelconque l de φ correspond au contraire une conique λ_1 située sur F_1^4.

Aux surfaces du réseau de F^2 tangentes au plan φ correspondent dans Σ_1 les plans tangents de la surface F_1^4. Or, par une droite quelconque, il passe en général au plus trois plans tangents de F_1^4, parce qu'un faisceau quelconque de F^2 renferme au plus trois surfaces tangentes au plan φ (II, page 163). Donc :

La surface de Steiner F_1^4 du quatrième ordre est de la troisième classe.

Soit l une droite quelconque de φ et λ_1 la conique qui lui correspond sur F_1^4, le plan de λ_1 a encore en général une deuxième conique λ'_1 commune avec F_1^4; car il a pour correspondant dans le réseau de F_2 une surface réglée du second ordre, qui a en commun avec le plan φ la droite l et par conséquent encore une autre droite l' et qui est tangente à ce plan au point ll'. Donc :

La surface de Steiner F_1^4 est tangente aux plans, dans lesquels ses coniques sont situées deux à deux, en un point commun aux couples de coniques.

Comme en général toutes ces coniques λ_1, λ'_1 touchent la surface Φ^4 en quatre points chacune (II, page 257), on voit que :

La surface de Steiner F_1^4 est tangente à la surface de quatrième classe Φ^4 le long d'une courbe gauche (du huitième ordre) qui correspond à la ligne d'intersection du plan φ et de la surface nodale K^4 du réseau.

Au point B_1 de contact de F_1^4 avec le plan des coniques λ_1 et λ'_1 correspond dans φ le point d'intersection des droites l et l'; tout autre point U_1 commun aux coniques λ_1 et λ'_1 a pour correspondants deux points différents U et U' des droites l et l'. Ces deux points U, U' sont des points associés du réseau de F^2 et le rayon principal qui les joint a pour correspondant dans Σ_1 une droite, par les points de laquelle la surface F_1^4 passe deux fois. Les coniques λ_1 et λ'_1 ont, en outre de B_1, au plus trois points communs; donc :

Le plan arbitraire φ contient au plus trois rayons principaux du réseau de F^2 et au moins un : le système de rayons formé par les rayons principaux est par conséquent de la troisième classe et du septième ordre.

Si φ renferme trois rayons principaux, leurs points d'intersection sont trois points associés; car à chacun de ces points d'intersection O sont associés deux points sur les deux rayons principaux qui passent par lui; la droite qui les joint est aussi un rayon principal et doit coïncider avec le troisième rayon principal du plan.

La surface de Steiner F_1^4 contient donc au moins une et au plus trois droites doubles : ces droites se coupent en un point triple O_1 de la surface.

Aux sections planes de la surface de Steiner F_1^4 correspondent dans le plan φ des coniques qui ont deux points associés communs avec les rayons principaux situés dans φ; car ces coniques sont situées sur les surfaces du réseau de F^2 qui correspondent aux plans des sections (II, page 255). Les droites l, l' de φ, qui correspondent à deux coniques λ_1, λ'_1 situées dans un plan tangent à F_1^4, ont aussi deux points associés A, A' communs avec tout rayon principal contenu dans le plan φ et si l pivote autour de A, l' doit pivoter autour de A'. Deux quelconques de ces droites l' sont rapportées projectivement l'une à l'autre par le faisceau de rayons A; les coniques correspondantes λ'_1 de F_1^4, qui passent par un point double A_1, seront donc rapportées projectivement entre elles par les coniques λ_1 et par leurs plans. Il suit de là que :

Les plans tangents de la surface de Steiner, qui coupent une de ses droites doubles en un même point A_1 forment un faisceau de plans du second ordre.

Ce faisceau est projectif au faisceau de rayons A aussi bien qu'au faisceau A'. Les deux faisceaux décrits par l et l' sont donc aussi projectifs; ils engendrent une conique dont les points correspondent aux points de contact de ces plans tangents sur F_1^4.

Quand un point A est associé à lui-même, A' coïncide avec lui; les faisceaux projectifs des rayons A et A' sont concentriques dans ce cas, et ils ont en général deux rayons correspondants communs. Le plan φ est tangent à une surface conique du réseau de F^2 suivant chacun de ces deux rayons; par conséquent, F_1^4 est tangente à un plan tangent de la surface Φ^4 aux points de la conique correspondante. Par suite, comme les rayons principaux situés dans φ contiennent toujours deux points associés à eux-mêmes, on voit que:

La surface de Steiner F_1^4 a en général quatre plans tangents singuliers, qui la touchent chacun suivant les points d'une conique.

Ces quatre plans tangents singuliers sont imaginaires, quand les points associés à eux-mêmes d'un rayon principal quelconque situé dans φ sont imaginaires. Si le plan φ contient trois rayons principaux réels et si leurs points associés à eux-mêmes sont tous les six réels, ces derniers forment, comme on le voit aisément, les sommets d'un quadrilatère complet suivant les côtés duquel φ est touché par quatre surfaces coniques du réseau de F^2.

Tout plan mené par une droite double u_1 est tangent à la surface de Steiner en un point de u_1 et la coupe en même temps suivant u_1 et suivant une courbe du second ordre, qui passe par le point triple O_1. A ce plan correspond, en effet, une surface du réseau de F^2 qui passe par le rayon principal correspondant u et qui par conséquent est tangente au plan φ en un point de u, puisqu'elle coupe ce dernier plan suivant u et suivant une autre droite.

Si l'on projette la surface de Steiner de son point triple O_1 par une gerbe, chaque rayon de cette gerbe a pour correspondant le point de φ dont le rayon projette le correspondant. A toute droite l de φ correspond dans la gerbe O_1 une surface conique du second ordre projective à l qui passe par les droites doubles de F_1^4; à tout faisceau de rayons de O_1 correspond dans φ une conique qui passe par le point O d'intersection des rayons principaux situés dans φ. On peut en conclure que:

La surface de Steiner est projetée de son point triple par une gerbe qui est rapportée quadratiquement au plan φ.

La projectivité établie précédemment entre le réseau de F² et le système de l'espace Σ₁ conduit encore à d'autres surfaces du quatrième ordre. Ainsi à toute surface du second ordre L₁² prise dans Σ₁ correspond une surface du quatrième ordre L⁴ dans le réseau de F²; car L⁴ a avec une droite autant de points communs que L₁² en a avec la conique correspondante de Σ₁, c'est-à-dire au plus quatre, si la droite n'est pas située tout entière sur L⁴. Un plan tangent à L₁² en un point a pour élément correspondant une surface du réseau tangente à L⁴ aux points associés correspondants. La surface L₁² peut être engendrée par deux gerbes réciproques; de même L⁴ peut aussi être engendrée d'une infinité de manières par deux gerbes réciproques de surfaces du réseau, de telle manière que chaque surface de l'une des gerbes soit coupée au plus en huit points de la surface L⁴ par la courbe gauche du quatrième ordre qui lui correspond dans l'autre gerbe. Si L²₁ est une surface réglée, engendrée par conséquent par deux faisceaux projectifs de plans, L⁴ peut aussi être engendrée d'une infinité de manières par deux faisceaux projectifs de F². Si, en particulier, L²₁ est une surface conique du second ordre, il correspond en général à son sommet huit points doubles coniques sur la surface L⁴.

Deux faisceaux projectifs de F² engendrent en général une surface L⁴ du quatrième ordre, qui contient deux systèmes de courbes gauches du quatrième ordre. Deux courbes gauches quelconques de l'un ou de l'autre système sont toujours les courbes de base de deux faisceaux projectifs de F², qui engendrent la surface L⁴.

La démonstration découle immédiatement de ce qui précède, si l'on a égard à ce que deux faisceaux de F² peuvent toujours être réunis par un réseau de F². Comme L⁴ est coupée par un plan quelconque suivant une courbe du quatrième ordre, on voit en passant que :

Deux faisceaux projectifs de coniques, situés dans un même plan, engendrent en général une courbe du quatrième ordre; cette même courbe peut aussi être engendrée d'une infinité de manières par des faisceaux projectifs de coniques.

VINGT-NEUVIÈME LEÇON.

Cas particulier du réseau de surfaces du second ordre.

Nous allons étudier à présent le cas particulier où toutes les surfaces du réseau de F^2 ont un point A commun ou bien encore celui où
elles ont plusieurs points communs. Le point commun A fait partie de
chaque groupe de points associés; il est associé à tout autre point du
réseau et correspond à tout point du système Σ_1.

Toute droite s passant par A est un rayon principal du réseau de
F^2; *elle a pour correspondante dans Σ_1 une droite s_1 projective à s.*

En effet, si l'on réunit par une droite s_1 deux points de Σ_1, correspondants à deux points quelconques de s, la droite s_1 a pour correspondante dans le réseau de F^2 une courbe gauche du quatrième ordre,
qui a trois points communs avec s et qui par conséquent se décompose
en s et en une courbe gauche du troisième ordre; si l'on considère s_1
comme une section d'un faisceau de plans de Σ_1, s sera le lieu d'une
ponctuelle perspective au faisceau correspondant de F^2 et par conséquent projective à s_1.

Il existe d'après cela sur s_1 un point A_1 auquel ne correspond que le
seul point A sur s; ce dernier point correspond doublement au premier, de sorte que tout plan de Σ_1 passant par A_1 a pour élément correspondant une surface du réseau de F^2 tangente en A au rayon principal s. Deux rayons quelconques s, menés par A, n'ont pour éléments
correspondants deux droites s_1 qui se coupent, que s'ils sont situés sur
une même surface du réseau. Les points A_1 de ces droites sont donc en

général différents les uns des autres. A tout plan de Σ_1, passant
par deux des points A_1, correspond une surface du réseau qui est
tangente aux deux rayons principaux s correspondants, et par conséquent à leur plan, au point A ; le plan α_1, qui réunit trois points A_1
quelconques, doit donc avoir pour élément correspondant une surface
du second ordre, ayant en A trois plans tangents différents, c'est-à-dire
une surface conique réelle ou imaginaire, ayant son sommet en A. Il
suit de là que :

Tous les points A_1 de Σ_1, auxquels correspond doublement le point A
commun au réseau de F^2, sont situés dans un même plan α_1 ; à ce plan
correspond dans le réseau de F^2 une surface conique du second ordre
ayant son centre en A.

Un plan quelconque de Σ_1 contient en général, et au plus, deux des
droites s_1 qui correspondent aux rayons principaux s du réseau passant
par A ; car ce plan a pour élément correspondant une surface du réseau sur laquelle, en général, il y a au plus deux de ces rayons s_1. Si
à chaque rayon s passant par A nous rapportons le point de α_1 qui est
situé sur la droite correspondante s_1 de Σ_1, à toute droite de α_1 correspond un plan de A ; c'est le plan tangent commun aux surfaces du
second ordre qui correspondent aux plans passant par la droite. On en
conclut que :

Les tangentes doubles de la surface de quatrième classe Φ^4, qui cor-
respondent aux rayons principaux du réseau de F^2 issus de A, for-
ment un système de rayons de deuxième classe, dont Φ^4 est la surface
focale ; ce système est coupé par le plan α_1 suivant un système plan
collinéaire à la gerbe A. Le système de rayons de deuxième classe est
de l'ordre (8-n), quand les surfaces du réseau ont encore n-1 points
communs, en outre de A.

Pour prouver la dernière partie du théorème, remarquons qu'un
point quelconque P_1 de Σ_1 a généralement pour correspondants huit
points associés, dont n sont situés sur toutes les surfaces du réseau ;
les rayons du système de rayons, qui passent par P_1, correspondent
seulement aux rayons issus de A, qui passent par les $(8-n)$ autres points.

La surface conique du réseau de F^2, qui a son sommet en A, a pour
correspondante dans le plan α_1, collinéaire à la gerbe A, une conique
qui lui est projective, et ses rayons ont pour correspondants dans l'espace Σ_1 des rayons du plan α_1. Ce dernier est donc un plan *singulier*
du système de rayons de deuxième classe ; les rayons du système qui

y sont contenus forment en général un faisceau de rayons du sixième
ordre, c'est-à-dire qu'une droite quelconque de Σ_1 rencontre au plus
six d'entre eux, tandis que la courbe gauche correspondante du quatrième ordre a six points communs avec la surface conique A, en outre
de son sommet. Un rayon quelconque, issu de A, coupe la surface
nodale K^4 en A et en les deux points qui lui sont communs avec la
courbe gauche du troisième ordre qui lui est associée; mais l'un de ces
deux points coïncide avec A, quand le rayon, et par suite la courbe
gauche qui lui est associée, est situé sur la surface conique A du réseau. Par suite :

*Le point A est un point conique de la surface nodale K^4 et son cône
de tangentes est une surface du réseau de F^2. D'autre part, le plan α_1
est un plan de contact singulier de la surface de quatrième classe Φ^4;
il est tangent à cette surface en tous les points de la conique qui correspond sur α_1 à ce cône de tangentes.*

Tandis qu'un point quelconque de la surface nodale K^4 n'a pour correspondant qu'un seul point de Φ^4, tous les points de cette conique ont
pour point correspondant le point anguleux A de K^4.

*A un plan quelconque φ mené par le point A correspond dans le
système Σ_1 de l'espace une surface réglée F_1^3 du troisième ordre; elle
est représentée d'une manière uniforme sur le plan φ et, jointe au plan
α_1, elle peut être considérée comme une surface de Steiner du quatrième ordre.*

En effet, la surface F_1^3 a au plus trois points communs avec une
droite quelconque de Σ_1, parce que la courbe gauche du quatrième
ordre qui lui correspond dans le réseau de F^2 a au plus avec φ trois
points communs différents de A. Si φ est décrit par un rayon principal s
qui tourne, le rayon correspondant s_1 décrit la surface F_1^3, puisqu'il
glisse le long d'une droite u_1 du plan α_1; la ponctuelle u_1 est projective
au faisceau de rayons décrit par s. A une droite quelconque l de φ correspond sur F_1^3 une conique λ_1 projective à l (II, page 257), dont le
plan passe par une des *génératrices* s_1 de F_1^3; en effet, ce plan a pour
correspondant dans le réseau de F^2 une surface du second ordre, qui a
en commun avec φ la droite l et par conséquent aussi une autre droite s
passant par A. Le plan de λ_1 est tangent à la surface F_1^3 en l'un des
points d'intersection de s_1 et λ_1, auquel correspond le point sl; l'autre
point d'intersection de s_1 et λ_1 a pour correspondants deux points associés situés sur s et l et la droite v qui les réunit a pour correspondante

une droite double v_1 de la surface F_1^3. Comme le faisceau de rayons A situé dans φ est coupé par les autres droites l du plan φ suivant des ponctuelles projectives, il en résulte que :

Les coniques λ_1 de la surface réglée F_1^3 sont rapportées projectivement entre elles et à la ponctuelle u_1 par le moyen de la génératrice s_1 ; la surface peut donc être engendrée par la forme rectiligne u_1 et par une conique qui lui est projective.

Nous avons déjà indiqué précédemment (I, pages 215 et suivantes) ce mode de génération de cette surface du troisième ordre. Aussi nous bornerons-nous à faire ici quelques remarques. Les plans du faisceau u_1 accouplent involutivement les génératrices de F_1^3 et les points de toutes les coniques situées sur cette surface de telle sorte que deux génératrices ou deux points conjugués sont dans un même plan avec u_1 et que les deux génératrices se coupent en un point de la droite double v_1. En même temps, les rayons du faisceau A, situé dans φ, sont accouplés involutivement de telle manière que les rayons conjugués deux à deux passent par deux points associés de v. Si la ponctuelle involutive v a deux points doubles M et N, les droites $\overline{\text{AM}}$ et $\overline{\text{AN}}$ ont pour correspondantes deux *génératrices singulières* de F_1^3, et les points M et N deux *points de rebroussement* ou *points cuspidaux.*

La surface F_1^3 est tangente à un plan de la surface Φ^4 en tous les points d'une de ces génératrices singulières ; au contraire, les plans tangents aux points d'une autre génératrice quelconque s_1 forment un faisceau de plans s_1, qui est projectif à la ponctuelle formée par les points de contact. Toute section plane de F_1^3 est représentée sur le plan φ par une conique, qui passe par A et qui coupe le rayon principal v en deux points associés.

Comme en général la surface Φ^4 est tangente aux génératrices s_1 de la surface F_1^3 en deux points et aux coniques λ_1 de cette même surface en quatre points (II, page 256), il s'ensuit que :

La surface F_1^3 est tangente à la surface de quatrième classe Φ^4 le long d'une courbe gauche (du sixième ordre) qui correspond à la courbe d'intersection du plan φ et de la surface nodale K^3 du réseau de F^2.

Si toutes les surfaces du réseau de F^2 passent par deux points A et B, et si l'on appelle c la droite qui joint ces deux points, à tous les points de cette droite c correspond un seul et même point C_1 de l'espace Σ_1. Car si C_1 correspond à un point quelconque de c différent de A et B, toutes les surfaces du réseau de F^2 qui correspondent aux plans de Σ_1 menés par C_1, passent par la droite c. Ces surfaces forment une gerbe particulière de F^2 (voir II, page 251). En général, en outre de c, elles ont au plus quatre points C communs, qui sont associés entre eux et à tous les points de c et qui correspondent au point C_1 de Σ_1. Les quatre couples de plans, que l'on peut mener par c et par les quatre points C, font partie de cette gerbe particulière de F^2 et par conséquent aussi du réseau de F^2; ils ont pour correspondants dans Σ_1 quatre plans tangents singuliers k_1 de la surface Φ^4 qui passent par C_1 (II, pages 257-258). Les points A et B sont des points coniques de la surface nodale K^4 et les centres de deux cônes du réseau, qui passent par c et auxquels correspondent dans Σ_1 deux plans tangents singuliers α_1 et β_1 de Φ^4 qui passent par C_1. La surface nodale K^4 passe par c, parce que chaque point de c est le sommet d'une surface conique de la gerbe (II, page 251); à toutes ces surfaces coniques correspondent dans Σ_1 des plans tangents à la surface Φ^4 au point C_1. Ce point est donc un point double de Φ^4.

Comme deux droites quelconques du réseau de F^2 menées par A ou B sont rapportées projectivement aux droites qui leur correspondent dans Σ_1, on déduit très facilement de là que :

A un plan quelconque φ, mené par la droite $\overline{AB}$ ou c, correspond en général dans Σ_1 une surface réglée F_1^2 du second ordre, qui est rapportée à φ d'une manière uniforme. Les deux systèmes réglés de F_1^2 correspondent aux faisceaux de rayons A et B de φ et leur sont projectifs; à la droite c correspondent deux droites de F_1^2, passant par C_1 et situées dans α_1 et β_1, et une droite quelconque de φ a pour correspondante sur F_1^2 une conique qui passe par C_1.

Les rayons du faisceau A coupent en effet deux droites quelconques du faisceau B suivant des ponctuelles projectives; les ponctuelles correspondantes de Σ_1 engendrent le système réglé de F_1^2 qui correspond au faisceau A. La surface F_1^2, considérée avec les plans α_1 et β_1, peut être regardée comme une surface de Steiner du quatrième ordre; elle est tangente à la surface Φ^4 le long d'une courbe gauche qui correspond à l'intersection de φ avec la surface nodale K^4.

Le plan φ_1, tangent à la surface F_1^2 au point C_1, a pour élément correspondant une surface du réseau, qui n'a qu'une seule droite c commune avec φ, et qui est par conséquent une surface conique tangente à φ. Quand φ décrit le faisceau de plans c, φ_1 décrit un faisceau de plans du second ordre projectif à c; car deux plans quelconques des

gerbes A et B sont coupés par le faisceau de plans c suivant deux faisceaux de rayons perspectifs et, comme A est rapporté collinéairement à α_1
et B à β_1 (II, pages 262-263), ces faisceaux ont pour correspondants
dans α_1 et β_1 deux ponctuelles projectives dont les couples de points homologues sont situés sur les plans de ce faisceau du second ordre. Ce dernier faisceau contient en particulier les plans tangents singuliers α_1 et
β_1 et les quatre plans k_1, qui correspondent aux couples de plans du
réseau passant par c. De ce que l'on vient de dire et d'une remarque
antérieure, il découle que :

*Le point C_1 de Σ_1, qui correspond à la droite $\overline{AB}$ ou c, est un point
conique de la surface Φ^k; en ce point, la surface Φ^k est tangente
aux plans d'un faisceau de plans du second ordre, qui contient
aussi les plans tangents singuliers α_1, β_1 et les quatre plans k_1 de la
surface.*

Nous allons maintenant supposer que toutes les surfaces du réseau
de F^2 soient circonscrites à un triangle, dans lequel les côtés a, b, c
soient respectivement opposés aux sommets A, B, C. A ces côtés cor-
respondent dans Σ_1 trois points A_1, B_1, C_1 et le plan Δ_1 qui réunit ces
trois derniers points a pour correspondant dans le réseau F^2 une surface
qui passe par a, b, c et qui par conséquent se décompose dans le plan Δ
du triangle ABC et en un autre plan. A tout point du plan Δ correspond
un point du plan Δ_1 et réciproquement; une droite quelconque l de
Δ a pour correspondante dans Δ_1 une conique λ_1 qui lui est projective
et qui passe par A_1, B_1 et C_1. Réciproquement, une droite g_1 de Δ_1 a
pour correspondante une conique de Δ, qui passe par A, B, C et qui
se décompose en $\overline{BC}$ et en une droite g passant par A, quand g_1
passe elle-même par A_1. Les faisceaux de rayons A de Δ et A_1 de
Δ_1 sont rapportés projectivement l'un à l'autre; ils sont les projections
des ponctuelles projectives l et λ_1, qui se correspondent dans Δ et Δ_1.
D'une manière générale, on voit que :

*Les deux systèmes plans de points Δ et Δ_1 sont en correspondance
quadratique; A, B, C sont les trois points principaux de Δ et A_1, B_1, C_1
les points principaux correspondants de Δ_1.*

Il y a encore d'autres cas particuliers ([1]) du réseau de F^2; nous en

---

1. Pour ce qui regarde les cas particuliers laissés de côté, voir le mémoire de M. Reye
« *Sur les systèmes de rayons de seconde classe et la surface du quatrième ordre de
Kummer* » Journal de Crelle, t. LXXXVI.

laissons une partie de côté et nous traitons les autres dans l'appendice ; nous allons maintenant nous occuper du cas tout particulièrement intéressant où toutes les surfaces du réseau passent par six points quelconques.

TRENTIÈME LEÇON.

Le système de rayons de second ordre et de seconde classe et la surface de Kummer, du quatrième ordre à seize points doubles[1].

Nous allons nous servir des résultats trouvés dans les deux dernières leçons pour étudier maintenant la gerbe particulière de F^2 dont les surfaces sont circonscrites à un hexagone gauche 123456 ou *hiklmn*.

Comme trois points quelconques déterminent en général une surface du réseau et que, d'autre part, par neuf points quelconques il ne passe généralement qu'une seule surface du second ordre, il s'ensuit que :

Toute surface du second ordre passant par les six sommets i fait partie du réseau de F^2.

La surface nodale K^4 renferme les sommets de tous les cônes du second ordre passant par les six sommets de l'hexagone; d'où il résulte que :

La surface nodale K^4 passe par les quinze côtés $\overline{ik}$ de l'hexagone et par les dix lignes doubles de ses dix couples de plans opposés $\overline{hik}$, $\overline{lmn}$; elle passe en outre par la courbe gauche k^3 du troisième ordre que l'on peut circonscrire à l'hexagone.

Imaginons encore que le réseau de F^2 soit rapporté au système de l'espace Σ_1, comme on l'a indiqué précédemment (II, page 253). Le point (O) de Σ_1, qui correspond à un point quelconque de la courbe gauche k^3,

1. Kummer, *Sur les systèmes algébriques de rayons* (Mémoires de l'Académie de Berlin, classe de mathématiques, 1866).

doit alors correspondre à tous les points de k^5, parce que à tout plan φ_1 de Σ_1 mené par (O) correspond une surface du réseau qui passe par sept points et conséquemment par tous les points de k^5. A tout rayon de φ_1 mené par O correspond, en outre de k^5, une corde de k^5 située sur la surface précédente. Donc :

Les points de la cubique gauche k^5 *sont des points associés du réseau de* F^2 *et correspondent tous à un seul et même point* (O) *de l'espace* Σ_1. *Le système de cordes de* k^5 *est rapporté projectivement à la gerbe* (O) *et de telle manière que les gerbes collinéaires par lesquelles on projette des points de* k^5 *sont réciproques à la gerbe* (O).

Aux tangentes de k^5 correspondent par conséquent dans la gerbe (O) les rayons d'une surface conique du second ordre ; et les surfaces coniques de la gerbe, qui passent par k^5, ont pour éléments correspondants les plans tangents de la surface conique (O), parce que ces surfaces ne contiennent chacune qu'une seule tangente de k^5. Il est clair aussi que les tangentes et les points de k^5 sont rapportés projectivement aux rayons et aux plans tangents de la surface conique (O).

Chaque corde de k^5 est un rayon principal du réseau de F^2 et elle est associée à la courbe gauche k^5 (II, page 255) ; ses deux points associés à eux-mêmes, qui sont situés sur la surface nodale K^4, sont conjugués par rapport à toutes les surfaces du réseau et conséquemment aussi par rapport à k^5. Par suite, la surface nodale K^4 sera coupée en quatre points harmoniques par chacune des cordes de k^5, et osculée par les tangentes de cette courbe gauche, en sorte que k^5 est une *courbe inflexionnelle* ou *courbe de tangentes principales* de K^4. D'après cela, le point (O) est un point nodal de la surface Φ^4 de quatrième classe et son cône de tangentes est la surface conique du second ordre (O) mentionnée plus haut. Cette surface Φ^4 a en outre quinze autres points nodaux (ik) qui correspondent aux quinze côtés $\overline{ik}$ de l'hexagone (II, page 267).

Toutes les tangentes doubles de la surface Φ^4, qui correspondent aux rayons issus du sommet 1 de l'hexagone, forment un système de rayons I de seconde classe et du second ordre (II, page 263). Ce système contient les génératrices d'un nombre doublement infini de surfaces réglées du troisième ordre et peut être décrit de cinq manières par un système réglé ordinaire, auquel correspond un faisceau de rayons de la gerbe 1 (II, page 267). Sa surface focale Φ^4 est une surface de Kummer de quatrième classe à 16 points doubles (O) et (ik) ;

elle est rapportée d'une manière uniforme à la surface nodale K⁴ et elle
est aussi la surface focale de cinq autres systèmes de rayons II, III, IV,
V, VI, de même espèce, qui correspondent aux gerbes 2, 3, 4, 5, 6.

Ces six systèmes de rayons de deuxième ordre et de deuxième classe ont
seize plans singuliers communs ; six de ces plans (i) correspondent aux six
cônes du réseau par lesquels on peut projeter la courbe gauche k^5 des
sommets $i \, (=1, 2, 3, 4, 5, 6)$ de l'hexagone ; les dix autres correspondent
aux dix couples de plans $\overline{ikl}$, $\overline{mnh}$ de l'hexagone. Par exemple, le
couple de plans $\overline{123}$, $\overline{456}$ a pour correspondant le plan singulier (123)
qu'on peut aussi désigner par (456), (213), (231), etc.

*Dans le système de rayons I de deuxième ordre et de deuxième
classe, chacun des 16 plans singuliers contient un faisceau ordinaire
de rayons; le centre du faisceau situé dans* $(1 \, kl)$ *est* (kl) *et celui du
faisceau contenu dans* (i) *est* $(1 \, i)$, *pour* $i > 1$, *et* (O) *pour* $i = 1$.

En effet, les rayons de la gerbe 1 qui coupent le côté $\overline{kl}$ de l'hexagone ont pour correspondants tous les rayons du plan $(1kl)$ qui passent
par (kl) ; au côté $\overline{1i}$ de l'hexagone correspondent (II, page 267) tous les
rayons du plan (i) qui passent par $(1i)$ et enfin les rayons de la surface
conique qui projette la courbe k^5 du point 1 ont pour correspondants
les rayons du plan (1) qui passent par (O).

La surface de Kummer Φ^4 *a seize points doubles* (O) *et* (ik) *et seize
plans singuliers* (i) *et* (ikl), *qui sont conjugués les uns aux autres de
la manière suivante par le moyen du système de rayons* I :

Points doubles. (0) (12) (13) (14) (15) (16) (23) (24) .... (46) (56)
Plans singuliers. (1) (2) (3) (4) (5) (6) (123) (124).... (146) (156)

A chaque plan singulier est conjugué le point double par lequel passent tous les rayons du système I situés dans le plan. — Les six plans
(1), (2), (3), (4), (5), (6) passent par le point double (0) ; ils forment
un angle sexarête, qui est circonscrit à une surface conique du second
ordre et qui est rapporté projectivement à l'hexagone 123456 de la
courbe gauche k^5 (II, page 270), en sorte que :

$$(1) \; (2) \; (3) \; (4) \; (5) \; (6) \; \overline{\wedge} \; k^5 \; (123456).$$

Par chacun des quinze autres points doubles (ik) il passe aussi six
des seize plans singuliers ; ces six plans sont également tangents à une

surface conique du second ordre (II, pages 266-267) et peuvent être désignés par $(ik1)$, $(ik2)$, $(ik3)$, $(ik4)$, $ik5)$, $(ik6)$: (ikk) représentant le plan (i) et (iki) le plan (k). Par exemple, par le point double (12) passent les six plans 2, 1, (123), (124), (125) et (126), parce que les six surfaces du réseau de F^2 qui leur correspondent passent par le côté $\overline{12}$ de l'hexagone.

Chacun des seize plans singuliers contient six des seize points doubles ; par exemple, (i) contient les points doubles $(i1)$, $(i2)$, $(i3)$, $(i4)$, $(i5)$, $(i6)$, le point (0) étant représenté par (ii), et les six points doubles (23), (31), (12), (56), (64), (45) sont situés sur le plan $(123) = (456)$, parce que la surface correspondante du réseau de F^2 passe par les six lignes correspondantes.

La conique suivant laquelle la surface Φ^4 est tangente au plan singulier (123), ou plus généralement (ikl), passe par les six points doubles situés dans le plan ; elle a en effet pour correspondante la ligne double d'un couple de plans du réseau (II, pages 257-258) et cette dernière coupe les six côtés de l'hexagone qui correspondent aux six points doubles.

Les 120 *droites qui joignent les* 16 *points doubles sont identiques avec les* 120 *droites d'intersection des* 16 *plans singuliers.*

En effet, par exemple, (0) et (12) sont tous deux sur (1) et (2) ; (12) et (13) sont situés sur (1) et (123) ; de même (12) et (34) sont sur $(125) = (346)$ et $(126) = (345)$.

La gerbe i est rapportée collinéairement (II, page 253) au système plan (i) quand à chaque rayon de i on fait correspondre le point où (i) est coupé par la droite correspondante de l'espace Σ_i. Si donc on rapporte les gerbes 1,2,3,4,5,6 perspectivement au système de cordes de k^3 et par conséquent (II, page 270) réciproquement à la gerbe (0), les plans (1), (2), (3), (4), (5), (6) se trouvent ainsi rapportés réciproquement à (0) et par suite collinéairement entre eux. Et effectivement, chaque rayon du système de rayons I est contenu dans le plan de (0) qui correspond au point d'intersection du rayon avec le plan (1), et chaque rayon de (1) qui passe par le point (0) coïncide par conséquent avec le rayon correspondant de la gerbe (0).

Toutes les droites de l'espace Σ_i, qui sont contenues chacune dans un plan ε_i de (0) et qui passent en même temps par le point correspondant E_i de (1), forment un complexe linéaire de rayons. En effet, celles d'entre elles qui passent par un point arbitraire P_2 forment un faisceau de rayons du premier ordre, parce qu'elles coupent le plan (1) sur la droite p' qui correspond au rayon $\overline{(O)P_1}$; quand P_1 décrit une droite g_1, p' décrit un faisceau de rayons projectif à g_1, dont un rayon passe par le point qui lui correspond, et le plan $\overline{P_1 p'}$ décrit par conséquent un faisceau de plans du premier ordre perspectif à g_1. Tous les rayons du système I de deuxième classe et de deuxième ordre appartiennent au complexe linéaire; par conséquent, dans le système focal, des directrices duquel il se compose, chaque rayon du système I est conjugué à lui-même et chaque point P_1 a pour plan focal le plan π_1 qui réunit les deux rayons du système qui passent par P_1. Un point de la surface focale Φ^4, par lequel passent deux rayons coïncidents du système I, a donc toujours pour conjugué un plan de Φ^4 dans lequel sont contenus deux rayons du système qui coïncident (Voir II, pages 256-257). Donc :

Les six systèmes de rayons du deuxième ordre et de seconde classe I, II, III, IV, V, VI, *qui correspondent aux six gerbes* 1, 2, 3, 4, 5, 6, *sont situés dans six complexes linéaires de rayons, différents les uns des autres, et déterminent les six systèmes focaux correspondants* [1]. *La surface focale* Φ^4 *commune aux six systèmes de rayons est conjuguée à elle-même dans chacun de ces systèmes focaux, de telle sorte qu'à chaque point de* Φ^4 *est conjugué un plan qui passe par lui, et que tout point double a pour conjugué un plan singulier. La surface de Kummer* Φ^4 *de quatrième classe est donc aussi du quatrième ordre.*

La corrélation entre les seize points doubles et les seize plans singuliers dans le système focal I est évidente d'après le tableau donné plus haut (II, page 271). Dans le $i^{\text{ème}}$ des six systèmes focaux, le plan (ikl) est conjugué au point double (kl), parce que tous les rayons du $i^{\text{ème}}$ système situés dans (ikl) passent tous par (kl) (Voir II, pages 270-271). Joignons les six points, qui sont conjugués à un plan tangent de Φ^4 dans les six systèmes focaux, avec le point de contact du plan, nous obtenons six tangentes doubles de Φ^4, situées dans le plan; ce plan, en général, n'est pas conjugué à son point de contact.

Le sexarête (1) (2) (3) (4) (5) (6), qui est projectif à l'hexagone 1 2 3 4 5 6 de k^3 et circonscrit à une surface conique du second ordre (II, page 272), a pour correspondant ou conjugué dans le $i^{\text{ème}}$ des six

1. C'est M. *Felix Klein* qui a attiré l'attention (*Mathematische Annalen*, t. II, pages 199-226) sur ces six systèmes focaux ou *complexes linéaires fondamentaux*, d'où l'on déduit la majeure partie des théorèmes qui suivent ici.

systèmes focaux l'hexagone $(i1)$ $(i2)$ $(i3)$ $(i4)$ $(i5)$ $(i6)$. Ce dernier est par conséquent inscrit à une conique de telle manière que :

$$(i1)\ (i2)\ (i3)\ (i4)\ (i5)\ (i6)\ \bigwedge\ k^5\ (123456)\ \text{pour}\ (ii) = (0).$$

Dans le $k^{ème}$ des six systèmes focaux, cet hexagone est conjugué au sexlatère $(ik1)$ $(ik2)$ $(ik3)$ $(ik4)$ $(ik5)$ $(ik6)$ qui par conséquent est également projectif à $k^5(123456)$. Et comme, en posant par exemple $i = 2$, $k = 3$, ce sexlatère a pour conjugué dans le premier système polaire l'hexagone (23) (31) (12) (56) (64) (45), ce dernier doit aussi être projectif à k^5 (123456). D'une manière générale, on voit que

Tous les groupes de six plans singuliers, qui passent par un même point double, et tous les groupes de six points doubles, qui sont situés dans un même plan singulier, sont projectifs entre eux et à l'hexagone 123456 de k^5. Les seize points singuliers de la surface de Kummer Φ^4 sont situés six à six sur seize coniques, le long desquelles Φ^4 est tangente aux seize plans singuliers.

Comme deux quelconques de ces coniques se coupent en deux points doubles (II, page 272), elles peuvent être réunies par une surface du second ordre avec tout autre point double'non situé sur elles ; cette surface passe encore par un douzième point double et par quatre des seize coniques. Par exemple, les douze points doubles des quatre coniques (1), (2), (134), (234) sont situés sur une même surface du second ordre ; il en est de même pour ceux des coniques (123), (345), (561) et (246). On démontre aisément ce théorème :

Il y a quatre-vingts surfaces du second ordre, qui contiennent chacune douze des seize points doubles et quatre des seize coniques de contact ; il existe de même quatre-vingts surfaces de deuxième classe tangentes à douze des seize plans singuliers.

Les deux points, qui sont conjugués à un même plan dans deux quelconques des six systèmes focaux, sont des points homologues de deux espaces collinéaires ; ces derniers sont involutifs, parce que les deux points se correspondent entre eux d'une double manière. En effet, par exemple, dans les systèmes focaux I et II, $(1i)$ et $(2i)$ sont conjugués au plan (i) et en même temps $(2i)$ et $(1i)$ au plan $(12i)$; de plus (34) et (56) sont conjugués au plan $(134) = (256)$ et, réciproquement, (56) et (34) sont conjugués au plan $(156) = (234)$.

Les huit couples de points (12) (0), (13) (23), (14) (24), (15) (25),

(16) (26), (54) (56), (55) (46) et (36) (45) se composent donc chacun de deux points conjugués l'un à l'autre d'un système involutif gauche I II, dans lequel toute directrice commune aux deux systèmes focaux I, II est conjuguée à elle-même et dans lequel le plan (1ik) est conjugué au plan (2ik).

Il existe quinze de ces systèmes involutifs que nous pouvons représenter par I II, I III, ... V VI. Dans chacun d'eux, la surface de Kummer Φ^4 se correspond à elle-même; et deux points ou deux plans de la surface conjugués l'un à l'autre sont séparés harmoniquement par les deux axes du système. Le système de rayons de premier ordre et de première classe, qui se compose des directrices du système involutif I II est engendré par les plans collinéaires (1) et (2) (Voir II, pages 272-273).

Le tableau suivant fait connaître quel est le point double de Φ^4 qui est conjugué à un plan singulier quelconque dans chacun des six systèmes focaux, ou à un point double quelconque dans chacun des quinze systèmes involutifs.

	(1)	(2)	(3)	(4)	(5)	(6)	(123)	(124)	(125)	(1 26)	(134)	(135)	(136)	(145)	(146)	(156)
I	(0)	(12)	(13)	(14)	(15)	(16)	(25)	(24)	(25)	(26)	(34)	(35)	(36)	(45)	(46)	(56)
II	(12)	(0)	(25)	(24)	(25)	(26)	(13)	(14)	(15)	(16)	(56)	(46)	(45)	(36)	(35)	(54)
III	(13)	(25)	(0)	(34)	(35)	(36)	(12)	(56)	(46)	(45)	(14)	(15)	(16)	(26)	(25)	(24)
IV	(14)	(24)	(34)	(0)	(45)	(46)	(36)	(12)	(36)	(35)	(13)	(26)	(25)	(15)	(16)	(25)
V	(15)	(25)	(35)	(45)	(0)	(56)	(46)	(36)	(12)	(34)	(26)	(13)	(24)	(14)	(23)	(16)
VI	(16)	(26)	(36)	(46)	(56)	(0)	(45)	(35)	(34)	(12)	(25)	(24)	(13)	(23)	(14)	(15)

Par exemple, le plan (136) est conjugué au point double (16) dans le système focal III et au point (24) dans le système V; ces points (16) et (24) se correspondent au contraire doublement dans le système involutif III V. Ce tableau montre encore quelle est la relation projective de chaque groupe de six points doubles dans deux plans singuliers; par exemple, dans les plans (1), (123) et (135) on a :

$$(0)\ (12)\ (15)\ (14)\ (15)\ (16)\ \overline{\wedge}\ (25)\ (51)\ (12)\ (56)\ (64)\ (45)$$
$$\overline{\wedge}\ (35)\ (46)\ (54)\ (62)\ (15)\ (24)$$

A l'aide de ce tableau on peut aussi prouver facilement ce théorème dû à M. H. Weber [1] que : à l'aide de six points doubles convenable-

---

1. Journal de Crelle, t. LXXXIV, page 349. C'est dans une étude sur les fonctions théta que M. Weber a été conduit pour la première fois à la notation ci-dessus pour les points doubles et les plans singuliers d'une surface de Kummer.

ment choisis, comme (12), (23 , (34), (45), (51), (0) ou (25), (31), (12), (14), (25), (56), on peut construire linéairement tous les plans singuliers et les dix autres points doubles.

Trois quelconques des six systèmes focaux, par exemple, I, II et III déterminent trois systèmes involutifs II III, III I et I II et de plus un système polaire de l'espace I II III. En effet, si l'on cherche tous les éléments conjugués à un élément quelconque de l'espace dans I et II III, ou dans II et III I, ou dans III et I II, on obtient des éléments homologues de deux espaces réciproques; ces espaces sont en involution et constituent un système polaire I II III de l'espace, parce que, d'après notre tableau, aux sommets des huit tétraèdres

$$
\begin{array}{llll}
(0)\ (23)\ (31)\ (12) & , & (0)\ (56)\ (64)\ (45), \\
(23)\ (14)\ (15)\ (16) & , & (56)\ (41)\ (42)\ (43), \\
(31)\ (24)\ (25)\ (26) & , & (64)\ (51)\ (52)\ (53), \\
(12)\ (34)\ (35)\ (56) & , & (45)\ (61)\ (62)\ (63),
\end{array}
$$

correspondent les faces qui leur sont opposées. Or ces tétraèdres sont des tétraèdres polaires non seulement du système polaire I II III, mais encore du système IV V VI; ce dernier système est donc identique avec le premier I II III. De même I II IV et III V VI sont deux systèmes polaires identiques; on obtient huit tétraèdres polaires de ce système en permutant entre eux les nombres 5 et 4 dans les expressions données ci-dessus pour les tétraèdres. Les six systèmes focaux, pris trois à trois, déterminent en général dix systèmes polaires différents; dans chacun d'eux la surface de Kummer Φ^4 est conjuguée à elle-même, ses seize points doubles sont les pôles de ses seize plans singuliers et forment quatre à quatre huit tétraèdres polaires.

Par rapport aux trois systèmes focaux I, II et III les points et les plans de l'espace se groupent en tétraèdres polaires d'un système polaire de l'espace I II III = IV V VI; chaque sommet d'un pareil tétraèdre a pour conjugués dans les systèmes involutifs II III, III I et I II les trois autres sommets et dans les trois systèmes focaux les faces du tétraèdre qui passent par lui; il en est de même pour chaque face du tétraèdre. Les points et les plans se groupent, par rapport aux trois systèmes focaux IV, V, VI pour former d'autres tétraèdres polaires du même système polaire. Deux tétraèdres, appartenant à ces deux groupements différents et ayant une face commune, ont aussi le sommet

opposé commun et les six autres sommets conjugués à cette face dans
les six systèmes focaux constituent deux triangles polaires d'un système
polaire plan contenu dans I II III; ils sont donc situés sur une même
conique (II, page 74). Par conséquent, dans les six systèmes focaux, un
plan quelconque a pour conjugués six points d'une conique et un point
quelconque six plans passant par lui et appartenant à un faisceau de
plans du second ordre.

Un point quelconque de l'espace constitue, avec les quinze points
qui lui sont conjugués dans les quinze systèmes involutifs, un groupe
de seize points, analogue à celui des seize points doubles de la surface
de Kummer. En effet, les seize points de ce groupe sont situés six à six
sur seize plans (ou mieux sur seize coniques) qui à leur tour passent
six à six par les seize points. D'après ce qui précède, chacun des seize
points a pour conjugués, dans les six systèmes focaux, les six plans qui
passent par lui, et chacun des seize plans les six points qui sont situés
sur lui. Chacun des seize points a pour conjugués, dans les dix systèmes
polaires, les dix plans qui ne passent pas par lui, et chacun des seize
plans les dix points qui ne sont pas situés sur lui; enfin dans les quinze
systèmes involutifs, à chacun des seize points (ou plans) est conjugué le
groupe des quinze autres. Remarquons en passant que les seize points
sont les points doubles d'une surface de Kummer du quatrième ordre,
déterminée par eux, qui, de même que Φ^4, est conjuguée à elle-même
dans chacun des six systèmes focaux; avec Φ^4 se trouve déterminé
ainsi un nombre triplement infini d'autres surfaces de Kummer.

La surface double du système polaire I II III contient tous les rayons
qui sont conjugués à eux-mêmes dans les trois systèmes focaux I, II
et III et par suite aussi les trois couples d'axes des systèmes involutifs
II III, III I et I II; car ces axes sont des directrices du système réglé
formé par ces rayons. De même, la surface double contient toutes les
directrices communes des systèmes focaux IV, V et VI. Ces directrices
constituent le système directeur du premier système réglé; car si elles
formaient elles-mêmes le même système réglé. il existerait une infinité
de rayons conjugués à eux-mêmes dans les six systèmes focaux et les
dix systèmes polaires déterminés par les systèmes focaux devraient
avoir des surfaces doubles identiques, tandis qu'elles sont différentes
les unes des autres. Les deux axes de II III sont donc conjugués à eux-
mêmes dans chacun des systèmes focaux IV, V, VI (et I) et coupent les
couples d'axes des six systèmes involutifs IV V, IV VI, ... VI I. Les

couples d'axes de trois systèmes involutifs quelconques qui (comme I II, III IV, et V VI) dépendent simultanément des six systèmes focaux, constituent d'après cela les trois couples de côtés opposés d'un même tétraèdre. Du reste, l'un ou chacun des trois systèmes II III, III I et I II a deux axes imaginaires, parce que la surface double du système polaire I II III, quand elle est réelle et réglée, n'est coupée en des points réels que par deux couples d'arêtes de son tétraèdre polaire.

Le réseau de F^2, par lequel nous avons été conduits à la surface de Kummer Φ^4, est déterminé par quatre surfaces du second ordre, dont trois quelconques passent par une même cubique gauche k^3; cette courbe est coupée par la quatrième aux six points $1,2,3,4,5,6$. Suivant que parmi ces points d'intersection il n'y en aura pas de réels, ou bien qu'il y en aura deux, quatre ou six, les six systèmes de rayons de second ordre et de deuxième classe relatifs à la surface de Kummer ne seront pas réels, ou bien il y en aura respectivement deux, quatre ou six de réels. De ces quatre cas, entre lesquels se produisent un certain nombre de cas transitoires et de dégénérescences géométriquement évidents, c'est le dernier qui a servi de base aux recherches de cette leçon.

APPENDICE.

PROBLÈMES ET THÉORÈMES.

COLLINÉATION ET RÉCIPROCITÉ.

1. On donne deux quadrilatères qui se correspondent dans deux systèmes plans collinéaires ou réciproques. Construire dans l'un des systèmes le point (ou le rayon) qui correspond à un point de l'autre et de même déterminer le rayon du premier qui correspond à un rayon ou à un point du second (II, pages 6 et 8).

2. Deux systèmes collinéaires sont dans un même plan et perspectifs (II, page 20). On donne le centre et l'axe de collinéation et deux points ou deux rayons correspondants. Construire la courbe de l'un des systèmes qui correspond à une courbe de l'autre et de plus chercher l'axe opposé du premier système qui correspond à la droite à l'infini dans le second.

3. Si deux systèmes collinéaires plans ont une ponctuelle u correspondante commune et si l'un d'eux tourne autour de la droite u, le point où se coupent les droites joignant les points homologues des systèmes décrit un cercle, dont le centre est situé dans l'autre système et correspond à un point à l'infini du premier système mobile, et dont le plan est perpendiculaire à u.

4. Quand un objet est recouvert d'un fluide translucide, par exemple d'eau, il apparaît, à cause de la réfraction de la lumière, différent de ce qu'il est dans l'air libre. Comme toute droite continue à paraître droite sous le fluide, que des parallèles paraissent toujours parallèles, l'objet semble s'être changé en un autre objet collinéaire ou, plus exactement, en affinité avec lui (II, page 63). De même, les objets situés hors de l'eau apparaissent à un poisson comme s'ils étaient transformés

par affinité; ainsi une sphère paraît un ellipsoïde, un dé un parallélipipède oblique.

5. Si deux systèmes réciproques plans Σ et Σ_1 sont tellement placés qu'une forme rectiligne u de Σ soit perspective au faisceau correspondant de Σ_1, cette même forme u, considérée comme faisant partie de Σ_1, est aussi perspective au faisceau correspondant de Σ. Si donc les deux systèmes ne sont pas dans un même plan, tout plan, qui joint un point de l'un avec la droite correspondante de l'autre, passe par le centre de l'un de ces deux faisceaux de rayons perspectifs à u et par conséquent les deux systèmes engendrent deux gerbes.

6. Lorsque deux systèmes réciproques Σ et Σ_1 sont situés dans un même plan et de telle manière qu'une forme rectiligne quelconque u de Σ soit perspective au faisceau correspondant de rayons U_1 de Σ_1, il existe encore en général une seconde forme rectiligne v de Σ qui est perspective au faisceau correspondant V_1 de Σ_1. Si maintenant nous considérons ces mêmes formes rectilignes u et v comme faisant partie du second système Σ_1, elles ont respectivement pour formes correspondantes dans le premier système Σ les faisceaux de rayons V_1 et U_1 et u est perspective à V_1 et v à U_1. Le point uv est situé sur la droite $\overline{U_1 V_1}$ et lui correspond d'une double manière. Cette situation particulière de deux systèmes réciproques peut être mise à profit pour construire d'une manière simple dans l'un des systèmes la forme réciproque à une forme quelconque de l'autre, par exemple, à une courbe. Dans des cas particuliers, les droites u et v peuvent se confondre de même que les points U_1 et V_1; à chaque point de u correspond alors doublement un rayon de U_1.

7. Le plus grand nombre de points d'inflexion que puisse posséder une courbe plane d'ordre n est égal au plus grand nombre de points de rebroussement d'une courbe plane de classe n.

8. Énoncer et résoudre pour les systèmes collinéaires ou réciproques de l'espace les problèmes analogues aux problèmes 1 et 2 (II, pages 24 et 30).

9. Si deux espaces collinéaires Σ et Σ_1 ne sont pas alliés, le plan à l'infini dans l'un a toujours pour correspondant un plan propre de l'autre système (ce qu'on appelle le *plan opposé*). Deux systèmes plans homologues de Σ et Σ_1 ne sont alors alliés (II, page 52) que si leurs plans sont respectivement parallèles aux plans opposés; de même une ponctuelle u de Σ n'a pour correspondante une ponctuelle projective semblable u_1 de Σ_1 que si u est parallèle au plan opposé de Σ et u_1 à

celui dé Σ_1. Aux droites perpendiculaires au plan opposé de Σ correspondent dans Σ_1 les rayons d'une gerbe dont le centre est sur le plan opposé de Σ_1. Les deux systèmes de l'espace ne renferment donc que deux droites correspondantes n et n_1 dont chacune soit perpendiculaire au plan opposé de son propre système.

Un cylindre de révolution de Σ, ayant la droite n pour axe, a pour correspondant dans Σ_1 un cône du second ordre, qui a n_1 pour axe principal et qui engendre une courbe d'intersection avec le cylindre si les droites n et n_1 sont placées l'une sur l'autre. Toute ponctuelle v_1 de Σ_1, dont le lieu contient un point de cette courbe et qui coupe normalement l'axe n_1, a pour correspondante dans Σ une ponctuelle v projective égale; il en est de même pour toute ponctuelle dont le lieu est parallèle à v_1 et qui est à la même distance que v_1 du plan opposé du système Σ_1. On reconnaît par là que deux systèmes plans alliés ne contiennent pas toujours de ponctuelles homologues projectives égales et que par conséquent ils ne peuvent pas toujours être amenés en situation perspective.

SURFACES DU SECOND ORDRE; SYSTÈMES POLAIRES.

10. Deux gerbes sont rapportées réciproquement l'une à l'autre; déterminer les points communs à la surface du second degré, qu'elles engendrent, et à une droite ou à un plan donné. Ce problème est du second degré; il en est de même du suivant :

11. Chercher si deux gerbes réciproques données engendrent un ellipsoïde, un paraboloïde, un hyperboloïde ou une surface conique du second ordre.

12. Une droite g et un point G_1 se meuvent simultanément dans deux plans fixes de telle manière qu'ils soient toujours vus sous un angle droit d'un point donné S situé en dehors de ces plans, et par conséquent que $\overline{Sg}$ soit perpendiculaire à $\overline{SG_1}$. Le plan $\overline{gG_1}$ enveloppe alors une surface du second ordre (II, pages 35 et 45).

13. Une gerbe S et un système plan sont rapportés réciproquement l'un à l'autre; par chaque droite de Σ on mène un plan parallèle au rayon correspondant de S et par chaque point de Σ un plan parallèle au plan correspondant de S; tous ces plans enveloppent un paraboloïde qui est aussi tangent à Σ.

14. Une gerbe S et un système plan Σ sont rapportés collinéairement entre eux ; par chaque point ou chaque rayon de Σ on mène un plan perpendiculaire à la droite ou au plan correspondant de S; tous ces plans enveloppent (comme dans 13) un paraboloïde qui est aussi tangent à Σ.

15. Deux gerbes collinéaires renferment en général une infinité de couples de plans homologues qui se coupent normalement; ces plans forment deux faisceaux de plans du second ordre. En effet, si du centre S de l'une, on abaisse des perpendiculaires sur les plans de l'autre, S devient le centre de deux gerbes réciproques ; et tous les plans de S, passant par les normales qui leur correspondent, constituent l'un de ces faisceaux de plans du second ordre (II, page 71).

16. Un hexagone gauche ABCDEF détermine un système polaire de l'espace dans lequel chaque sommet de l'hexagone a pour correspondant la face qui lui est opposée. En effet, si l'on rapporte deux espaces Σ et $Σ_1$ réciproquement l'un à l'autre de telle sorte qu'aux points A,B,C, D,E de Σ correspondent respectivement les plans CDE, DEF, EFA, FAB, ABC de $Σ_1$, aux points A,E et F de $Σ_1$ correspondent respectivement les plans CDE, ABC et BCD de Σ et les droites AB et DE se correspondent l'une à l'autre d'une double manière. Les plans ABC, ABE, CDE et DEA forment par conséquent un tétraèdre dans lequel chaque face correspond doublement au sommet opposé et les deux systèmes réciproques Σ et $Σ_1$ sont en involution.

17. Déterminer les points de contact de toutes les tangentes que l'on peut mener d'un point quelconque à une surface donnée du second ordre (II, page 42).

18. Par une droite quelconque mener des plans tangents à une surface donnée du second ordre.

19. On donne une conique sur une surface du second ordre ; déterminer le point d'intersection des plans tangents à la surface aux points de cette conique.

20. Les normales d'une surface du second ordre, qui lui sont perpendiculaires suivant les points d'une courbe du second ordre, sont parallèles aux rayons d'une surface conique du second ordre. Quelle exception subit le théorème, quand le plan de la courbe pied des normales est un plan diamétral de la surface du second ordre ?

21. Étant données une surface F^2 du second ordre et un point fixe quelconque U, on peut rapporter deux à deux l'un à l'autre les points de

l'espace qui sont conjugués par rapport à la surface F^2 et situés sur une même droite avec U. Tous les points d'un plan quelconque φ qui ne passe pas par U ont alors pour correspondants les points d'une surface F_1^2 du second ordre. Cette surface F_1^2 contient le point U et le pôle du plan φ et elle n'a en commun avec la surface F^2 que les points de celle-ci qui sont contenus dans le plan φ ou le plan polaire de U. (Voir I, page 103.) Si le plan φ passe à l'infini, on voit que :

22. Les points milieux de toutes les cordes que l'on peut mener d'un point quelconque U à une surface F^2 du second ordre, sont situés sur une surface F_1^2 du second ordre. Cette seconde surface passe par U et le centre de la surface F^2 et elle a en commun avec F^2 tous ses points à l'infini ainsi que les points de contact de toutes les tangentes que l'on peut mener de U à F^2. La surface F_1^2 contient aussi les centres de toutes les courbes du second ordre suivant lesquelles des plans passant par U coupent la surface F^2.

23. Comment s'énonce le théorème réciproque de celui du n° 21 ?

24. Couper une surface du second ordre par un plan de manière que la conique qui en résulte ait pour centre un point donné.

25. Les plans de toutes les coniques situées sur une surface donnée du second ordre, et dont les centres sont sur une droite donnée, enveloppent un cylindre parabolique. Quelles exceptions ce théorème peut-il présenter ?

26. Le volume d'un tétraèdre dont deux couples de côtés opposés sont situés sur un paraboloïde hyperbolique est divisé en deux solides équivalents par cette surface. En effet, tout plan parallèle à deux des côtés opposés coupe le tétraèdre suivant un parallélogramme dont une diagonale est située sur le paraboloïde.

27. Les sommets de tous les cônes circonscrits à un ellipsoïde, qui déterminent avec leur plan de contact un solide de volume donné, sont situés sur un ellipsoïde semblable, concentrique et semblablement placé. La démonstration de ce théorème, comme celle du précédent, s'obtient immédiatement en alliant l'ellipsoïde à une sphère.

28. Le plus petit ellipsoïde qu'on puisse circonscrire à un tétraèdre est tangent, suivant les sommets de ce dernier, à quatre plans parallèles aux faces opposées du tétraèdre.

29. Deux systèmes plans réciproques Σ et Σ_1 peuvent en général être amenés en situation involutive de quatre manières différentes. Désignons par C et C_1 les *centres* de Σ et Σ_1 qui correspondent aux

droites à l'infini des deux systèmes ; ces points en général ne sont pas à l'infini. Au faisceau de rayons C de Σ correspond la ponctuelle à l'infini de Σ_1 et si nous la projetons de C_1, nous obtenons un faisceau de rayons projectif à C. Soient maintenant a,b les deux rayons normaux entre eux du faisceau C, auxquels correspondent dans C_1 deux rayons a_1, b_1, normaux entre eux (I, page 198) ; on peut amener les systèmes réciproques en situation involutive en plaçant simultanément a sur b_1 et b sur a_1. En effet, dans cette situation, aux côtés du triangle impropre de Σ formé par a,b et la droite à l'infini correspondent les sommets qui leur sont opposés. (Voir II, page 72.) Si les deux centres C,C_1 sont à l'infini, le problème n'a généralement pas de solution.

30. *Placer en situation involutive deux gerbes réciproques* S,S_1 *dont les sommets ne sont pas à l'infini.*

Nous avons à chercher dans les gerbes réciproques deux trièdres homologues, par exemple, deux trièdres trirectangles, que l'on puisse superposer de telle sorte que chaque arête de l'un soit opposée à la face qui lui correspond dans l'autre. A cet effet, à chaque rayon de la gerbe S faisons correspondre le plan qui lui est normal, de manière que S devienne une gerbe polaire rectangulaire. En même temps, à chaque plan de S_1 correspondra par là même un rayon, de telle sorte que S_1 deviendra aussi une gerbe polaire ; et deux rayons ou deux plans conjugués de S_1 auront respectivement pour correspondants deux plans ou deux rayons rectangulaires de S. La gerbe polaire S_1 a en général trois axes principaux a_1,b_1,c_1 perpendiculaires entre eux ; comme ils sont conjugués deux à deux, ils ont pour correspondants dans la gerbe S trois plans α, β, γ normaux entre eux. Si maintenant on place les deux gerbes l'une sur l'autre, de telle manière que a_1 coïncide avec $\overline{\beta\gamma}$ et b_1 avec $\overline{\gamma\alpha}$, ce qui est possible de quatre manières, on obtient l'involution demandée. Ainsi le problème comporte en général quatre solutions ; il n'en a une infinité que si la gerbe S_1 a une infinité d'axes principaux.

31. *Placer deux systèmes réciproques de l'espace,* Σ *et* Σ_1, *en situation involutive.* Soient C et C_1 les *centres* de Σ et Σ_1, c'est-à-dire les points qui correspondent aux plans à l'infini des deux systèmes. Si ces centres sont eux-mêmes à l'infini, le problème n'a en général aucune solution. Supposons que C et C_1 soient des points propres ; aux plans et aux rayons issus de C correspondent les points et les droites à l'infini de Σ_1, et si on les projette de C_1, les gerbes C et C_1 sont rapportées réciproquement l'une à l'autre. Si maintenant on amène ces gerbes en

situation involutive, les espaces réciproques eux-mêmes seront placés
en situation involutive. Ce problème, comme le précédent, a donc en
général quatre solutions.

52. *Sur une surface donnée du second ordre construire une conique de telle manière qu'elle ait pour foyer un point S arbitrairement
choisi.*

Pour que le problème admette une solution, il faut que S ne soit
pas sur la surface. Dans le système polaire plan dont la courbe double
est la conique cherchée, les rayons conjugués de la gerbe S doivent
être rectangulaires deux à deux. Dans la gerbe polaire S, dont les éléments conjugués deux à deux sont conjugués par rapport à la surface
construisons les plans cycliques (I, page 192) ; ils ont chacun en
commun avec la surface une conique réelle ou imaginaire, dont S est
le foyer. Ce problème a donc en général deux solutions.

Si la surface donnée du second ordre est un cône, nous pouvons
résoudre le problème comme il suit. Joignons le point S avec le sommet
du cône par une droite u ; les plans du faisceau u sont alors conjugués
deux à deux par rapport à la surface. Le plan ε de la conique cherchée
doit passer par S et couper le faisceau involutif de plans u suivant un
faisceau rectangulaire de rayons. Il n'existera pas de pareil plan, ou il
y en aura deux, suivant que le faisceau de plans u aura ou n'aura pas
de plans doubles et par conséquent suivant que S sera à l'extérieur ou
à l'intérieur du cône. Dans le dernier cas, les deux plans ε sont faciles
à construire si l'on remarque qu'ils doivent être perpendiculaires à
l'un des deux plans conjugués rectangulaires du faisceau u. Ils sont
symétriques par rapport à la droite u et coïncident quand le faisceau
de plans u est rectangulaire.

53. *Une surface du second ordre, à centre, est coupée suivant des
cercles par deux faisceaux de plans parallèles.* En effet, ces plans de
sections circulaires sont parallèles aux deux plans diamétraux cycliques de la surface, dans lesquels les diamètres conjugués sont perpendiculaires deux à deux. On peut aussi démontrer un théorème semblable
pour le paraboloïde elliptique. Les surfaces de révolution du second
ordre n'ont qu'un seul système de cercles, dont les plans sont perpendiculaires à l'axe de révolution.

34. *Mettre en perspective deux gerbes collinéaires* S, S_1. Deux
gerbes perspectives ont un faisceau de plans correspondant commun;
d'après cela, nous chercherons dans les gerbes données S,S_1 deux fais-

ceaux de plans homologues qui soient projectivement égaux. A cet effet, (comme au n° 30) à chaque rayon faisons correspondre dans la gerbe S le plan qui lui est normal, de manière que S devienne une gerbe polaire rectangulaire et en même temps S_1 une gerbe polaire ; puis, dans la gerbe S_1, déterminons les deux axes focaux u_1, v_1. Deux plans du faisceau u_1 (ou v_1) perpendiculaires entre eux, sont alors conjugués dans la gerbe polaire S_1 et ils ont par conséquent pour correspondants deux plans conjugués (c'est-à-dire perpendiculaires entre eux) de la gerbe rectangulaire S. Soient donc $\alpha, \beta, \gamma, \delta$ quatre plans harmoniques de u et supposons que α soit normal à γ de même que β à δ ; ils ont pour correspondants dans la gerbe S_1 quatre plans $\alpha_1, \beta_1, \gamma_1, \delta_1$ du faisceau u_1 en sorte que α_1 est normal à γ_1 et β_1 à δ_1. Les faisceaux homologues de plans u $(\alpha\beta\gamma\delta)$ et u_1 $(\alpha_1 \beta_1 \gamma_1 \delta_1)$ sont par conséquent projectifs égaux et peuvent être placés l'un sur l'autre de telle manière que les quatre plans α, β, γ, δ coïncident avec leurs correspondants $\alpha_1, \beta_1, \gamma_1, \delta_1$. Or, dans cette situation, les gerbes collinéaires S et S_1 sont perspectives et sont les projections d'un seul et même système plan. Le problème a quatre solutions, chacun des deux axes focaux u_1, v_1 en donnant deux.

35. *Si le sommet S d'une gerbe polaire est situé sur une surface F^2 du second ordre, le plan qui réunit trois points A,B,C de F^2, projetés de S suivant trois rayons conjugués de la gerbe polaire, passe par un point fixe*[1]. Pour un rayon donné $\overline{SA}$, on peut construire une infinité de couples de rayons $\overline{SB}$ et $\overline{SC}$ qui soient non seulement conjugués à $\overline{SA}$ dans la gerbe polaire, mais encore conjugués entre eux. Ces couples de rayons sont situés dans le plan polaire de $\overline{SA}$ et forment un faisceau involutif de rayons ; ils coupent la surface F^2 suivant deux points conjugués B,C d'une conique involutive ; par conséquent la droite $\overline{BC}$ qui réunit ces points passe par un seul et même point A_1, et le plan $\overline{ABC}$ par une droite $\overline{AA_1}$. Laissons fixe l'un $\overline{SB}$ des rayons conjugués à $\overline{SA}$ et changeons maintenant la position des points A et C ; le plan $\overline{ABC}$ tourne autour d'une droite $\overline{BB_1}$ que l'on peut trouver comme on vient de le faire pour $\overline{AA_1}$; cette droite $\overline{BB_1}$ est située comme $\overline{AA_1}$ dans le plan $\overline{ABC}$ choisi primitivement et par conséquent coupe $\overline{AA_1}$. Je dis que chacune de ces droites $\overline{AA_1}$ et $\overline{BB_1}$ est aussi rencontrée par le rayon t

---

1. La démonstration suivante de ce théorème de Steiner a été donnée par M. Schröter (*Journal de Crelle*, t. LXIV, page 70).

de la gerbe S, dont le plan polaire est tangent à la surface F^2 au point S. Car si, par exemple, nous laissons A fixe et si nous prenons le point B dans le plan $\overline{At}$, $\overline{SC}$ se trouve lui-même dans le plan tangent et le point C coïncide avec S; le plan $\overline{ABC}$ dans lequel se trouve aussi $\overline{AA_1}$ se confond donc avec $\overline{At}$, c'est-à-dire que $\overline{AA_1}$ et t sont contenus dans un même plan. Soient maintenant A et A' deux points absolument arbitraires de la surface F^2 et soit $\overline{SB}$ le rayon de la gerbe polaire S, qui a le plan $\overline{SAA'}$ pour plan polaire; soit de plus $\overline{A'A'_1}$ la droite issue du point A' analogue à $\overline{AA_1}$ et $\overline{BB_1}$. $\overline{AA_1}$ et $\overline{A'A'_1}$ doivent couper chacune des droites $\overline{BB_1}$ et t; et comme ces dernières sont situées dans un plan qui, en général, ne passe par les points A et A' arbitrairement choisis, il faut que $\overline{AA_1}$ et $\overline{A'A'_1}$ aient pour point commun le point d'intersection de $\overline{BB_1}$ et de t. Le plan $\overline{ABC}$ passe donc toujours par un point déterminé, situé sur t et qui ne change pas de position, quand on remplace le point A primitivement choisi par un autre point A' de la surface du second ordre. Comment s'énonce la proposition réciproque?

36. Soit S un point quelconque d'une surface du second ordre, le point qui réunit trois points de F^2 projetés de S suivant un trièdre trirectangle, passe par un point fixe. Ce point est situé sur la normale menée en S à la surface F^2 (théorème 35).

37. Les points, où trois plans tangents d'un paraboloïde se coupent rectangulairement, sont situés dans un même plan (ce théorème se déduit de la réciproque du n° 35).

38. On donne deux surfaces du second ordre F^2 et F_1^2 qui sont ou toutes les deux réglées ou toutes les deux non réglées et qui ne sont pas des cônes. On demande de les rapporter collinéairement l'une à l'autre de manière que trois points quelconques A,B,C de F^2 aient pour correspondants trois points A_1,B_1,C_1 arbitrairement choisis sur F_1^2. Nous supposons que ni A,B,C ni A_1,B_1,C_1 ne sont sur une même droite. Pour résoudre le problème, nous devons rapporter les plans ABC et $A_1B_1C_1$ collinéairement l'un à l'autre de manière que les deux courbes du second ordre suivant lesquelles ils coupent F^2 et F_1^2 se correspondent l'une à l'autre et qu'en même temps A_1,B_1,C_1 correspondent à A,B,C (II, page 11). De plus, nous pouvons et devons faire correspondre deux points D,E de F^2 dont les plans tangents se coupent suivant une droite quelconque du plan $\overline{ABC}$ aux deux points D_1,E_1 de F_1^2 dont les plans tangents passent par la droite correspondante du plan $\overline{A_1B_1C_1}$. Si nous

rapportons deux espaces Σ et Σ_1 collinéairement l'un à l'autre, de manière qu'aux points A,B,C,D,E de Σ correspondent les points $A_1,B_1,$ C_1,D_1,E_1 de Σ_1, les surfaces F^2 et F_1^2 sont des surfaces homologues de ces espaces ; car à la surface F^2 correspond une surface qui a en commun avec F_1^2 non seulement la conique de F_1^2 qui passe par A_1,B_1,C_1 mais encore toutes celles de F_1^2 qui passent par D_1 et E_1. Comme on peut échanger D_1 et E_1 entre eux, le problème a deux solutions. Une même surface du second ordre peut être rapportée collinéairement à elle-même d'une infinité de manières.

COURBES GAUCHES DU TROISIÈME ORDRE ET CORRESPONDANCE GÉOMÉTRIQUE DU SECOND DEGRÉ.

39. Un quadrilatère gauche variable se meut de telle manière que ses quatre côtés a,a_1,a_2,a_3 pivotent respectivement autour des points fixes S,S_1,S_2,S_3 tandis que trois de ses sommets aa_1,a_1a_2,a_2a_3 se déplacent sur les plans fixes $\varepsilon_1,\varepsilon_2,\varepsilon_3$. Le quatrième sommet aa_3 décrit alors une courbe gauche du troisième ordre passant par S et S_3 (II, page 99) ; les trois premiers sommets décrivent trois coniques et ces quatre courbes passent par le point d'intersection des trois plans $\varepsilon_1,\varepsilon_2,\varepsilon_3$. Il n'y a d'exceptions à ce théorème que quand les quatre points S,S_1,S_2,S_3 sont situés dans un même plan, ou quand les trois plans $\varepsilon_1,\varepsilon_2,\varepsilon_3$ se coupent suivant une même droite. Comment s'énonce le théorème analogue pour un polygone à n sommets, variable dans l'espace ?

40. Trois faisceaux de plans u,u_1,u_2 sont rapportés entre eux de telle manière que tout plan de u est perpendiculaire aux deux plans correspondants de u_1 et u_2. Les points d'intersection des plans homologues des faisceaux trois à trois sont situés sur une courbe gauche du troisième ordre, dont les axes u,u_1,u_2 sont trois cordes (II, page 103). Quelle est l'exception qui se produit quand l'axe u fait un angle droit avec la direction de l'axe u_1 (ou u_2) ?

41. Il y a au plus trois points d'où trois droites quelconques u,u_1,u_2 soient projetées suivant trois plans perpendiculaires entre eux.

42. Une forme rectiligne u et un faisceau de plans u_1 sont rapportés projectivement entre eux, mais leurs lieux ne sont pas perpendiculaires. Si de chaque point de u on abaisse une perpendiculaire sur

le plan correspondant de u_1, les pieds de toutes ces perpendiculaires sont situés sur une courbe gauche du troisième ordre, dont les droites u et u_1 sont des cordes (II, pages 103-104). On peut aussi trouver facilement pour cette courbe une corde impropre, située à l'infini ; la courbe est donc une ellipse gauche.

43. Si les deux côtés d'un angle variable glissent le long de deux droites fixes, mais ne se rencontrant pas, et si en même temps

son plan tourne autour d'une droite fixe, son sommet décrit une courbe du troisième ordre dont les cinq droites données sont des cordes (II, pages 102-103).

son sommet parcourt une droite fixe, son plan décrit un faisceau de plans du troisième ordre, dont les cinq droites données sont des axes.

La cinquième droite ne doit rencontrer aucune des trois premières et celles-ci ne doivent pas être situées sur un même système réglé.

44. Construire, au moyen de gerbes collinéaires, une courbe gauche du troisième ordre dont on donne :

1° Deux points et quatre cordes ;

2° Trois points et trois cordes ;

3° Cinq points et une corde.

45. En considérant une courbe gauche du troisième ordre comme l'intersection de deux surfaces coniques du second ordre, la construire connaissant :

1° Six points,

2° Cinq points et la tangente en l'un d'eux,

3° Quatre points et les tangentes à deux d'entre eux,

4° Trois points et leurs tangentes,

5° Trois points et les tangentes et les plans osculateurs à deux d'entre eux.

46. En considérant une courbe gauche du troisième ordre comme engendrée par trois faisceaux projectifs de plans du premier ordre, la construire connaissant :

1° Trois points et trois cordes,

2° Trois points, la tangente et le plan osculateur à l'un d'eux et deux cordes.

47. Pour des positions particulières des éléments donnés, les trois derniers problèmes (44 à 46) donnent lieu à des exceptions ou

deviennent indéterminés. Par exemple, si l'on donne deux points et quatre cordes d'une courbe gauche du troisième ordre, la courbe dégénère, quand l'une des quatre cordes rencontre les trois autres ou coupe la droite qui joint les deux points. La construction de la courbe est impossible ou indéterminée, quand par les deux points donnés on peut mener une droite qui coupe les trois cordes. Indiquer les cas d'exception des problèmes depuis 44 jusqu'à 46.

48. Énoncer et résoudre pour le faisceau de plans du troisième ordre les réciproques des problèmes de 44 à 46.

49. Une courbe gauche du troisième ordre est projetée de tout point P qui lui est extérieur suivant une surface conique du troisième ordre qui a pour *rayon double* propre ou impropre la corde qui passe par P. Les tangentes de cette courbe gauche forment une surface du quatrième ordre (II, page 127); par conséquent cette surface conique est de quatrième classe. Tout plan osculateur de la courbe passant par P est un plan tangent stationnaire de la surface conique du troisième ordre. Il en existe au moins un et au plus trois; dans ce dernier cas, les trois *rayons d'inflexion* de la surface sont contenus dans un même plan (II, pages 112, 113). Si le point P est situé sur une tangente à la courbe gauche du troisième ordre, la surface a un *rayon de rebroussement* suivant cette tangente.

50. Deux triangles inscrits à une courbe gauche k^3 du troisième ordre sont projetés d'un point quelconque de k^3 suivant deux trièdres, inscrits à une même surface conique du second ordre et par conséquent (I, pages 151, 152) circonscrits à une autre surface conique du second ordre. Il suit de là que : Une cubique gauche et un tétraèdre qui lui est inscrit sont coupés par un plan quelconque suivant un triangle et un quadrilatère circonscrits à une courbe du second ordre.

51. Si un heptagone simple 1234567 est inscrit à une cubique gauche, ses côtés coupent les faces qui leur sont opposées suivant les sommets d'un autre heptagone simple qui est en même temps circonscrit et inscrit au premier. Par exemple, les côtés 23,34,45 coupent respectivement les faces 567,671,712 en trois points situés dans un même plan avec 7. On le reconnaît immédiatement, quand on projette de 7 l'hexagone 123456 suivant un angle sexarête (de Pascal).

52. L'axe principal du système focal déterminé par une courbe gauche du troisième ordre peut être appelé l'*axe principal de cette courbe gauche*. Si l'on imprime à la courbe gauche une translation sui-

ant la direction de cet axe principal ou une rotation autour de lui, le
ystème focal qu'elle détermine ne change pas. La perpendiculaire
baissée d'un point quelconque P de la courbe gauche sur l'axe principal est contenue dans le plan osculateur de P. Soit a la distance de
'axe principal à une tangente quelconque de la courbe gauche et α
'angle qu'il fait avec cette tangente; le produit a tang α est constant.

53. Deux cubiques gauches k^3 et k_1^3, qui ont cinq points communs, peuvent toujours être réunies par une surface réglée du second
ordre. En effet, si de deux points de k_1^3 on mène deux cordes à k^3 et si
'on réunit ces dernières à k^3 par une surface du second ordre, cette
dernière passe aussi par k_1^3, puisqu'elle a sept points communs avec
elle (II, page 166). Si la surface est une surface réglée, l'un de ses
ystèmes réglés se compose de cordes de k^3 et l'autre de cordes de k_1^3.

54. A un pentagone gauche on peut circonscrire un nombre doublement infini de courbes gauches du troisième ordre. Par un point
choisi arbitrairement, il passe une de ces courbes et une droite quelconque de l'espace est une corde de l'une de ces courbes gauches. *Un
plan* Σ, *ne passant par aucun des sommets du pentagone, coupe toutes
es cubiques gauches suivant des triangles polaires d'un système po-
aire plan.* En effet, toute droite a de Σ est une corde de l'une k^3 de
es courbes gauches et peut être conjuguée ou rapportée au point A
de Σ suivant lequel k^3 est coupée par Σ en dehors de a; et tout point B
de Σ est situé sur l'une de ces courbes k_1^3 et peut être rapporté à la
orde b de k_1^3, contenue dans Σ et ne passant pas par B. Si donc a
pivote autour de B, A doit décrire la droite b, comme l'énonce le théo-
ème; alors k^3 et k_1^3 peuvent être réunies par une surface réglée du
econd ordre (n° 53) qui passe par a et b et qui contient aussi le point A.
i A est situé sur l'un des côtés du pentagone, k^3 se décompose en ce
ôté et en une conique contenue dans la face opposée de ce polygone.
n déduit de là cette propriété de huit points d'une courbe gauche du
roisième ordre :

55. Une cubique gauche et les dix couples d'éléments opposés
côtés et faces) d'un pentagone gauche qui lui est inscrit, sont coupés
ar un plan quelconque, ne passant par aucun des sommets de ce der-
ier, suivant un triangle polaire et dix couples d'éléments conjugués
'un système polaire plan (II, page 79).

56. Nous arriverons à une autre propriété de huit points d'une
ubique gauche au moyen du théorème sur les huit points d'intersec-

tion de trois surfaces du second ordre (II, page 166). Quand six de ces
points sont pris à volonté sur une cubique gauche k^5, le septième détermine complètement le huitième; ces deux derniers sont sur une même
corde s de k^5. Comme s peut être réuni à k^5 par un faisceau de F^2,
s sera coupée par une surface quelconque du second ordre, menée par
les six points, suivant un couple de points qui constitue avec les six
premiers les huit points d'intersection de trois surfaces du second ordre.
Mais tous ces couples de points appartiennent à la ponctuelle involutive
suivant laquelle s est coupée par un faisceau de F^2 passant par les six
points (II, page 175). Entre autres théorèmes, on déduit de là le suivant : *Les dix couples de plans opposés d'un hexagone inscrit à une
cubique gauche* k^5 *sont coupés par une corde quelconque de* k^5 *suivant
dix couples de points d'une ponctuelle involutive dans laquelle les deux
points d'intersection de* k^5 *et de sa corde sont aussi conjugués l'un à
l'autre.* Ce théorème rappelle celui de Desargues (I, page 155).

57. Quand les deux systèmes réciproques sont situés dans le même
plan, mais ne sont pas en involution, à tout point P du plan correspondent deux droites, dont le point d'intersection P_1 peut être conjugué au point P. Si P décrit une droite, le point conjugué P_1 décrit en
général une courbe du second ordre. Entre les systèmes de points P
et P_1 il existe une correspondance géométrique du second degré et ces
systèmes sont en involution. On démontre que les différentes droites
$\overline{PP_1}$ qui réunissent deux à deux les points conjugués se coupent en un
point principal et sont conjuguées à elles-mêmes.

58. Quand il s'agit d'établir une correspondance géométrique du
second degré entre deux systèmes plans Σ et Σ_1, on peut non seulement
faire correspondre entre eux deux triangles propres de ces systèmes
pris comme *triangles fondamentaux* ou *principaux* (c'est-à-dire faire
correspondre entre eux leurs sommets pris comme points principaux),
mais on peut encore prendre arbitrairement dans Σ_1 le correspondant A_1
d'un point quelconque A de Σ. De cette manière, à tout point P de Σ
correspond un point déterminé P_1 de Σ_1 (II, pages 135 à 158).

59. Si l'on circonscrit à un triangle toutes les coniques qui touchent
une droite donnée, ou une conique passant par deux des sommets du
triangle, ou une courbe du troisième ordre passant par deux sommets
du triangle et ayant le troisième comme point double, ou enfin une
courbe du quatrième ordre ayant pour point double chacun des sommets du triangle, deux quelconques de ces coniques sont coupées pro-

jectivement par toutes les autres. En effet, si l'on rapporte géométriquement le plan des coniques à un autre système plan de telle manière que les trois points principaux du plan coïncident avec les sommets du triangle, les coniques ont pour correspondantes les tangentes d'une courbe du second ordre.

60. Cinq coniques sont circonscrites à un triangle UVW; quatre sont données et la cinquième doit satisfaire à la condition de couper encore les quatre premières en quatre points harmoniques; elle enveloppe en général une certaine courbe du quatrième ordre, qui est aussi tangente aux quatre premières coniques et qui a les sommets du triangle UVW pour points doubles (N° 59).

61. Quand il existe entre deux sytèmes plans Σ et Σ_1 une correspondance géométrique du second degré, on peut facilement distinguer les droites de Σ, auxquelles correspondent des ellipses dans Σ_1 de celles auxquelles correspondent des paraboles ou des hyperboles. On cherche dans Σ la conique σ qui correspond à la droite à l'infini s_1 de Σ_1. Une droite quelconque de g de Σ aura pour correspondante dans Σ_1 une ellipse, une parabole ou une hyperbole suivant qu'elle ne rencontrera pas σ ou qu'elle aura avec elle un un deux points réels communs.

62. Toute courbe du second ordre, inscrite dans le triangle fondamental d'un système plan Σ en correspondance quadratique avec un autre système plan Σ_1, a pour correspondante dans ce dernier une courbe du quatrième ordre qui a pour points de rebroussement les trois points principaux de Σ_1. *Les tangentes à ces trois points de rebroussement se coupent en un point;* quelles sont alors les trois droites qui leur correspondent dans Σ?

63. Si l'on admet qu'en général une courbe de l'ordre n a au plus $2n$ points communs avec une conique, on peut facilement en déduire la démonstration du théorème suivant : *Toute courbe d'ordre* n *d'un système plan* Σ *a pour correspondante une courbe d'ordre* 2n *dans un système* Σ_1 *en correspondance quadratique avec* Σ. Si la première courbe passe une ou plusieurs fois par un point principal de Σ, la deuxième contient ce même nombre de fois la ligne principale correspondante de Σ_1 et se décompose par conséquent en cette droite et une courbe d'ordre moindre.

64. Lorsque deux plans en correspondance quadratique ont tous les points de leur droite d'intersection comme éléments correspondants communs, cette droite renferme aussi deux points principaux conju-

gués l'un à l'autre des plans (II, page 136). Les droites qui réunissent les points correspondants seront alors coupées par les deux droites qui réunissent les uns aux autres les deux autres couples de points principaux. Ce cas particulier de la correspondance géométrique a été étudié par Steiner avec son talent habituel (*System. Entwickelung*, pages 251 à 295).

---

65. Deux éléments sont dits *conjugués l'un à l'autre par rapport à un complexe linéaire de rayons*, quand ils sont conjugués l'un à l'autre dans le système focal dont les directrices constituent le complexe. Tout point a pour conjugué par rapport au complexe son plan focal, qui passe par lui, et tout plan son foyer. Une droite est conjuguée à elle-même ou à une autre droite, suivant qu'elle fait ou non partie du complexe linéaire.

66. Un *faisceau de complexes* se compose de tous les complexes linéaires qui passent par un même système de rayons de premier ordre et de première classe ; ce système de rayons est appelé le *lieu* ou *support* du faisceau de complexes. Par quatre rayons quelconques, qui ne sont pas situés sur une même surface du second ordre ou de seconde classe, passe un faisceau de complexes déterminé ; les quatre rayons en déterminent le lieu. Par un rayon quelconque qui n'appartient pas à tous les complexes du réseau, il passe toujours un seul de ces complexes et rien qu'un.

67. Un faisceau de complexes est déterminé par deux de ses complexes linéaires. Les deux axes de son lieu sont conjugués l'un à l'autre par rapport à chacun de ses complexes ; ils sont les axes de deux complexes *singuliers* du réseau. Chacun de ces complexes se compose de toutes les droites qui coupent l'un des deux axes.

68. Une droite *g* qui n'appartient pas au lieu du faisceau de complexes et ne coupe pas l'un des axes de ce lieu, a pour conjugués par rapport aux complexes du faisceau les rayons d'un système réglé R qui passe par *g* et par les deux axes du lieu. En effet, tous les rayons du lieu, qui coupent *g*, sont situés dans un même système réglé (II, page 89)

dont R est le système directeur. Comme un complexe linéaire est déterminé par un de ses rayons et deux droites conjuguées, chaque rayon
du système réglé R est conjugué à la droite g par rapport à un complexe
du faisceau. — Par rapport à un complexe singulier, une droite quelconque g est conjuguée à l'axe de ce complexe.

69. Les plans focaux de deux points quelconques de la droite g forment deux faisceaux de plans du premier ordre perspectifs au système
réglé R et projectifs entre eux; et les foyers par rapport aux complexes
linéaires de deux plans passant par g forment deux ponctuelles du premier ordre perspectives à R et projectives entre elles. De là ce
théorème :

70. Les plans focaux de points quelconques par rapport à tous les
complexes d'un faisceau forment des faisceaux de plans et les foyers de
plans quelconques constituent des ponctuelles du premier ordre, qui
sont rapportées projectivement entre elles par le faisceau de complexes. Ces formes sont également projectives aux systèmes réglés
qui sont conjugués (N° 68) à des droites quelconques par rapport
au faisceau de complexes. — Nous dirons que chaque forme élémentaire, qui est projective à l'un de ces faisceaux de plans ou à
l'une de ces ponctuelles, est rapportée projectivement au faisceau de
complexes.

71. Tous les plans focaux d'un point, situé sur un axe du lieu du
faisceau de complexes, coïncident et il en est de même des foyers d'un
plan passant par l'un des deux axes du lieu. Le théorème précédent
subit donc des exceptions pour les points situés sur ces deux axes et
pour les plans passant par eux. Quand une droite g coupe l'un de ces
axes, elle a pour correspondants par rapport aux complexes du faisceau
les rayons d'un faisceau ordinaire de rayons; ce dernier est projectif au
faisceau de complexes, son centre est situé sur l'autre axe du lieu dans
le plan réunissant le premier axe avec g et son plan est conjugué au
point d'intersection de g et de ce premier axe.

72. Deux faisceaux projectifs de complexes engendrent un complexe
de rayons du second degré; ce complexe renferme chacun des rayons
communs à deux complexes homologues des faisceaux et peut d'après
cela être décrit par un système de rayons de premier ordre et de première classe. Tous les rayons de ce complexe quadratique, qui passent par un même point P arbitraire, forment une surface conique (un
cône du complexe) du second ordre; elle est engendrée par les plans

focaux qui sont conjugués au point P (N° 70) par rapport aux deux
faisceaux des complexes. Tous les rayons du complexe quadratique,
situés dans un même plan arbitraire, forment un faisceau de rayons
du second ordre; ce faisceau est engendré par les deux ponctuelles formées des foyers conjugués au plan.

73. Le complexe quadratique passe par les lieux des deux faisceaux
de complexes qui l'engendrent, parce que chacun des rayons de ces
lieux est situé dans deux complexes homologues des faisceaux. On peut
démontrer (voir N° 90) que le complexe quadratique contient deux
systèmes de rayons ou *congruences* de premier ordre et de première
classe, tout comme une surface réglée renferme deux systèmes de
droites, et que chacune de ces congruences peut être engendrée par
deux faisceaux projectifs de complexes dont les lieux sont deux congruences quelconques de rayons de l'autre système. L'axe d'un complexe singulier de l'un des faisceaux constitue, avec la droite qui lui est
est conjuguée par rapport au complexe correspondant de l'autre faisceau, le couple d'axes de la congruence suivant laquelle les deux complexes homologues se pénètrent mutuellement. Tous les points d'un de
ces axes sont des points *singuliers* du complexe quadratique, c'est-à-
dire que leurs cônes du complexe se décomposent chacun en deux faisceaux de rayons du premier ordre; et tous les plans passant par ces
axes sont des plans singuliers du complexe quadratique, parce que les
rayons qu'ils contiennent forment deux faisceaux ordinaires de rayons.
Le lieu de tous les points et plans singuliers du complexe quadratique
est d'après cela en même temps le lieu des axes de toutes les congruences de premier ordre et de première classe comprises dans le complexe; par suite, c'est une surface réglée. Nous montrerons plus loin
(N° 85) que cette surface est de quatrième ordre et de quatrième classe.
A chaque axe situé sur elle sont conjugués deux autres axes; par ces
derniers passent les plans des deux faisceaux de rayons suivant lesquels se décompose le cône du complexe d'un point quelconque de cet
axe. — Le complexe tetraédral n'est qu'un cas particulier de ce complexe quadratique.

74. Trois complexes linéaires, qui ne sont pas situés dans un même
faisceau de complexes, ont en général un système réglé commun, ou,
pour une situation relative particulière, deux faisceaux ordinaires de
rayons communs. En effet, s'ils ont trois rayons quelconques *a*, *b*, *c*
communs, ils passent par tous les rayons du système réglé *a b c*, ou

bien, quand a et b se coupent, ils passent par tous les rayons du faisceau $a\,b$ et par ceux du second faisceau de rayons du premier ordre qui réunit un rayon du premier avec c (II, pages 88-89). Trois complexes n'ont donc deux faisceaux de rayons communs que si les axes des deux congruences, suivant lesquelles l'un quelconque d'entre eux rencontre les deux autres, se coupent deux à deux. D'une manière générale, si l'une de ces congruences a deux axes réels u, v, les complexes passent par tous les rayons qui coupent u et v et appartiennent au troisième complexe ; de là on déduit à nouveau le théorème. C'est seulement quand ces axes sont imaginaires, qu'il est possible que les trois complexes n'aient aucun rayon réel commun.

75. Quand trois complexes linéaires quelconques ont un rayon réel l commun, ils ont encore une infinité de rayons communs. Pour le démontrer, menons par l deux plans α et β et rapportons perspectivement à α les deux congruences suivant lesquelles le premier des trois complexes rencontre les deux autres. Ces deux congruences de premier ordre et de première classe sont donc aussi perspectives à la gerbe A, qui est conjuguée au système plan α par rapport à ce premier complexe et qui contient le rayon l. Elles seront coupées par α et β, suivant deux systèmes plans collinéaires entre eux (II, page 89), qui ont comme éléments correspondants communs une gerbe A et par conséquent aussi une ponctuelle a ; et chaque rayon d'une des congruences, qui rencontre la droite a, est aussi situé sur l'autre et est un rayon commun aux trois complexes.

76. Un complexe linéaire n'a pas de rayons communs avec une congruence de premier ordre et de première classe, ou bien il a en commun avec elle un système réglé ou deux faisceaux ordinaires de rayons, quand il ne passe pas par tous les rayons de la congruence. Quatre complexes linéaires, ou deux congruences de premier ordre et de première classe, ou un complexe linéaire et un système réglé ont en général au plus deux rayons communs (N° 74).

77. Trois complexes linéaires, n'appartenant pas à un même faisceau de complexes, déterminent une *gerbe de complexes*, qui passe par eux. Elle comprend le faisceau de complexes qui réunit deux quelconques des trois complexes, et chaque complexe linéaire qui est situé dans un même faisceau de complexes avec l'un des complexes du faisceau précédent et le troisième complexe donné. Nous attribuons aussi à la gerbe de complexes toutes les congruences de premier ordre et de

première classe suivant lesquelles deux complexes quelconques de la gerbe se pénètrent. Le *lieu* de la gerbe de complexes est en général un système réglé réel ou imaginaire, par lequel passent tous les complexes et toutes les congruences du faisceau ; dans des cas particuliers, il se compose de deux faisceaux de rayons du premier ordre. Les directrices du lieu sont les axes des complexes singuliers du faisceau.

78. Une droite g, qui n'appartient pas au lieu de la gerbe de complexes et qui n'en est pas une directrice, a pour conjugués, par rapport aux complexes de la gerbe, les rayons d'une congruence (ou système de rayons) de premier ordre et de première classe. Cette congruence passe par g et par les trois droites qui sont conjuguées à g par rapport aux trois complexes choisis en commençant (n° 68) ; et elle est déterminée par ces quatre droites ou par quatre autres quelconques de ses rayons (II, page 90). Par rapport à tous les complexes de la gerbe, les foyers de deux plans quelconques menés par g constituent deux systèmes plans perspectifs à la congruence et par conséquent collinéaires entre eux ; de même, les plans focaux de points quelconques de g forment des gerbes collinéaires qui sont perspectives à la congruence. On déduit de là ce théorème :

79. Les foyers de plans quelconques par rapport à tous les complexes d'une gerbe forment des systèmes plans, et les plans focaux de points quelconques constituent des gerbes qui sont rapportées projectivement, c'est-à-dire collinéairement ou réciproquement entre elles. Ces formes sont aussi projectives aux congruences de premier ordre et de première classe qui sont conjuguées à des droites quelconques par rapport à la gerbe de complexes. Toute forme de seconde espèce qui est projective à l'un de ces systèmes plans ou à l'une de ces gerbes, sera dite projective à la gerbe de complexes.

80. Le système plan formé des foyers d'un plan quelconque est rapporté projectivement à la gerbe de complexes de telle manière qu'à chacun de ses points correspond un complexe de la gerbe, à chaque ponctuelle du premier ordre un faisceau de complexes, et à chaque droite, considérée comme lieu d'une ponctuelle, une congruence de la gerbe considérée comme lieu du faisceau correspondant de complexes.

Une droite quelconque du plan fait toujours partie de la congruence qui lui correspond dans la gerbe de complexes, et deux plans quelconques sont, comme précédemment, rapportés collinéairement l'un à l'autre quand les deux rayons, qui leur sont communs avec une congruence de la gerbe de complexes, sont conjugués l'un à l'autre.

81. La gerbe de complexes contient (n° 80) tous les faisceaux de complexes qui passent chacun par deux de ses complexes ; elle est aussi bien déterminée par trois quelconques de ses complexes, ne faisant pas partie d'un même faisceau, que par les trois complexes primitifs ; deux de ses faisceaux de complexes ont toujours un complexe commun et deux de ses congruences peuvent toujours être réunies par un complexe linéaire. Par chaque rayon de l'espace, il passe une congruence de la gerbe ; par deux rayons quelconques, il passe un complexe de la gerbe, et en général ce dernier est complètement déterminé par les deux rayons.

82. Les points ou plans, conjugués à des points ou plans quelconques par rapport aux congruences contenues dans une gerbe de complexes, forment respectivement des systèmes plans ou des gerbes collinéaires. Pour abréger, nous ne donnerons pas la démonstration de ce théorème.

83. Deux gerbes de complexes sont dites réciproques, quand par rapport à elles un plan, et par conséquent (n° 79) tous les plans, ont pour conjugués deux systèmes réciproques de foyers et quand par suite tout point a pour conjuguées deux gerbes réciproques de plans focaux. A tout complexe de l'une des gerbes de complexes correspond donc une congruence de premier ordre et de première classe dans l'autre ; tout faisceau de complexes, passant par une congruence de l'une des gerbes, a pour correspondant un faisceau de congruences situé dans le complexe correspondant de l'autre.

84. Deux gerbes réciproques de complexes engendrent un complexe du second degré [1]. Ce complexe quadratique passe par chaque rayon commun à un complexe de l'une des gerbes et à la congruence correspondante de l'autre ; il passe donc aussi par les lieux des gerbes réciproques de complexes et peut être décrit par un système réglé. Tous les rayons du complexe quadratique, situés dans un plan quelconque, forment un faisceau de rayons du second ordre (II, page 71) et tous ses

---

1. M. Frédéric Schur a démontré le premier dans sa thèse doctorale (*Geometrische Untersuchungen über Strahlencomplexe 1 und 2 Grades*, Berlin, 1879), que tout complexe quadratique peut être engendré d'une infinité de manières par deux gerbes réciproques de complexes.

rayons issus d'un même point constituent une surface conique du
second ordre, c'est le *cône du complexe* du point. Les points et plans
singuliers du complexe quadratique sont ceux dont les cônes du complexe ou les faisceaux de rayons du complexe se décomposent en deux
faisceaux ordinaires de rayons.

85. Par une droite quelconque *g*, il passe en général quatre plans
singuliers au plus, et cette droite contient en général, et au plus, quatre
points singuliers du complexe quadratique. En effet, les cônes du
complexe de trois points quelconques de la droite *g* se coupent en général en huit points au plus ; les plans qui réunissent ces huit points avec
g sont des plans singuliers du complexe quadratique parce que, parmi
les rayons du complexe qu'ils contiennent, trois passent par chacun de
ces points et ils coïncident deux à deux, parce qu'un plan singulier renferme deux faisceaux de rayons du complexe. On démontre d'une manière analogue la seconde partie du théorème.

86. Quatre complexes linéaires, non situés dans une même gerbe de
complexes, déterminent un *réseau de complexes* qui passe par eux.
A ce réseau appartient la gerbe de complexes, qui réunit trois quelconques des quatre complexes, ainsi que tout complexe linéaire qui est situé
dans une même gerbe de complexes avec deux complexes de la
gerbe précédente et le quatrième complexe donné. Nous attribuons
en outre à ce réseau de complexes toutes les congruences et tous
les systèmes réglés suivant lesquels se rencontrent respectivement
deux ou trois complexes quelconques du réseau. Si les quatre
premiers complexes ont deux rayons communs, le réseau de complexes
se compose de tous les complexes linéaires, systèmes réglés et congruences de premier ordre et de première classe, qui passent par ces deux
rayons. Ces rayons constituent *le lieu* du réseau de complexes ; quand
ils se coupent, ce réseau est singulier et a pour lieu le faisceau de rayons
du premier ordre qui passe par eux.

87. Le réseau de complexes contient (n° 86) tous les faisceaux de
complexes qui sont déterminés par deux de ses complexes et toutes les
gerbes qui sont déterminées par trois d'entre eux ; il est aussi bien
déterminé par quatre quelconques de ses complexes, n'appartenant pas
à une même gerbe, que par les quatre complexes primitifs. Deux ou
trois gerbes quelconques de complexes du réseau ont toujours respectivement en commun un faisceau de complexes ou un complexe linéaire ;
ce dernier passe par les lieux des trois gerbes. Par conséquent, trois

systèmes réglés quelconques du réseau peuvent être réunis par un de ses complexes linéaires. Par chaque rayon de l'espace, il passe un système réglé du réseau ; deux rayons quelconques peuvent être réunis par une congruence et trois par un complexe du réseau, qui, en général, est complètement déterminé par les trois rayons.

88. Une droite g, n'ayant aucun point commun avec le lieu du réseau, a pour conjugués, par rapport aux complexes de ce réseau, les rayons d'un complexe linéaire ; ce dernier passe par g et il est déterminé par g et par les quatre droites conjuguées à g par rapport à quatre complexes quelconques du réseau (II, page 82 ; voir n° 78). Les deux complexes linéaires, qui sont conjugués à deux droites quelconques par rapport au réseau, ont en commun les axes de tous les complexes singuliers du réseau (n° 68) ; ces axes constituent donc une congruence de premier ordre et de première classe et le lieu du réseau de complexes se compose des deux axes réels ou imaginaires de cette congruence. On voit en même temps que : quatre complexes linéaires ont en général deux rayons communs, réels ou imaginaires.

89. Le réseau de complexes peut être rapporté collinéairement à un système Σ de l'espace de telle manière qu'à chacun de ses complexes corresponde un plan de Σ, à chaque faisceau de complexes un faisceau de plans du premier ordre, et à chaque gerbe de complexes et à son lieu une gerbe et son sommet. On peut, pour y arriver, rapporter projectivement en suivant la marche indiquée ci-dessus (n° 79) deux gerbes du réseau à deux gerbes de Σ, de manière qu'à tout complexe commun aux deux premières corresponde un point commun aux deux secondes ; la collinéation se trouve ainsi établie d'une manière bien définie. (Voir II, page 25). Le complexe linéaire qui est, par rapport au réseau de complexes, le conjugué d'une droite quelconque g, se trouve aussi par ce moyen rapporté projectivement à Σ ; ainsi à chacun de ses rayons correspond un plan de Σ et réciproquement ; toutefois le rayon g a pour correspondants tous les plans d'un faisceau de plans de Σ.

90. A tout plan de Σ correspond dans le réseau de complexes un complexe linéaire, à toute droite de Σ une congruence de premier ordre et de première classe, et en général à un point quelconque de Σ un système réglé. Tous les systèmes réglés du réseau, qui correspondent aux points d'une surface du second ordre de Σ, sont situés dans un complexe quadratique. La surface peut, comme on le sait, être engendrée par des gerbes réciproques ; d'une manière analogue, ce complexe quadratique

peut être engendré par des gerbes réciproques de complexes. Les deux
rayons, communs aux complexes de ce réseau, sont des rayons doubles
du complexe quadratique. Le complexe quadratique (n° 72) engendré
par deux faisceaux projectifs de complexes appartient encore à cette
catégorie : car deux faisceaux de complexes peuvent toujours être réunis
par un réseau de complexes.

Les complexes singuliers du réseau ont pour correspondants dans le
système Σ de l'espace les plans tangents d'une surface de seconde
classe, parce que en général un faisceau de complexes renferme au plus
deux complexes singuliers (n° 67).

RÉSEAU DE SURFACES DU SECOND ORDRE. SURFACES DU QUATRIÈME ORDRE.

91. Nous empruntons à la géométrie analytique le théorème suivant
dont nous ne connaissons pas de démonstration synthétique simple :
*Quand une courbe du quatrième ordre a plus de huit points communs
avec une conique, elle se décompose en cette conique et en une autre
conique.*

Nous imaginerons que le réseau de F^2, dont il va être question dans
les numéros suivants, soit rapporté projectivement à un système de
l'espace Σ_1, d'après la manière indiquée précédemment (II, page 255).

92. *Une conique du réseau Σ, de F^2, a pour correspondante dans
le système Σ_1 de l'espace, soit une courbe plane du quatrième ordre
II, page 259), soit une courbe gauche du quatrième ordre et de
seconde espèce (voir II, page 244).* En effet, cette courbe a au plus
quatre points communs avec un plan quelconque de Σ, parce que la
surface du réseau de F^2 qui correspond à la conique coupe la conique
en quatre points au plus. Dans le cas où la courbe est gauche, par neuf
quelconques de ses points menons une surface L_1^2 du second ordre ; il
lui correspond dans Σ une surface L^4 du quatrième ordre ; et comme
cette dernière ne peut avoir avec la conique plus de huit points com-
communs, elle sera coupée par le plan suivant cette conique et suivant
une deuxième conique. Par la courbe gauche du quatrième ordre il ne
passe donc que cette surface de L_1^2 du second ordre ; elle coupe la surface de Steiner de Σ_1 qui correspond au plan des deux coniques,
suivant une seconde courbe gauche du quatrième ordre et de seconde
espèce.

93. A une conique de l'espace Σ_1 correspond dans le réseau Σ de F^2 une courbe gauche du huitième ordre par laquelle passe une surface du réseau. En effet, toute surface de Steiner de Σ_1, qui correspond à un plan de Σ, a au plus huit points communs avec la conique, quand cette dernière n'est pas contenue tout entière sur la surface (n° 91).

94. A une surface du quatrième ordre de Σ_1 correspond dans le réseau Σ de F^2 une surface du huitième ordre; une surface du second ordre de Σ a pour correspondante dans Σ_1 une surface de huitième ordre ou un plan.

95. Aux points d'une droite quelconque du réseau Σ sont associés (n° 93) les points d'une courbe gauche du septième ordre, qui peut être réunie à la droite par une surface du second ordre. Cependant si la droite est un rayon principal de Σ, ses points sont associés à une courbe gauche du troisième ordre, dont la droite est une corde.

96. Les points d'un plan quelconque ont pour associés dans le réseau Σ de F^2 une surface du septième ordre (n° 94). La surface passe par tous les rayons principaux du plan (dont il existe au moins un et au plus trois, d'après la page 259) et elle se coupe elle-même suivant les courbes gauches du troisième ordre, qui sont associées à ces rayons principaux. Elle renferme un nombre doublement infini de courbes gauches du septième ordre (n° 95) ; ces dernières sont situées deux à deux sur des surfaces du second ordre qui sont coupées chacune par le plan donné suivant deux droites. Le plan donné est coupé par la surface nodale du réseau suivant une courbe du quatrième ordre, également contenue sur la surface du septième ordre; car chaque point de la surface nodale coïncide avec l'un de ses associés.

97. Tous les points d'un plan, qui possèdent des points associés dans un deuxième plan donné, sont situés sur une courbe du septième ordre (n° 95 ou 96).

98. Si, comme nous allons le supposer à présent, les surfaces du réseau Σ de F^2 ont un point A commun, aux points d'une droite passant par A sont associés les points d'une courbe gauche du troisième ordre, dont la droite est une corde ; de même à un plan φ passant par A est associée une surface du cinquième ordre, qui peut être décrite par une courbe gauche du troisième ordre. Cette surface du cinquième ordre a en commun avec le plan φ son rayon principal u ne passant pas par A ainsi que sa ligne d'intersection avec la surface nodale K^4 du réseau ; elle

passe deux fois par la courbe gauche du troisième ordre associée au rayon principal u et contient aussi le point A.

99. A une surface L_1^2 du second ordre de Σ_1 correspond dans le réseau de surfaces Σ une surface L^4 du quatrième ordre, dont A est un point double. Dans ce point double A, la surface L^4 a une infinité de plans tangents, qui enveloppent une surface conique du second ordre, parce que (d'après II, page 263) ils ont pour éléments correspondants dans le plan α_1 les tangentes de la conique commune à L_1^2 et α_1. Si cette conique dégénère en deux droites, le point double est *biplanaire* et n'a que deux plans tangents.

100. Dans ce qui suit, nous ferons un fréquent usage de ce théorème : *Quand deux surfaces du second ordre se coupent suivant une courbe* η_i^2 *du second ordre, tous leurs autres points communs sont situés sur une deuxième conique.* En effet, s'il existe d'autres points communs que ceux de η^2, joignons trois d'entre eux, A,B,C par un plan. Ce plan coupe η^2 suivant une droite qui est tangente à η^2, ou dont les points sont accouplés involutivement par η^2 et conséquemment par chacune des deux surfaces du second ordre. Dans le premier cas, le théorème résulte de la page 78, dans le second de la page 186 de la première partie. La seconde conique, comme du reste aussi la première η^2, peut se décomposer en deux droites ou se réduire à une droite unique.

101. Considérons encore le cas particulier du réseau Σ de F^2, dans lequel toutes les surfaces ont en commun cinq points d'une conique η_i^2 et par conséquent tous les points de cette courbe. En faisant abstraction de la conique η^2, une droite quelconque du système Σ_1 de l'espace n'a pour correspondante qu'une conique de Σ et un point Σ_1 seulement deux points associés de Σ (n° 100). Soit de plus Y_1 le point de Σ_1 qui correspond à un point quelconque de Σ situé dans le même plan que η^2; à Y_1 doivent correspondre tous les points du plan η^2. En effet, à tout plan de Σ_1 passant par Y_1 il correspond dans Σ une surface du second ordre, qui se décompose dans le plan η^2 et un second plan. A toute droite s_1 passant par Y_1 ne correspond donc, abstraction faite du plan de η^2, qu'un seul rayon principal s de Σ, dont les points sont associés deux à deux et conséquemment accouplés involutivement, et deux de ces rayons principaux sont situés dans un même plan, auquel correspond un plan passant par Y_1.

102. Les différents rayons principaux s du réseau Σ, qui correspondent aux rayons issus du point Y_1, se coupent en un seul et même point

Y. En effet, ils se coupent deux à deux, sans être cependant contenus tous dans un même plan. Les deux gerbes Y et Y_1 qui se correspondent sont rapportées collinéairement l'une à l'autre ; le point Y correspond au point Y_1 et par conséquent est associé à chaque point du plan η^2.

103. Par le point Y passe le plan de chaque conique γ^2 qui correspond à une droite quelconque g_1 du système Σ_1 de l'espace. Il s'ensuit que : *quand quatre surfaces du second ordre ont une conique η^2 commune, les plans des six autres coniques, suivant lesquelles elles se coupent deux à deux, passent par un seul et même point Y.*

A un point quelconque P_1 de g_1 correspond dans γ^2 un couple de points associés, ou un point associé à lui-même, ou pas de point réel, suivant que le rayon principal de Y, qui correspond au rayon $\overline{Y_1P_1}$, coupe la conique γ^2 en deux points, ou lui est tangente, ou ne la rencontre pas. Les différents points de Σ_1, auxquels correspond dans le réseau Σ un point associé à lui-même, sont situés sur une surface K_1^2 du second ordre ; en effet, toute droite g_1 contient au plus deux de ces points, parce que du point Y on peut au plus mener deux tangentes à la conique correspondante γ^2.

104. Toute droite x, qui rencontre la conique η^2 en un point X, est aussi (II, page 262) un rayon principal du réseau Σ ; cependant ses points ne sont pas accouplés involutivement par association, mais la droite x est projectivement rapportée à la droite correspondante x_1 et ses points ont pour associés ceux d'un autre rayon principal z. La droite z rencontre aussi la conique η^2 en un point ; elle constitue avec x la conique qui correspond à la droite x_1 de Σ_1 ; elle est donc située avec x dans un plan passant par Y et coupe x en un point associé à lui-même. Si la droite x passe aussi par le point Y, z coïncide avec elle ; alors le point X est associé à tout autre point de x, et à chaque point de x_1 correspond le point X et encore un autre point unique du rayon principal x. Le théorème précédent, n° 101, donne lieu alors aux exceptions suivantes :

105. Sur chaque rayon principal s de Σ, qui réunit le point Y à un point de X de la conique η^2, le point X a pour associés tous les autres points de ce rayon ; la droite s est projective à la droite correspondante s_1 de Σ_1, mais tous les points de cette dernière correspondent en même temps au point X. A l'avenir, nous représenterons par H^2 la surface conique du second ordre par laquelle la conique η^2 est projetée du point Y et par H_1^2 la surface conique correspondante de la gerbe Y_1.

106. Les coniques de Σ_1, qui correspondent aux droites de Σ (II,

page 257) ont le point Y_1 commun. A un plan φ de Σ, ne passant pas par Y correspond (II, page 266) dans Σ_1 une surface F_1^2 du second ordre, passant par Y_1, qui sera réglée, conique ou non réglée suivant que le plan φ aura avec la conique η^2 deux points, un point ou pas de points communs. A tout point de F_1^2 correspond un seul point dans φ ; seul le point Y_1 a pour élément correspondant une droite. A toute conique de F_1^2 correspond dans φ une conique qui lui est projective, quand elle ne passe pas par Y_1 ; dans le cas contraire, c'est une droite.

107. Tous les points d'un plan φ, qui ont des points associés dans un autre plan ψ, sont en général situés sur une conique. En effet, aux plans φ et ψ, correspondent dans l'espace Σ_1 deux surfaces du second ordre ; elles ont en général en commun une courbe du second ordre passant par Y_1, qui correspond à la droite $\overline{\varphi\psi}$, et par suite aussi en général une deuxième conique k_1^2 (n° 100). A la conique k_1^2 correspondent dans φ et ψ deux coniques associées l'une à l'autre; elles sont situées sur la surface du second ordre de Σ qui correspond au plan de k_1^2.

108. Un plan φ, ne passant pas par Y, a pour associée dans le réseau Σ (n° 107) une surface du second ordre qui passe par Y et par la conique η^2. Par conséquent, tous les points de φ associés à eux-mêmes sont situés sur une même conique et tous les points du réseau Σ associés à eux-mêmes doivent être situés sur une surface K^2 du second ordre, qui est tangente à la surface conique H^2 suivant la conique η^2. Cette surface K^2 est la surface nodale du réseau et elle contient les sommets de tous les cônes appartenant au réseau. Cette surface nodale à son tour a pour correspondante dans Σ_1 une surface K_1^2 du second ordre (n° 103). Deux points associés quelconques sont sur une même droite avec Y et, quand cette dernière coupe K^2, ils sont harmoniquement séparés par K^2. Nous sommes évidemment conduits ici à la même relation involutive, entre les points de l'espace illimité, que celle qu'on avait trouvée dans le n° 21.

109. Une droite quelconque a pour associée dans le réseau Σ (n° 108) une conique passant par Y et une conique quelconque k^2, une courbe k^4 du quatrième ordre plane ou gauche, suivant que k^2 est ou non dans un même plan avec Y. Le point Y est un point double de k^4 et il est associé aux deux points d'intersection de k^2 et du plan η^2. Si k^4 est une courbe gauche du quatrième ordre, elle est l'intersection de la surface conique Yk^2 et de la surface du second ordre qui est associée au plan de k^2 ; elle est donc de la première espèce.

110. Quand une conique k^2 est sur une même surface du second ordre avec la courbe η^2, elle n'a plus pour associée une courbe du quatrième ordre, mais bien une conique qui lui est projective.

En effet, au plan de Σ_1 qui contient les points correspondants à trois points quelconques A,B,C de k^2, correspond dans le réseau Σ une surface du second ordre qui passe par η^2 et A,B,C, et par suite aussi par k^2 (n° 100). Et cette surface du second ordre sera rencontrée pour la seconde fois par la surface conique Yk^2 suivant la conique associée à k^2. Pour le cas où le plan de k^2 passe par le point Y, le théorème se déduit du suivant :

111. Une surface quelconque du second ordre menée par la conique η^2 a pour associées une autre surface du second ordre passant par η^2 (n° 110) et de plus la surface conique Yη^2 ou H^2.

112. A une surface F^2 du second ordre entièrement arbitraire est associée (n° 109) une surface F^4 du quatrième ordre, dont Y est un point double. Les tangentes de F^4 au point Y forment une surface conique du second ordre qui coupe encore F^4 suivant une courbe gauche du quatrième ordre et de première espèce ; cette surface conique passe par la conique commune à F^2 et au plan η^2. Toutes les autres tangentes que l'on peut encore mener du point double Y à la surface F^4 sont tangentes à F^4 suivant les points d'une courbe gauche du quatrième ordre et forment une deuxième surface conique qui est aussi tangente à la surface F^2. La conique η^2 est une courbe double de F^4 parce que, en général, F^2 est coupée deux fois par chacun des rayons de la surface conique H^2. (Voir n° 105.) Une conique quelconque de F^2 a en général pour correspondante sur F^4 une courbe gauche du quatrième ordre de première espèce ; ces courbes gauches sont deux à deux situées sur des cônes du second ordre ayant Y pour sommet.

113. La surface F^4 contient en général quatre droites passant par Y ; elles joignent Y aux points d'intersection X de F^2 et η_1^2 (n° 105).

Tout plan, qui passe par deux de ces points d'intersection X, a en commun avec F^2 une conique à laquelle est associée sur F^4 une conique qui lui est projective (n° 110). La surface F^4 contient donc en général six systèmes de coniques ou peut être décrite de six manières différentes par une conique variable ; par un point quelconque de F^4, il ne passe qu'une seule conique de chaque système. Un plan quelconque coupe la surface F^4 suivant une courbe du quatrième ordre qui a un point commun avec chacune des droites $\overline{XY}$ et qui a, en général, deux points doubles sur la conique η^2; il lui correspond sur F^2 une courbe gauche du quatrième ordre passant par les quatre points X (n° 108). On déduit facilement de là que : les six systèmes de coniques de F^4 sont conjugués deux à deux de telle manière que toute conique de l'un des systèmes est située dans un même plan ε avec une conique du système conjugué. Deux des quatre points d'intersection de ces deux coniques sont sur η^2; aux deux autres, F^4 est tangente au plan ε, parce que F^2 est également tangente en deux points à la surface du second ordre associée à ε. La surface F^4 possède aussi trois systèmes de plans doublement tangents et a deux coniques communes avec chacun de ces plans.

114. De la représentation de F^4 sur F^2 et du n° 113, on déduit immédiatement que : un quelconque des six systèmes de coniques accouple involutivement les points de chaque conique appartenant au système conjugué, tandis qu'il rapporte projectivement les unes aux autres les coniques des quatre autres systèmes. De la première partie de ce théorème, il suit que les différents plans de chaque système se coupent en un seul et même point U. Deux coniques conjuguées, qui ne sont situées sur aucun de ces plans U, sont coupées projectivement par eux de telle manière qu'elles ont deux points correspondants communs ; elles engendrent donc en général un faisceau de rayons du second ordre (I, page 142) et l'on en conclut : que chacun des trois systèmes de plans doublement tangents constitue un faisceau de plans du second ordre; les tangentes doubles de F^4, situées dans ces plans, forment une surface conique du second ordre enveloppée par les plans U. Si la dernière partie du théorème était inexacte, il passerait en général par les points de contact des tangentes doubles deux coniques d'un seul et même système, ce qui est en contradiction avec le n° 113. Comme les six plans, qui joignent les droites $\overline{XY}$ deux à deux, font partie aussi des plans doublement tangents à F^4, chacun des trois faisceaux de plans U contient deux de ces six plans, qui sont opposés l'un à l'autre.

115. Si F^2 est une surface réglée, F^4 contient encore deux autres systèmes de coniques, qui passent toutes par Y et qui sont contenues deux à deux sur les plans tangents menés de Y à F^2 (n° 109). En outre des quatre rayons $\overline{XY}$, on peut donc encore trouver quatre couples d'autres droites sur la surface F^4; elles correspondent aux quatre couples de rayons de la surface réglée, qui passent par les quatre points X, et elles coupent deux à deux les droites $\overline{XY}$.

116. Quand F^2 passe par Y, F^4 se décompose en le plan η^2 et en une

surface du troisième ordre. Il est encore intéressant d'étudier la surface F_1^4 de Σ_1, qui correspond à une surface F^2 du second ordre de Σ.
On trouve que F_1^4 a les mêmes propriétés que la surface F^4 dont il vient
d'être question. Le théorème suivant est utile dans cette étude : La
surface F^2 contient une courbe gauche du quatrième ordre, dont les
points sont associés deux à deux ; F^4 coupe F^2 suivant cette courbe et
suivant une autre courbe gauche du quatrième ordre ; la dernière est
située sur la surface nodale du réseau (n° 108).

117. A une surface L_1^2 du second ordre de Σ_1 correspond dans Σ une
surface L^4 du quatrième ordre à laquelle on peut en général mener une
infinité de tangentes doubles du point Y. Ces tangentes doubles forment
un cône du second ordre et sont tangentes à L^4 suivant les points d'une
courbe gauche du quatrième ordre et de première espèce ; car elles
correspondent aux tangentes que l'on peut mener à L_1^2 du point Y_1.
Du point Y, on peut en outre mener une infinité de tangentes simples
à L^4 ; leurs points de contact sont sur une courbe gauche du quatrième
ordre, suivant laquelle L^4 est coupée par la surface nodale du réseau ; ils
sont par conséquent associés à eux-mêmes. La conique η^2 est une courbe
double de la surface L^4 (n° 105), parce que L_1^2 est en général coupée
deux fois par chaque rayon de la surface conique H_1^2. A une conique
quelconque de L_1^2, correspond en général sur L^4 une courbe gauche du
quatrième ordre et de première espèce ; ces courbes gauches sont
situées deux à deux sur des surfaces coniques du second ordre, ayant
le point Y pour sommet. Si L_1^2 est une surface réglée, L^4 contient deux
systèmes de coniques dont les plans passent par Y et sont doublement
tangents à la surface L^4. Si L_1^2 passe par Y, L^4 se décompose en le plan
η^2 et une surface du troisième ordre.

118. Nous n'avons pas l'intention de parler d'une manière bien étendue des surfaces L^4, dont la surface F^4 du n° 112 est un cas particulier :
nous nous contenterons de faire une remarque sur les coniques qui
peuvent se trouver sur L^4. Une conique k^2 de Σ a en général pour
correspondante dans Σ_1 une courbe gauche du quatrième ordre, et
seulement une conique k_1^2, quand k^2 peut être réunie à η^2 par une
surface du second ordre (n° 110). Dans ce dernier cas, il existe encore
une conique associée à k^2 qui correspond également à la conique k_1^2.
Trois points quelconques A,B,C de Σ peuvent toujours (n° 110) être
réunis par une conique unique à laquelle correspond encore une
conique dans Σ_1 ; trois points de Σ_1 peuvent en général être réunis

par quatre coniques auxquelles correspondent des couples de coniques dans Σ.

119. Un plan φ, ne passant pas par Y, ne coupera L^4 suivant des coniques que si L_1^2 a en commun avec la surface du second ordre correspondante à φ dans Σ_1, non pas une courbe gauche du quatrième ordre, mais deux coniques, et si par conséquent il lui est doublement tangent. Tout plan qui a des coniques communes avec L^4 est donc un plan doublement tangent à la surface F^4. Les coniques de L^4 sont associées deux à deux, ou bien, dans des cas particuliers, elles sont associées à elles-mêmes. — L^4 ne contient des droites que si L_1^2 est une surface réglée ou conique du second ordre et si à ses rayons individuels correspondent des rayons principaux du réseau.

120. L'étude du réseau Σ de F_2 considéré dans les 19 derniers numéros se termine par un cas tout à fait particulier. En effet, les différentes surfaces du réseau peuvent avoir encore un point commun en outre de la conique η^2. Ce point joue alors le rôle du point Y ; car tous les rayons principaux s du réseau, qui ne rencontrent pas la conique η^2, passent par lui. Toutefois, les points d'un pareil rayon principal s ne sont plus accouplés involutivement par association, mais la droite s est rapportée projectivement (II, page 262) à la droite S_1 qui lui correspond dans Σ_1. De même que ces rayons principaux s de Σ passent tous par le point Y, de même les rayons correspondants s_1 de Σ_1 se coupent tous au point Y_1. A ce dernier correspondent tous les points du plan η^2, et de la même manière le point Y a pour correspondants tous les points d'un plan η_1^2 de Σ_1 (II, page 263).

121. D'après cela les espaces Σ et Σ_1 sont tellement rapportés l'un à l'autre que les gerbes collinéaires Y et Y_1 se correspondent, et que deux droites homologues de ces gerbes sont projectives l'une à l'autre, mais que cependant, à chacun des points Y et Y_1 correspond un plan η_1^2 ou η^2 ne passant pas par l'autre. A tout plan de l'un des espaces correspond en général une surface du second ordre dans l'autre, et toutes ces surfaces ont en commun une conique (η^2 ou η_1^2) et en outre un point (Y ou Y_1). En général, la relation de Σ à Σ_1 est la même que celle de Σ_1 à Σ, ce qui n'a pas lieu pour les autres cas du réseau de F^2. Si les deux gerbes collinéaires Y et Y_1 sont projectives égales et si on les place l'une sur l'autre de telle manière qu'elles aient tous leurs éléments correspondants communs, si alors les deux plans η^2 et η_1^2 coïncident aussi l'un avec l'autre, les espaces Σ et Σ_1 sont en involution. Ils constituent donc un sys-

tème involutif qui est exactement le même que celui auquel nous sommes arrivés dans le n° 108 et précédemment dans le n° 21. A une surface quelconque du second ordre de l'un des espaces correspond alors dans l'autre une surface du quatrième ordre, dont nous avons déjà trouvé les propriétés principales dans les n°^{os} de 112 à 115.

Il faut remarquer encore qu'entre deux systèmes plans Σ et Σ_1 dont les lieux se correspondent dans les gerbes collinéaires Y et Y_1, il existe une correspondance géométrique du second degré.

FIN